智能安防关键技术
专利分析报告

国家知识产权局专利局专利审查协作北京中心◎组织编写

知识产权出版社
全国百佳图书出版单位
—北京—

图书在版编目（CIP）数据

智能安防关键技术专利分析报告／国家知识产权局专利局专利审查协作北京中心组织编写.
北京：知识产权出版社, 2025.6. — ISBN 978 – 7 – 5130 – 9190 – 9

Ⅰ. X924.3 – 18

中国国家版本馆 CIP 数据核字第 2025DJ5351 号

内容提要

本书围绕智能安防关键技术（信息采集、生物识别、智能决策、网络技术）和应用场景（安防机器人、智能门锁、高空抛物监控）展开论述，介绍了该领域的技术发展概况和国内外相关政策，并从各个层面进行专利分析，以期向读者呈现该行业发展的新特点、趋势及前景展望。

责任编辑：王祝兰　房　曦　　　　　　　　责任校对：谷　洋

封面设计：杨杨工作室·张　冀　　　　　　责任印制：孙婷婷

智能安防关键技术专利分析报告

国家知识产权局专利局专利审查协作北京中心　组织编写

出版发行：知识产权出版社有限责任公司	网　　址：http://www.ipph.cn
社　　址：北京市海淀区气象路 50 号院	邮　　编：100081
责编电话：010 – 82000860 转 8555	责编邮箱：wzl_ipph@163.com
发行电话：010 – 82000860 转 8101/8102	发行传真：010 – 82000893/82005070/82000270
印　　刷：北京中献拓方科技发展有限公司	经　　销：新华书店、各大网上书店及相关专业书店
开　　本：787mm×1092mm　1/16	印　　张：19.25
版　　次：2025 年 6 月第 1 版	印　　次：2025 年 6 月第 1 次印刷
字　　数：412 千字	定　　价：128.00 元

ISBN 978 – 7 – 5130 – 9190 – 9

编委会

编写分工

许　馨　主要执笔前言、第1章、第2章第2.3.3节、第3章第3.5.2
　　　　节至第3.5.4节、第5章第5.2.1节、第9章、附录

刘时雄　主要执笔第3章第3.1节至第3.4节、第3.5.1节、第3.6节

张嘉凯　主要执笔第4章、第8章

陈冬冰　主要执笔第2章第2.1节、第2.2节、第2.3.1节、第2.3.2
　　　　节、第2.4节

刘　炯　主要执笔第5章第5.1节、第5.2.2节、第5.3节至第5.5节

张　东　主要执笔第6章，第7章第7.1.1节、第7.1.2节

纵　浩　主要执笔第7章第7.1.3节、第7.2节至第7.5节

前　言

安防之事关乎国家安全、社会稳定。在国家"十四五"规划中提出的平安中国、社会治理、智慧城市等持续深化的顶层设计必然需要安防产业的支撑和支持。

我国政府相关部门出台多项政策法规，推动智能安防新技术的落地应用和新应用场景的再开发。2021年6月发布的《中国安防行业"十四五"发展规划（2021—2025年）》中强调，以实现高质量发展为总目标，全面推进安防行业进入智能时代；推动智能化广泛应用，全面拓展市场空间。2022年7月发布实施的《"十四五"全国城市基础设施建设规划》中提到，加快推进智慧社区建设，鼓励社区建设智能停车……智慧安防等配套设施，提升智能化服务水平。

在产业上，人工智能、物联网和大数据等技术的发展，以及AI公司的入局，给整个安防产业带来了质的变化，也形成了较为完整的智能安防产业链。安防＋AI已进入2.0时代，其特点是大数据、大计算、大模型。越来越多的安防企业朝着传统企业难以深入的数字化领域渗透，数字化转型需求打开了智能安防的新市场，未来产业有着巨大的发展空间。

为了帮助企业做好专利预警并给相关从业者提供有价值的借鉴信息，我们开展相关研究并撰写本书。希望这些研究和分析结论能够为智能安防行业提供有益的参考，为行业技术创新提供一定的支撑。

本书的第1章主要介绍了从安防到智能安防的发展概况、国内外的相关政策，并针对后面具体展开论述的智能安防关键技术（信息采集、生物识别、智能决策、网络技术）和应用场景（安防机器人、智能门锁、高空抛物监控）作了简要介绍。第2—8章主要针对上述的关键技术和应用场景展开论述，包括技术发展概况以及各个层面的专利分析。第9章描述行业发展的新特点和发展趋势以及总结展望。

我们的研究难免受到专利文献的数据采集范围和分析工具的限制及研究人员水平的影响，本书中的数据、结论和建议仅供读者借鉴，敬请指正。

目　录

第1章　绪　论

1.1　安防与人工智能

1.1.1　安防的定义及起源

根据百度百科的定义，"安防"可以理解为"安全防范"的缩略词，安全防范系统（Security & Protection System，SPS）以维护社会公共安全为目的，包括运用安全防范产品和其他相关产品所构成的入侵报警系统、视频安防监控系统、出入口控制系统、BSV 液晶拼接墙系统、门禁消防系统、防爆安全检查系统等；或由这些系统为子系统组合或集成的电子系统或网络。❶

1979 年 3 月，我国公安部在石家庄召开了"全国刑事技术预防专业工作会议"。在这次会议上，通过了《关于使用科学技术预防刑事犯罪的试行规定》，正式提出"安全技术防范"的概念，这标志着中国安防事业的正式起步。❷ 根据公安部及全国安防标委会制定的国家标准 GB 50348—2018《安全防范工程技术标准》，安防系统被明确划分为视频监控系统、入侵报警系统、出入口控制系统、电子巡查系统以及智能停车场管理系统等关键组成部分。❸ 这些系统在多种场合的组合应用，共同构成了一个全面而严密的安全防范系统工程。1992 年 12 月，中国安全防范产品行业协会正式成立，我国安全防范行业的发展迈入了一个新的阶段。这不仅标志着行业已经取得了显著的发展，也预示着行业规范化和专业化水平的进一步提升。

自 2004 年公安部提出"科技强警"战略以来，我国安防行业开启了一段快速发展的旅程。这一战略不仅标志着公安工作向科技化、信息化转型的重要一步，也为安防新技术的应用和推广奠定了坚实的基础。随后，中共中央办公厅、国务院办公厅进一步推动了"平安校园""平安社区""平安医院"等一系列活动，将安防理念深入社会

---

❶ 百度百科. 安防 [EB/OL]. [2024 – 04 – 30]. https：//baike. baidu. com/item/安防/412165.

❷ 佚名. 技防 30 年发展历程. [EB/OL]. (2010 – 11 – 25) [2024 – 04 – 30]. http：//www. 21csp. com. cn/zhanti/JF30/article/7011. html.

❸ 施巨岭，张凡忠. 国家标准 GB 50348—2018《安全防范工程技术标准》的理论创新与应用推广 [J]. 中国安全防范技术与应用，2019 (1)：32 – 34.

的每一个角落。2005 年，随着"3111"城市报警与监控系统试点工程的启动❶，全国各地掀起了一场以视频监控为核心的平安城市建设热潮。这一工程极大地推动了安防行业的发展和繁荣，促进了高清摄像机、车牌识别、人脸识别等先进技术的广泛应用。城市视频监控联网、视频数据压缩、海量数据存储、视频智能分析等先进技术应运而生，为安防行业注入了新的活力。在"十一五"期间，中国安防行业经历了前所未有的快速发展，被视为行业发展的黄金时期。2010 年，中国安防市场总体规模达到了2000 多亿元。

国外更多称安防为损失预防与犯罪预防（Loss Prevention & Crime Prevention）。在国外，Loss Prevention 通常是指社会保安业的工作重点，而 Crime Prevention 则是警察执法部门的工作重点。这两者的有机结合，才能保证社会的安定与安全。从这个意义上说，损失预防和犯罪预防就是安全防范的本质内容。

美国自 20 世纪 30 年代就开始开展简单的防盗报警业务，其业务以家庭安防为中心，涵盖安防摄像头、家庭自动化系统（Home Automation System）、身份防盗（Identify Theft）等多项业务，在统一平台上为用户提供安防设备和配套的解决方案。❷

自 1992 年起，美国安防企业在防盗报警领域的收入占比逐渐减少，逐步被视频监控系统所替代。美国作为全球最早采纳基于互联网协议（IP）的视频监控摄像机的国家之一，其视频监控市场增长强劲。到了 2006 年，美国安防行业的总收入已经达到了295 亿美元，与 1998 年相比增长了一倍多，并且相较于 2005 年，收入增长了 9.3%，门禁和生物识别技术、远程视频等实现了较大程度的增长。美国的电子安全行业分为安全产品销售和安全服务销售，在 2006 年销售和安装服务仍占最大的份额。2007 年，安防公司总收入的平均 23% 来自视频监控系统；电子门禁控制产品和系统的市场需求每年增加；在出入口控制系统中，生物识别门禁系统引领增长。2007 年，美国全国防盗防火报警协会（NBFAA）颁布了 ANSI/NBFAA SRSS-01-2007 标准，即遥控监控站标准。该标准对建筑物安全、防火措施、远程控制系统、远程监控、规范验收以及监督认可等方面进行了明确规定，并提出了对遥控监控站及其附属站点的具体要求，旨在提升整个安防系统的监控能力和响应效率。美国安防行业协会于 2008 年 9 月 12 日发布了开放系统集成和性能标准（OSIPS）框架 ANSI/SIA OSIPS-01-2008，该标准体系包括由安全系统制造商使用的出入口控制、身份和载体管理，数字视频和接入点领域及组件的标准以确保设备的互用性。❸

❶ 刘希清，施巨岭，张跃.《城市监控报警联网系统试点工程标准体系》介绍［J］. 中国安防，2007（4）：40-42.

❷ 林露. 智能安防的感知和识别关键技术研究［D］. 浙江大学博士学位论文，2019：4.

❸ 佚名. 2008 年美国安防行业发展概况［EB/OL］.（2009-01-17）［2024-04-30］. http://www. giantcctv. com/goodsid/xinwenview/222914. html.

1.1.2 人工智能概述

在 1950 年，艾伦·图灵，这位被誉为"人工智能之父"的英国数学家，发表了一篇具有划时代意义的论文《计算机器与智能》。在这篇论文中，图灵不仅预言了人类将会创造出具有真正智能的机器，还提出了著名的图灵测试，这一测试至今仍被视为衡量机器智能的重要标准：如果一台机器能够在对话中让人类无法区分其机器身份，那么这台机器便被认为具有智能。❶

人工智能（Artificial Intelligence，AI）这一术语的诞生，可以追溯到 1956 年的达特茅斯会议。当时，达特茅斯学院数学系助理教授约翰·麦卡锡召集了一次涉及自动计算机、编程语言、神经网络等领域的会议，这次会议被命名为"人工智能夏季研讨会"，它不仅开启了人工智能时代，也标志着人工智能作为一个独立学科的诞生。❷ 随着时间的推移，人工智能的定义也在不断发展和完善。在《人工智能——一种现代的方法》（第 2 版）一书中，人工智能被定义为根据对环境的感知，做出合理行动并获得最大收益的计算机程序。而在《人工智能标准化白皮书（2018 版）》中，人工智能则被定义为利用数字计算机或其控制的机器模拟、延伸和扩展人的智能，以感知环境、获取知识并使用知识获得最佳结果的一系列理论和技术。

自 1956 年达特茅斯会议后，人工智能领域迎来了它的黄金时代。在这一时期，计算机不仅能够解决复杂的代数问题，还能证明几何定理，这激发了研究者们对于创造出具有完全智能机器的乐观预期。然而，随着 20 世纪 70 年代的到来，人工智能研究遭遇了前所未有的挑战。早期的乐观预期未能如期实现，语音识别和机器翻译等领域的技术难题未能取得突破，导致人工智能研究进入了一段被称为"AI 冬天"的低谷期。进入 20 世纪 80 年代，随着"专家系统"的兴起，人工智能研究迎来了新的春天。"专家系统"能够依据特定领域的专业知识和逻辑规则，提供决策支持和问题解决方案，使得"知识处理"成为当时人工智能研究的焦点。但是，到了 1987 年，人工智能硬件市场需求的突然下降，以及专家系统高昂的维护费用和升级困难，使得人们开始重新审视对 AI 项目的期望。

计算机智能水平的飞跃发生在 1997 年，IBM 的超级计算机"深蓝"战胜了人类国际象棋冠军卡斯帕罗夫。"深蓝"能够在一秒内完成 2 亿次计算，存储了 100 年来几乎所有的国际特级大师的对弈棋谱，并在软件设计上采用了知识库结合搜索的方法。"深蓝"是人类知识积累与超级计算能力的结合，把一个机器智能问题变成了一个大数据（Big Data）大量计算的问题。人们广泛认识到，许多人工智能需要解决的问题已经成

---

❶ 百度百科. 图灵测试［EB/OL］.［2024-04-30］. https：//baike. baidu. com/item/%E5%9B%BE%E7%81%B5%E6%B5%8B%E8%AF%95/1701255.

❷ 尼克. 人工智能简史［M］. 北京：人民邮电出版社，2017：9-12.

为经济学和运筹学领域的研究课题，数学语言的共享不仅使人工智能可以与其他学科展开更高层次的合作，还能使研究结果更易于评估和证明。21 世纪后，互联网的发展使得可用的数据量剧增，数据驱动方法的优势越来越明显，最终完成了从量变到质变的飞跃。全世界各个领域数据不断向外扩展，逐渐形成了多数据的交叉，各个维度的数据从点和线渐渐交织成网，数据间的关联性极大地增强了，在此背景之下，大数据出现了。大数据出现之前，智能问题的解决往往依赖于算法的改进，但是今天这些问题采用更大的数据量就可以解决，将智能问题变为数据问题，由此，全世界开始了新一轮技术革命——智能革命。❶ 随着大数据、云计算、互联网、物联网（Internet of Things，IoT）等信息技术的发展，感知数据和图形处理器等计算平台推动以深度神经网络为代表的人工智能技术飞速发展，大幅跨越了科学与应用之间的"技术鸿沟"，诸如图像分类、语音识别、知识问答、人机对弈、无人驾驶等人工智能技术实现了从"不能用""不好用"到"可以用"的技术突破，迎来爆发式增长的新高潮。❷

近年来，人工智能发展的重要事件如下。

2011 年：苹果发布了 Siri 语音助理，这是商业产品中早期集成的人工智能之一。用户可以通过语音命令与手机进行交互，执行各种任务，如打电话、发送信息、设置提醒和搜索信息。

2013 年：DeepMind 公司的 AlphaGo 在韩国首尔击败了围棋顶尖选手李世石，这是人工智能在复杂策略游戏中的重大突破。

2018 年：OpenAI 在年底发布了第一代 GPT 模型，它包含 15 亿个参数。

2019 年：OpenAI 发布了更大规模的 GPT - 2，包含 15.8 亿个参数。GPT 模型的发布对自然语言处理领域产生了深远的影响，它被广泛应用于文本生成、语言翻译、摘要生成、问答系统等多种应用。

2022 年：11 月 30 日，OpenAI 推出自然语言处理工具 ChatGPT 及系列 AI 大模型，基于 GPT - 3.5 LLM 并提供终端用户使用的 UI 聊天界面，由此开启了新一轮人工智能技术革命，引发大规模人工智能大模型浪潮。

2024 年：OpenAI 在 2 月 16 日发布了一款视频生成模型"Sora"。Sora 的发布被认为是通用人工智能（AGI）发展过程中的一个重要事件，因为它不仅能够生成视频，还能够理解和模拟真实世界中的物理存在。

展望未来，人工智能技术的发展潜力巨大。随着技术的不断进步，人工智能将继续推动社会的发展，解决更多复杂问题，并为人类带来更加智能化和便捷化的生活体验。

---

❶ 佚名. 未来已来！为什么说大数据是解决智能问题的本质［EB/OL］.（2019 - 10 - 21）［2024 - 04 - 30］. http：//cloud. tencent. com/developer/news/458200.

❷ 谭铁牛. 人工智能的历史、现状和未来［EB/OL］.（2019 - 02 - 21）［2024 - 04 - 30］. https：//www.sohu. com/a/296222962_464033.

1.2 智能安防国内发展及现状

1.2.1 发展历程

安防是人工智能规模化成熟应用的第一个领域。智能安防，指的是服务的信息化、图像的传输和存储技术，应具备防盗报警系统、视频监控报警系统、出入口控制报警系统、保安人员巡更报警系统、GPS 车辆报警管理系统和 110 报警联网传输系统等。❶ 智能（智慧）安防通过人工智能技术与安防软硬件的结合，实现事前预防、事中相应预警、事后追查、省时省力的安防管控，解决了传统安防只能事后取证，且取证难的痛点。❷ 从 2012 年起，传统安防企业和人工智能安防领域新兴公司首先开始注重安防产品在国内城市建设上的应用。随着人工智能行业逐步发展、深度算法技术逐渐成熟，传统数字化安防产品无法处理海量大数据，种种因素推动安防行业向智能化方向发展。

在"十二五"（2011—2015 年）期间，我国政府对平安建设的重视推动了安防行业的稳步发展。2015 年《关于加强社会治安防控体系建设的意见》政策出台，将社会治安防控信息化纳入智慧城市建设总体规划。随着法律法规、政策文件的逐步完善，安防行业迎来了快速增长的新阶段。这一时期，安防行业不仅产业规模迅速扩大，市场应用也得到了极大的拓展。科技创新的步伐明显加快，一系列新技术、新产品不断涌现，为安防行业的升级提供了强大动力。至 2015 年末，安防行业的从业人员数量超过 150 万人，与 2010 年相比，增长幅度超过了 20%。企业年总收入从 2010 年的 2350 亿元激增至 2015 年的 4900 亿元左右，实现了翻倍增长，年均增长率达到 15.8%。安防行业的年增加值也从 2010 年的 850 亿元增长到 2015 年的 1600 亿元，年均增长率为 13.5%。❸

自 2017 年下半年起，传统安防企业开始集中推出人工智能产品，尽管这一时间点相对于新兴人工智能企业的入局稍显滞后。在 2018 年之前，市场上真正实现落地的人工智能产品相对有限，主流厂商推出的徘徊检测、物品遗留/丢失、周界检测以及人脸识别等人工智能产品和方案仍处于正在成熟的过程中。2018 年起，安防企业开始意识到人工智能技术的真正价值在于其与具体场景需求的紧密结合。随着 2019 年的到来，安防行业的领军企业在应对安防场景碎片化方面展现出更加成熟的策略。他们不仅在

❶ 百度百科. 智能安防 [EB/OL]. [2024 - 04 - 30]. https：//baike. baidu. com/item/智能安防/3150607.

❷ 言九. 2022 年中国智慧安防行业发展历程、产业链、市场规模与竞争格局分析 [EB/OL]. (2023 - 01 - 23) [2024 - 04 - 30]. https：//www. huaon. com/channel/trend/865422. html.

❸ 中国安全防范产品行业协会. 中国安防行业"十三五"（2016—2020 年）发展规划 [EB/OL]. (2015 - 10 - 09) [2024 - 04 - 30]. http：//xh. 21csp. com. cn/C59/201512/11379782. html.

产品与解决方案上实现了前后端的全面覆盖，而且在产品架构、开放平台和数据服务方面进行了深入的聚焦和创新。这些企业不断突破传统安防的界限，将先进的技术赋能到各行各业，推动了跨行业的融合与创新。

在《中国安防行业"十三五"（2016—2020 年）发展规划》的推动下，中国安防行业经历了全面的发展。视频监控、出入口控制、实体防护、违禁品安检、入侵报警、服务运营等各个领域均取得了显著进步。根据中国安全防范产品行业协会的初步统计，到 2020 年底，我国安防企业数量已达到 3 万余家，从业人员超过 170 万人。2020 年安防行业的总产值实现增加值约为 2650 亿元，整个"十三五"期间年均增长率超过了 10%。在行业总产值中，视频监控以 55% 的占比位居首位，显示出其在安防行业中的核心地位。实体防护、出入口控制分别以 18% 和 15% 的占比紧随其后，而入侵报警、违禁品安检和其他领域的占比分别为 5%、4% 和 3%。❶ 这些数据不仅展示了安防行业的整体增长，也反映了各个细分市场的发展态势。视频监控作为行业的领头羊，其技术的不断革新和应用场景的拓展，为整个安防行业的发展提供了强劲动力。

《中国安防行业"十四五"发展规划（2021—2025 年）》为行业的发展描绘了宏伟蓝图，明确指出这一时期将是安防行业实现数字化转型的关键时期，同时也是产业链质量再获提升的重大机遇期。规划提出了安防市场年均增长率达到 7% 左右的预期目标，这一增长率不仅体现了行业对持续增长的信心，也反映了对市场需求和技术创新潜力的准确评估。到 2025 年，全行业市场总额预计将达到 1 万亿元以上。在实现这些目标的过程中，安防行业将面临诸多机遇，如新技术的应用、新市场的开拓等，同时也将面临挑战，如技术标准的制定、数据安全和隐私保护等。随着人工智能技术的不断进步和市场对智能安防解决方案需求的增长，更多创新产品和解决方案的出现，进一步推动安防行业的智能化发展。图 1 - 2 - 1 总结了我国智能安防的三个发展阶段。

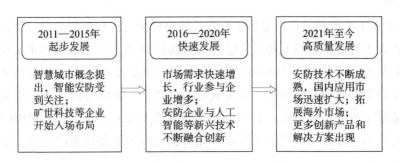

图 1 - 2 - 1　我国智能安防的发展阶段

❶ 中国安全防范产品行业协会. 中国安防行业"十四五"发展规划（2021—2025 年）［EB/OL］.（2022 - 04 - 25）［2024 - 04 - 30］. http：//news. 21csp. com. cn/C899/202106/11407482. html.

1.2.2 相关政策

政策层面上，我国政府近年来出台了一系列重要法律法规和政策文件（参见表 1-2-1），其与安防行业的发展紧密相关，推动行业一步步向更高层次、更高质量不断发展。

表 1-2-1 中国智能安防行业相关政策汇总

发布时间	政策名称	发布机构	重点内容解读
2023 年 1 月	关于促进数据安全产业发展的指导意见	工业和信息化部等十六部门	到 2025 年，数据安全产业基础能力和综合实力明显增强，数据安全产业规模超过 1500 亿元；到 2035 年数据安全产业进入繁荣成熟期
2022 年 7 月	"十四五"全国城市基础设施建设规划	住房和城乡建设部、国家发展和改革委员会	鼓励社区建设智能停车、智能快递柜、智能充电桩、智能灯杆、智能垃圾箱、智慧安防等配套设施，提升智能化服务水平
2021 年 7 月	5G 应用"扬帆"行动计划（2021—2023 年）	工业和信息化部等十部门	发展基于 5G 技术的智能家电、智能照明、智能安防监控、智能音箱、新型穿戴设备、服务机器人等，不断丰富 5G 应用载体
2021 年 6 月	中国安防行业"十四五"发展规划（2021—2025 年）	中国安全防范产品行业协会	加快推进制造强国、质量强国建设，推动安防制造业高端化、智能化、绿色化、品牌化发展
2021 年 3 月	中华人民共和国国民经济和社会发展第十四个五年规划和 2035 年远景目标纲要	国务院	聚焦高端芯片、操作系统、人工智能关键算法、传感器等关键领域；培育壮大人工智能、大数据、区块链、云计算、网络安全等新兴数字产业
2019 年 8 月	国家新一代人工智能创新发展试验区建设工作指引	科技部	聚焦地方经济发展和民生改善的迫切需求，在制造、农业农村、物流、金融、商务、家居、医疗、教育、政务、交通、环保、安防、城市管理、助残养老、家政服务等领域开展人工智能技术研发和应用示范，促进人工智能与 5G、工业互联网、区块链等的融合应用

续表

发布时间	政策名称	发布机构	重点内容解读
2019 年 2 月	超高清视频产业发展行动计划（2019—2022 年）	工业和信息化部、国家广播电视总局、中央广播电视总台	推进安防监控系统的升级改造，支持发展基于超高清视频的人脸识别、行为识别、目标分类等人工智能算法，提升监控范围、识别效率及准确率，打造一批智能超高清安防监控应用试点
2017 年 8 月	关于进一步扩大和升级信息消费持续释放内需潜力的指导意见	国务院	鼓励企业发展面向定制化应用场景的智能家居"产品＋服务"模式，推广智能电视、智能音响、智能安防等新型数字家庭产品
2016 年 12 月	"十三五"国家信息化规划	国务院	以信息技术为支撑，完善社会治安防治防控网络建设，实现社会治安群防群治和联防联治，建设平安城市
2015 年 4 月	关于加强社会治安防控体系建设的意见	中共中央办公厅、国务院办公厅	将社会治安防控信息化纳入智慧城市建设总体规划，充分运用新一代互联网、物联网、大数据、云计算和智能传感、遥感、卫星定位、地理信息系统等技术，创新社会治安防控手段……

1.2.3 行业市场状况

1.2.3.1 行业总产值

在行业总产值方面，图 1 - 2 - 2 显示 2011—2022 年中国安防行业总产值变化情况。2011—2019 年，我国安防行业总产值稳定增长，年均增速在 10% 以上，2019—2022 年增速逐渐放缓。2019 年行业总产值达 8260 亿元，同比增长 15%。[1] 据深圳市安全防范行业协会、CPS 中安网的调查统计，2021 年全国安防行业全年增长率为 6%，全国安防行业总产值为 9020 亿元。其中，各类安防产品总产值约为 2750 亿元；安防工程市场约为 5370 亿元，安防运维和服务市场约为 900 亿元；工程市场增长 5%，安防运维服务

---

[1] 卢正源. 预见2021：《2021 年中国安防产业全景图谱》［EB/OL］.（2021 - 02 - 10）［2024 - 04 - 30］. http：//wenku. baidu. com/view/f02f0b1d24fff705cc1755270722192e45365888. html.

市场增长高达 10% 以上，产品市场增长 6%。● 2022 年，安防行业总产值约为 9460 亿元，相比上一年增长约 4.9%。●

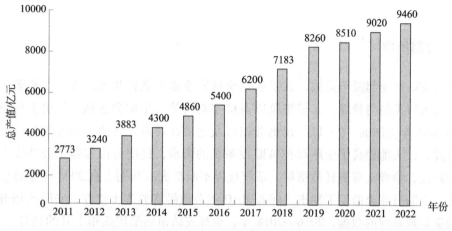

图 1 - 2 - 2　2011—2022 年中国安防行业总产值情况

1.2.3.2　产业链剖析

智能安防产业链是一个高度复杂且相互依存的生态系统，其涉及的环节广泛且深入。图 1 - 2 - 4 展示了中国智能安防产业链情况，产业链的上游包括算法研发、芯片设计以及关键零部件如存储器和图像传感器的生产。中游环节则聚焦于软硬件的开发、系统集成以及智能安防运营服务。下游应用领域广泛，涵盖了城市公共安全、家庭安防、教育、医疗、轨道交通以及金融等多个行业。● 这些应用场景对智能安防技术的需求不断推动着产业链的创新与发展。

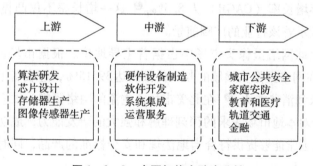

图 1 - 2 - 3　中国智能安防产业链

● CPS 中安网.《2021—2022 年度中国安防行业调查报告》正式上线，数智化技术成关键 [EB/OL].（2022 - 07 - 04）[2024 - 04 - 30]. http://news.cps.com.cn/article/202207/941033.html.

● 思文.《2022—2023 年度中国安防行业调查报告》发布！近万亿规模市场，渠道、大模型引起关注 [EB/OL].（2023 - 06 - 19）[2024 - 04 - 30]. http://news.cps.com.cn/article/202306/941908.html.

● 吴小燕. 智能安防行业产业链全景梳理及区域热力地图 [EB/OL].（2021 - 11 - 05）[2024 - 04 - 30]. http://www.qianzhan.com/analyst/detail/220/211105 - e887be70.html.

1.3 智能安防国外发展及现状

1.3.1 发展历程

智能安防产业起源于美国，其发展与全球安全需求紧密相连。该产业覆盖了视频监控、出入口控制与管理、入侵报警以及楼宇对讲等多个细分领域。历史上的重大事件，如2001年美国的"9·11"恐怖袭击以及之后在西班牙马德里和英国伦敦发生的爆炸事件，极大地提高了全球对视频监控系统的需求，促使各国加强了公共安全监控网络的建设，摄像头部署日益密集，系统规模不断扩大。然而，自2008年全球金融危机以来，安防行业也遭受了冲击。随着2010年全球经济的逐步复苏，安防市场开始回暖。根据赛迪顾问的数据，2016—2018年，全球安防市场呈现逐年上升的趋势。不过，从2019年起，全球安防市场开始步入下行通道。2020年，新冠疫情的暴发对全球经济造成了巨大冲击，安防行业也受到了影响，主流安防企业的营业收入平均下降了约10%。2021—2026年，全球安防市场将经历先降后升的过程。随着智能安防技术的不断成熟和应用领域的拓展，市场将逐步恢复增长，并迎来重要的转折点。此后，新兴市场的经济崛起和智能安防的全面发展推动市场重新开始增长。[1]

根据BIS报告，全球视频监控市场在2018—2023年保持了相对稳定的结构，其中商业应用领域占据了36.84%的市场份额，而基础设施应用则占据了36.5%。[2] 这表明商业和基础设施是视频监控技术应用的两大支柱领域。根据市场研究机构的报告，预计全球安全与监控市场将从2022年的176.80亿美元增长到2032年的399.82亿美元，预测期内的复合年增长率（CAGR）为8.5%。[3] 这一增长率不仅凸显了监控市场的强劲发展势头，也预示着该行业的广阔前景。

北美地区在全球网络摄像头市场中占据着主导地位。根据市场研究机构的数据，2022年北美地区在网络摄像头领域的收入份额高达39.15%，这表明了该地区对于网络摄像头技术的需求和消费能力。[4] 在北美市场，主流的网络摄像头供应商主要是本土公司。这些公司凭借对本地市场需求的深刻理解和强大的研发能力，成功占据了市场的领先地位。本土公司通常能够提供符合当地法规和安全标准的产品，同时，它们还能够提

---

[1] 马良，程宇婷. 电子元器件行业深度分析：产品智能化+需求多元化，安防行业稳中有进 [EB/OL].（2022-06-16）[2024-04-30]. https://new.qq.com/rain/a/20220616A021SQ00.

[2] 文放. 2022年全球安防行业市场现状与发展前景分析 预计2026年市场规模超3300亿美元 [EB/OL].（2021-11-04）[2024-04-30]. https://www.qianzhan.com/analyst/detail/220/211104-0f46265e.html.

[3] 安防与监控市场2024—2032年行业报告 [EB/OL].（2024-05-30）[2024-06-01]. https://www.businessresearchinsights.com/zh/market-reports/security-surveillance-market-101692.

[4] 谢维平. 安防出海，巨头和大卖角逐千亿市场 [EB/OL].（2023-08-22）[2024-04-30]. https://www.thepaper.cn/newsDetail_forward_24320414.

供及时的售后服务和技术支持，这些都是它们在市场上保持竞争力的关键因素。北美地区对于新兴技术的接受度较高，消费者对于智能家居和智能安全产品的需求不断增长，这也推动了网络摄像头市场的快速发展。随着技术的进步和消费者对于远程监控、家庭安全以及智能化生活方式的追求，北美地区在网络摄像头市场的领导地位将继续保持。

2020 年在全球家用摄像机市场占有率前三名的公司是 Ring、Arlo 和 Wyze。Ring 是亚马逊旗下的家庭安全和智能家居设备制造商，市场占有率第一。Arlo 是网件（Netgear）孵化的智能家居品牌，市场占有率排名第二。Wyze 是美国公司，专注于智能家居产品和无线摄像头，市场占有率排名第三。❶

除了视频监控摄像头，智能门锁作为安防产品的重要组成部分也日益受到市场的青睐。知名品牌如萤石和 Eufy 都推出了自主研发的智能锁产品，而致瓴则专注于智能锁产品的开发和推广。这些产品的普及不仅提升了家庭和商业环境的安全性，也推动了智能安防市场的多元化发展。

市场研究机构的预测显示，全球视频门铃市场规模预计将在 2035 年达到 100 亿美元，从 2023 年到 2035 年的复合年增长率约为 15%。❷ 这一预测反映了视频门铃作为新兴安防产品的快速增长潜力。

全球知名安防媒体《安全与自动化》（a & s）发布了 2023 全球安防 50 强榜单。该榜单以全球范围内安防企业的上一年度销售收入为依据进行排序。从国家/地区分布来看，全球前十名的企业中，中国企业有 4 家，瑞典和美国均有 2 家，韩国和日本均有 1 家。

表 1-3-1 2023 年全球排名前十的安防企业❸　　　　单位：百万美元

排名	公司名称	国家/地区	2022 年销售收入
1	海康威视	中国	9788.0
2	大华股份	中国	4541.7
3	亚萨合莱	瑞典	3580.1
4	安讯士	瑞典	1572.0
5	摩托罗拉系统公司	美国	1523.0
6	安朗杰	美国	850.7
7	天地伟业	中国	805.8
8	韩华 Vision（原韩华 Techwin）	韩国	775.9
9	宇视科技	中国	762.0
10	爱峰	日本	401.7

❶❷ 谢维平. 安防出海，巨头和大卖角逐千亿市场 [EB/OL]. (2023-08-22) [2024-04-30]. https://www.thepaper.cn/newsDetail_forward_24320414.

❸ 安防知识网编辑部. 2023 全球安防 50 强：行业新一轮洗牌开始？[EB/OL]. (2023-11-13) [2024-04-30]. https://www.asmag.com.cn/news/202311/112572.html.

1.3.2 相关政策

国外安防的发展受到多重因素的影响，包括国家安全、技术进步、经济状况和政治环境等。以下是美国、欧洲、日本关于安防发展的一些相关政策汇总。

表 1-3-2 国外安防行业相关政策汇总

发布时间	国家/地区	政策名称	重点内容解读
2022 年 12 月	美国	量子计算网络安全防范法（Quantum Computing Cybersecurity Preparedness Act）	该法鼓励联邦政府机构采用不受量子计算影响的加密技术，以应对量子计算持续普及带来的风险，保护政府信息的安全
2022 年 3 月	美国	加强美国网络安全法（Strengthening American Cybersecartity Act）	该法由关键基础设施网络事件报告法案（the Cyber Incident Reporting for Critical Infrastructure Act）、2021 年联邦信息安全现代化法案（Federal Information Security Modernization Act of 2021）和 2021 年联邦安全云改进和就业法案（Federal Secure Cloud Improvement and Jobs Act of 2021）三项网络安全法案措施组成。该法旨在促进联邦机构协作，并要求所有私营机构向网络安全与基础设施安全局（CISA）报告网络攻击情况
2021 年 11 月	美国	2021 年安全设备法（Secure Equipment Act of 2021）	根据该法，美国联邦通信委员会（FCC）应在该法生效后 1 年内通过 FCC 新规，新规应包含以下内容：①FCC 于 2021 年 6 月发布的拟议规则 [5] 中规定的程序，其中包括：任何受限通信设备或服务必须经过认证程序（certification process，需 FCC 的批准或授权）获得设备授权；②规定 FCC 不得审查或批准任何受限通信设备或服务

续表

发布时间	国家/地区	政策名称	重点内容解读
2024 年 1 月	欧盟	网络安全条例（Cyber-security Regulation）	该条例规定了欧盟实体建立内部网络安全风险管理、治理和控制框架的措施，并设立一个新的机构间网络安全委员会（IICB）监督和支持欧盟机构实施网络安全措施
2022 年 3 月	欧盟	安全与防务战略指南针（A Strategic Compass for Security and Defence）	该计划将围绕行动、投资、合作和安全四方面展开，其中"行动"要求欧盟在面对危机爆发时的应对能力更为迅速果断。该计划还包括增强情报分析能力、完善应对混合威胁的反应机制、提升网络安全水平、加强抵御外国信息操控和干扰的能力、制定太空安全和防务战略等
2022 年 2 月	日本	网络安全战略（サイバーセキュリティ戦略）	日本政府制定了涵盖全体国民等所有主体的"Cybersecurity for All"（不落一人的网络安全），致力于数字改革（Digital Transformation，DX）和网络安全的同时推进、从安保角度强化措施、确保俯瞰向公共空间化和相互关联而发展的整个网络空间的安全和安心，以保证"自由、公正、安全的网络空间"

1.4 智能安防关键技术

　　人工智能、大数据、芯片等技术的发展是智能安防行业发展的重要技术驱动因素，再结合物联网形成"万物智联"的人工智能物联网（AI + IoT，AIoT）体系，目前已形成了"无 AI，不安防"的全新技术格局。同时，安防行业产生的海量数据也能够为深度学习提供庞大的"原材料库"，使其处理信息能力不断提高，进而形成一个良性循环。

　　智能安防的发展历程中涉及的重要技术有很多，本书主要对以下四种关键技术展开进行专利分析，包括信息采集、智能生物识别、智能决策和网络技术。

1.4.1　信息采集

信息采集中图像传感器作为机器视觉的核心视觉元件，是安防监控中的关键环节，图像传感器中 CMOS 为主流技术。尤其是近年来 CMOS 图像传感器的背照式和堆栈式技术的进一步推进，让 CMOS 图像传感器从智能手机逐渐向汽车、安防监控、医疗、VR 以及工业等诸多细分市场覆盖。近年来，随着智慧城市、雪亮工程建设的大力推进，城市视频监控被赋予了"城市视觉感知系统"的新含义，为了让视频监控看得清、看得懂，一边在不断强化视频监控 AI 智能应用，另一边也在同步提升监控系统本身的硬件系统整体性能。其中，视频监控的像素水平、超低照夜视功能是辅助 AI 更好发挥效能的前提和基础。在以视觉为核心的安防监控系统中，CMOS 图像传感器位于相当核心的地位。提升摄像头像素水平是首要的基础，1080P 成为主流，逐步向 4K 发展，与此同时，为了匹配网络传输能力，需要推出适配的 CMOS 图像传感器以此辅助监控系统在采集端即能进行 AI 处理。另一个提升图像传感器性能的技术还可以通过变更成像曝光的方式实现，比如全局快门（Global Shutter）技术的应用，尤其适于 AI 监控场景中高速、实时的人流、车流动态画面的捕捉。

1.4.2　智能生物识别

智能安防的识别技术是指利用人工智能、机器学习、计算机视觉等技术，对安防监控系统中捕获的图像或视频数据进行分析和处理，以实现对特定目标或行为的自动识别和响应。其中以生物识别技术应用居多，生物识别技术可以对人进行精确的识别与匹配分析。生物识别技术包括基于生理特征的识别、基于行为特征的识别、基于多模态融合的识别。基于生理特征的识别包括指纹/掌纹识别、虹膜识别、视网膜识别、人脸识别、声音识别等。基于行为特征的识别主要包括基于人体步态、签名、手势、击键等行为特征识别。基于多模态融合识别则包括两种或两种以上生物特征识别，不但能够获取比单一生物特征识别系统更优异的识别性能与可靠性，而且还能加大伪造人体生物特征的难度，增强整个系统的安全性。

由于每个人的生物特征具有独一无二的特性，生物识别技术相较于传统身份识别技术有着无可比拟的优势和发展前景，该技术的日渐成熟及应用推广已在信息安全和国防军事等各种领域产生巨大变革。随着识别技术的发展和国家相关政策支持的推动，生物特征识别作为新的身份鉴别解决方案，已逐渐成为目前最具有发展前景的身份鉴别技术。

1.4.3　智能决策

智能安防中的智能决策技术通过融合尖端的数据科学、机器学习、运筹优化和人工智能技术，对监控系统收集的多元数据进行深入分析和综合处理，提高安防系统的智能化水平。通过对海量数据进行采集、存储、处理和分析，发现数据中的规律和趋势，从而提供更准确和可靠的决策依据。利用深度学习模型，智能监控系统能够从大量历史数据中学习和识别复杂的模式和趋势，并通过大数据分析技术，识别关键数据点，确定异常情况和行为模式，提供预测和预警功能。在智能安防决策中，报警器是第一道防线，负责在检测到异常情况时发出警报。它通过及时的警报和通知，帮助用户和安全机构迅速处理潜在的安全威胁。还可以实现自动对检测到的异常情况进行响应，如自动调整摄像头视角、记录关键事件或触发安全协议。智能决策技术支持实时监控，能够即时识别并警告潜在的安全威胁或违规行为，运用预测性分析技术，提前发现可能的风险，为预防措施提供数据支持。决策过程中，数据融合是一个关键技术，它涉及将不同来源的数据整合起来，以提高安防系统的安全性能和预警效率。数据融合为智能化管理和决策支持提供了强有力的数据基础。决策系统中的智能人机交互也是一个重要的组成部分，它涉及用户与安防系统之间的直接互动，这种交互可以提高系统的易用性、响应性和智能化水平。智能人机交互、人机融合和人机共创，以实现更高效的安全监控和管理。

1.4.4　网络技术

在从万物互联到万物智联时代主旋律下，AIoT 为安防领域打开了新空间。AIoT 为当前的智能安防技术提供了融合海量数据、实时处理的解决思路：依靠海量数据训练得到的、以深度学习为代表的人工智能算法，能够执行快速的计算处理。大数据则可以实现这些数据的智能分类存储、有效地检索处理和回放，并对数据进行深度挖掘分析，最终推进应用层面的输出。将数据、模型封装在一个服务中，服务之间进行协调，并且可以在端、边缘、云之间迁移。云计算为海量数据的存储与分析提供支持，通过云平台，我们可以将庞大的数据计算任务分解成众多小规模的子程序。这些子程序随后被分配到一个庞大的计算资源共享池中，由其中的资源进行搜索、计算和分析。完成这些任务后，云平台会将处理结果高效地反馈给用户。云存储技术可以通过集群应用、网络技术以及分布式文件系统等功能，将分散在网络中的存储设备整合成一个统一的资源池，为用户提供数据存储和高效的业务访问功能。

云计算常被形象地比作计算机智能系统的中枢神经，它负责处理和存储海量信息，扮演着"大脑"的角色。而边缘计算则如同这个系统的感官和行动器官，它赋予了系统直观感知和即时反应的能力。边缘计算在智能安防系统中实时处理的强大的需求下，获得了巨大的发展空间，同时也成为 AIoT 新一轮爆发式增长的关键技术。边缘计算具有可就近计算以及就近存储的特质，这两个优势使得安防行业与之紧密联系在了一起，在边缘计算的部署下安防场景能够更好更快地落地实施。

物联网，即"万物相连的互联网"，是互联网基础上的延伸和扩展的网络。在物联网中，主要采用传感装置、扫描机等对信息实行收集，之后运用互联网技术确保信息在装备间获得传送。物联网技术可以将物和传感器实行有效连接，在实际应用中展现出了巨大的潜力。相较于传统的安防系统，其显示出更为显著的实用性和灵活性。它能够满足多样化的安全需求，为公共安全提供更为全面和高效的解决方案。

1.5 智能安防应用场景

智能安防的应用场景非常广泛，涵盖了从个人家庭到大型公共场所的多个方面。本书主要对以下三种应用场景展开进行专利分析。

1.5.1 安防机器人

国内安防行业正处于一个关键的转型期，数字化与智能化的提升已成为行业发展的新趋势。安防巡逻/巡检机器人，作为这一转型的先锋，正以其独特的功能解决实际生产生活中的安全隐患、巡逻监控和灾情预警等问题。这些机器人通过集成的感知与决策系统，配合后台的可视化用户界面，能够实时展示设防区域的动态情况和设施状态，显著增强了对环境态势的感知能力。它们能够提前识别潜在威胁，为安保人员提供决策支持，从而提高处置突发事件的效率和效果。随着人脸识别、语音识别、语义识别和智能传感器等人工智能技术的快速发展，安防机器人的功能得到了极大的扩展。它们可以作为移动终端平台，根据不同的应用场景和功能需求，自主加载相应的功能模块。这些模块不仅包括传统的监控和预警功能，还涵盖了危险气体检测、智能预警报警和向导导航服务等，实现了对防范对象的全方位、立体化监测。特别在灾害救援和危险应急处置等特殊场景下，安防机器人展现出了其无可替代的优势。它们能够代替人类进入高风险区域，执行探查、上报、检测、分析和处置等任务，有效降低了人力操作的安全风险，提高了应对效率。

1.5.2 智能门锁

智能门锁是综合使用计算机、通信网络、人工智能等技术的物联网系统，用以实现门锁的智能用户识别、远程用户管控以及系统管理。随着生物识别等相关技术的进步以及消费者需求的增长，智能门锁行业近年来取得较快的发展，从单一的密码锁发展到集各类生物信息识别、卡片、蓝牙等开锁方式于一体的产品。更精准灵敏的识别技术、智能化的家庭安全管理系统等成为高端产品的标配，如人脸识别、指掌静脉、猫眼大屏等。现在市面上大部分智能门锁新品已经具备传统的密码锁和人脸识别、指纹识别等功能，还有一些企业推出了掌静脉解锁、指静脉解锁等新的生物识别解锁方式。而结合了视觉、声觉、生物信息等多维度识别方式信息的多模态融合识别技术可以综合各种生物特征识别技术并对其进行融合计算,能够完美契合用户更高的安全需求,未来将成为智能门锁领域中的核心识别技术。另外,随着科技的飞速发展,智能门锁云服务平台逐渐成为智能家居领域的重要组成部分。智能门锁云服务平台的发展经历了从简单的智能化到全面的人工智能赋能,从基础功能到高度个性化和智能化的演进。随着科技的不断进步,智能门锁云服务平台的创新和发展将为人们的生活带来更多的便利和安全。

1.5.3 高空抛物监控

高空抛物行为不仅对公共安全构成严重威胁,还可能引发人身伤害、死亡以及财产损失。随着智能安防技术的快速发展,我们拥有了更为有效的技术手段来应对这一社会问题。通过部署高清摄像头,并结合深度学习算法,智能监测系统能够实时捕捉和跟踪视频中的移动物体,利用轨迹过滤规则精确识别高空抛物行为。这些智能监测解决方案的灵活性体现在它们不依赖于特定的平台或运算单元,可以轻松移植到任何深度学习芯片上,从而显著降低了部署成本。一旦系统检测到高空抛物行为,它能够立即发出预警,及时通知物业管理或相关部门,采取必要措施以防止潜在伤害的发生。智能安防系统的功能不仅限于抛物行为的检测,它还能通过高级算法生成抛物轨迹,这有助于快速定位抛物的起始点,为事后的追踪和责任认定提供重要依据。此外,智能监测算法能够适应各种复杂背景和恶劣天气条件,如树木、飞鸟、云彩以及风、雨、雪等,确保了识别结果的高准确性。

随着《中华人民共和国民法典》和《中华人民共和国刑法修正案(十一)》等相关法律法规的出台,智能安防技术的应用得到了政策层面的明确支持和推动。通过技术手段对高空抛物和高空坠物行为进行即时监控,实现及时识别、记录报警,并自动溯源找到实施住户,已成为事中取证、及时处理和事后追责的重要基础,这显著提高了公共安全管理的效率和效果。智能安防技术的发展和应用,为高空抛物问题的预防和治理提供了创新的解决方案。

1.6 相关事项和约定

本书中专利文献数据检索截止日期为 2024 年 4 月 30 日,数据检索来源主要为 incoPat 专利检索数据库。专利文献数量的统计范围是检索截止日之前已公开的专利文献。由于发明专利申请自申请日(有优先权的自优先权日)起 18 个月被公布(主动要求提前公开的除外),实用新型专利申请在授权后才能获得公布(其公布的滞后程度取决于审查周期的长短),而 PCT 申请可能自申请日起 30 个月甚至更长时间后才进入到国家阶段,其相对应的国家公布时间更晚。因此实际数据中会出现 2023 年之后的专利申请量比实际申请量要少的情况,反映到各个技术分支申请量年度变化的趋势中,将出现申请量曲线在 2023 年突然下滑的现象。

技术原创国家或地区是指技术创新的发源地或最初产生的地方，能够体现该国家或地区的技术创新实力，目标国家或地区是指技术创新主体想要在哪些国家或地区获得法律保护或者实施专利，能够体现技术应用的市场潜力。

典型申请人的选择首先考虑专利申请数量排序在前的申请人，其次结合市场占有率、品牌/行业知名度与影响力、兼顾国内/国外的原则等因素进行选取。典型专利的选取是在典型申请人的基础上综合考虑专利的同族数量、专利的有效与否、被引证次数、是否存在诉讼和转让、申请时间等因素进行选取。

对专利"件"和"项"数的约定：在进行专利申请数据量统计时，单独的专利以件计数；将同一项发明创造在多个国家申请而产生一组内容相同或基本相同的系列专利申请，称为同族专利，将这样的一组同族专利视为一项专利申请。

对专利有效和专利失效的约定：本书中的专利有效是指到检索截止日为止，专利权处于授权且权利维持的专利申请；本书中的专利失效是指到检索截止日为止，专利权终止或权利人放弃权利。

对主要申请人名称约定：由于翻译或者子母公司等因素，在申请人的表述上存在一定的差异，因此对主要申请人名称进行统一约定，便于规范本报告。申请人名称约定见附录。

第2章 智能安防信息采集技术

2.1 概　述

智能安防的实现离不开对物体（包括生物体和非生物体）和周围环境的感知，因而，信息采集是实现智能安防的第一步。在没有电子产业的时代，信息采集的工作主要是由人的感官来完成。随着电子产业的飞速发展，视觉、听觉、触觉、嗅觉等感官功能已经完全可以通过传感器技术来实现。

智能安防领域所用到的传感器技术主要包括图像采集技术、人体信息采集技术、环境信息采集技术。以上三种信息采集技术分别应用于智能安防领域的视频监控、入侵检测、救援探测、环境安全检测领域。下面分别对上述三种采集技术以及用到的传感器进行介绍。

2.1.1 图像采集技术

首先，典型的智能安防系统包括：前端的视频监控系统、传输系统，以及后端的控制、存储与显示三大部分。前端摄像机作为视频采集分析设备，是视频监控系统的核心设备，它的性能直接决定了视频图像的质量、视频图像的分析效果。需要根据不同的安防应用场景、监控距离、范围选择不同类型的摄像机。摄像机的核心部件是图像传感器。❶

图像传感器是拍摄数字图像和视频的半导体器件，其性能包括图像画质、响应速度、电源功耗等多个方面，其中图像画质的分辨率、色域、噪点和动态范围等参数是关键性技术指标，响应速度方面的自动对焦性能、零快门延迟、连拍速度和视频帧率等也是非常重要的技术参数。

图像传感器涉及半导体器件、集成电路的制造工艺，因此，其技术门槛、资金门槛均较高。通过图像传感器的图像/视频信息采集，经过图像传输、存储与后端的处理、识别，可进行安全监控、违法行为识别、报警等。因此，图像传感器是智能安防视频监控的关键核心技术。

---

❶ 孙佳华. 人工智能安防［M］. 北京：清华大学出版社，2020：7－12.

2.1.2　人体信息采集技术

智能安防领域中，人体信息采集通常为了以下用途：①入侵检测：一般指的是人或其他生物体进入安全防范的周界以内的检测；②救援探测：指的是在火灾、地震等灾害发生后，探测有生命体的人或物的存在，缩短寻找时间而进行有效救援。只要是人可能出现的场所，例如家居、小区、办公楼宇、机场等，都需要可靠的系统来探测和识别受保护区域的人或物，以及防止非法入侵。

可采用红外探测器、毫米波雷达探测器来探测有生命体的存在。在红外探测器中，探测人体应用较多的是热释电红外传感器，它属于热型红外传感器。人体会释放红外热能，当有人体进入传感器的探测范围时，热释电元件接收的热能发生变化，原有的热平衡被打破，于是产生相应的电信号。

毫米波雷达探测器是一种利用毫米波雷达技术对人体进行非接触式检测的传感器。其基本原理是：发射毫米波雷达信号，当人体进入信号覆盖区域时，信号会被人体反射回传感器，从而感知人体存在。同时，通过对反射信号的衰减程度和相位变化进行检测，可以进一步获得人体的姿态、运动等信息。毫米波雷达探测器可以用于安全监控系统，对重要区域进行实时监测，保障人员安全。

2.1.3　环境信息采集技术

对于环境安全检测，通常使用的传感器有：①速度和加速度传感器；②流量传感器；③力和应变传感器；④湿度传感器、温度传感器、电离辐射探测器、化学和生物传感器、气体传感器等。通过采用上述传感器进行实时的环境指标探测，来确保环境的安全。上述传感器相对于图像传感器而言，是起步最早、发展和应用最成熟的传感器技术。

下面将以智能安防领域的关键核心技术——图像传感器技术展开介绍。

2.2　智能安防图像传感器

图像传感器是一种能够将光学图像转换为电信号的电子器件。它是数字相机、智能手机摄像头、监控摄像头、工业视觉系统等诸多现代电子设备的核心组件。图像传感器的功能是捕捉光学图像中的信息并将其转换为数字信号，以便后续的图像处理、存储和显示。

图像传感器在智能安防领域主要用于不同场景下的视频监控、生物识别等。不同场景下的视频监控包括大型公共场所、交通、住宅社区、河道水位等的警戒监控，首先需要通过图像传感器采集图像信息，经过模数转换、数据处理等处理步骤后并进行存储，供监控人员实时查看或调用。另外，图像传感器采集到的图像数据还作为智能安防领域中生物识别技术的基础，例如人脸识别、虹膜识别、静脉识别、人形侦测等，进而应用于身份验证、电子围栏等智能安防领域。

因此，图像传感器是实现智能安防的第一步。下面对智能安防领域图像传感器的发展状况进行简单介绍。

2.2.1　智能安防图像传感器的发展概况

智能安防监控的应用场景复杂多变，包括机场、办公楼宇、工业园区、工厂厂房、商场、河道、城市交通路况、社区、居家等，并且监控需求多样化，这对图像传感器芯片的性能要求各不相同，例如光照条件、被监控对象的运动速度、监控范围等，图像传感器芯片技术根据市场需求而不断发展。

1936 年，美国无线电公司（Radio Corporation of America，RCA）发明了世界上第一支光电倍增管（Photo Multiplier Tube，PMT），标志着图像传感器的正式问世。然而，真正让图像传感器走进大众视野，并应用于智能安防领域中的是电荷耦合器件（Charge Coupled Device，CCD）。1991 年，CCD 开始实现量产，像素达到 400 万。CCD 图像传感器是逐行读出，输出一致性好，但响应较慢，功耗高。

进入 21 世纪后，由于 CMOS 工艺制程技术的飞速发展，CMOS 图像传感器（CIS）的性能逐渐达到并超越 CCD，成为图像传感器消费市场的主流。CMOS 图像传感器包括在单位像素中形成的一个光电二极管和一个或多个 MOS 晶体管，每个像素具有其自己的电压读取电路，CMOS 图像传感器各个光电二极管都配备有放大器，因此可即时放大电流并转换成信号，然后一次性传输出去。

CMOS 图像传感器在低功耗、集成度高、低成本、快速读取、高分辨率、低噪声等方面具有明显的优势。CMOS 图像传感器芯片已经取代 CCD 图像传感器芯片，成为智能安防监控系统的主流产品。下面对智能安防领域中所应用的 CMOS 图像传感器的关键技术进行介绍并对这些关键技术的全球专利申请进行分析。

2.2.2　智能安防 CMOS 图像传感器关键技术及专利分析

智能安防监控系统中的前端摄像机内的 CMOS 图像传感器技术的发展，为安防系统实现高度智能化奠定了技术基础。而确保智能摄像机获取到足够清晰、完整的图像数据是 CMOS 图像传感器的主要追求。根据专利分析可知，智能安防监控系统中 CMOS 图像传感器的关键技术包括以下三个技术分支：背照式结构、近红外增强技术、三维成像技术。下面分别对上述三个技术分支进行介绍。

2.2.2.1　背照式结构

1. 技术概述

背照式结构是在 CMOS 图像传感器的前照式结构上发展而来。在前照式结构中，如图 2-2-1 左侧示意图所示，光电二极管位于金属配线部的下方，光线在入射到金属配线部上时，金属配线部会对光线产生吸收或反射作用，使得一部分光线抵达不到光电二极管，从而导致光电二极管的感光度下降。在光线较弱的低照度环境下，这会使得成像质量急剧变差。在背照式结构中，如图 2-2-1 右侧示意图所示，光电二极管配置在金属配线部的上方。由于光线不会损耗在金属配线部，因此可以使进入光电二极管的光线大幅增加，所以背照式结构用于解决低照度环境下的成像问题。此外，缩短收集光线的片上镜头与光电二极管之间的距离，可以使更多斜射光线进入光电二极管中，也能够提高感光度。并且，通过与 F 值较小的明亮镜头进行组合，还可以进一步提高暗处的成像性能。

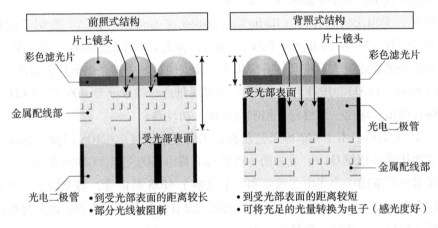

图 2-2-1　前照式结构与背照式结构比较（源自索尼官网）

2. 专利分析

以背照式图像传感器的分类号和关键词进行检索统计，得到全球背照式图像传感器专利申请的趋势图（参见图 2-2-2）。

由图 2-2-2 可见，背照式结构的专利申请在 2010—2018 年持续增长，在 2018 年后，申请量出现下降，这是源于 CMOS 图像传感器的背照式结构在经过 20 余年的技术发展后技术日趋成熟。

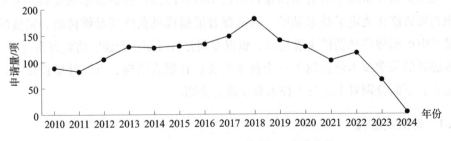

图 2-2-2　背照式结构全球专利申请趋势

在图 2-2-3 示出了采用背照式结构的 CMOS 图像传感器专利申请的排名前十申

请人。可见，除索尼公司、三星集团和豪威科技这三家行业巨头之外，台积电的申请量跃居第二，台积电源于其沉淀多年的集成电路制造的代工技术，在背照式图像传感器的布局上占有很大优势。

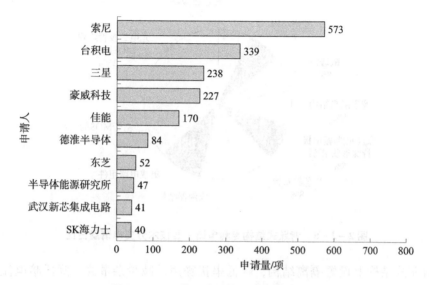

图 2 - 2 - 3　背照式结构主要申请人排名

由图 2 - 2 - 4 可以看出，CMOS 图像传感器背照式结构的专利申请中，申请量占比最大的原创国家或地区为日本，即背照式结构 CMOS 图像传感器的申请人依然以日本为领头羊，中国和美国并列第二，韩国和欧洲分别位居第四、第五，目标国家或地区申请量最大的是中国，其次是美国。这说明中国、美国两国 CMOS 图像传感器的市场规模处于全球前列。

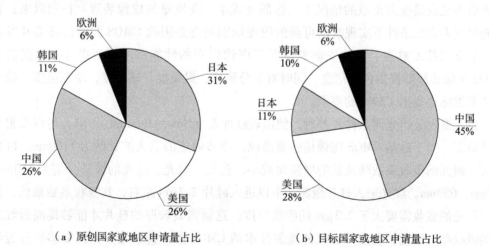

（a）原创国家或地区申请量占比　　　　（b）目标国家或地区申请量占比

图 2 - 2 - 4　背照式结构专利申请量主要原创国家或地区与目标国家或地区分布

从图 2 - 2 - 1 能够清晰地看到背照式图像传感器的结构设置方式，围绕这一技术的专利申请主要的布局方向为：片上镜头、彩色滤光片、光电二极管区、金属互连区、衬底。其主要技术分支如图2-2-5所示。

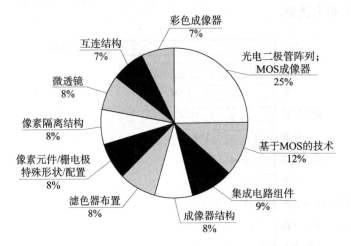

图2-2-5 背照式结构专利申请主要技术分支申请量占比

在背照式结构上设置隔离结构，降低串扰噪声，减少杂散光，降低暗电流；透镜或滤色器的主要发明点包括抗反射性能、透射率；互连结构的主要发明点包括增大其反射率，以提高感光区的感光度；缩短互连结构的路径，减少寄生电容，降低噪声等。

2.2.2.2 近红外增强技术

1. 技术概述

在安防监控的应用场景中，通常需要既能在白天有光照的情况下工作，又能在白天光照不足或黑夜无光照的情况下工作的低成本、高质量的成像装置。长期以来，在低光照或无光照条件下实现清晰可辨的图像识别始终是困扰 CMOS 图像传感器开发者的一个重大技术难点。智能安防领域对于图像识别的性能需求逐渐提升，不仅需要 CMOS 图像传感器提供色彩信息，同时对于分辨率、灵敏度、感光度、动态范围、帧率等技术指标也提出了较高的要求。

研究发现，当光照条件较差时，使用近红外光（Near-Infrared，NIR）可以改善成像清晰度。对于硅基 CMOS 图像传感器来说，能够响应的最大波长约为 1100nm。硅材料对入射光的吸收系数随波长的增强而减小。蓝光、绿光、红光的波长分别为 450nm、550nm、650nm，红光进入硅片最深，可以进入硅片 $2.3\mu m$ 左右，其吸收系数最低，而近红外光的吸收需要大于 $2.3\mu m$ 的吸收厚度。这就需要较厚的硅片才能够提高近红外光的吸收率。因此，在使用近红外增强技术的 CMOS 图像传感器，如何能够提升近红外光的吸收率且不牺牲图像清晰度，是近红外增强技术 CMOS 图像传感器的主要研发方向。

目前 CMOS 图像传感器的厂家陆续推出了超低光照环境下的夜视图像传感器产品，

星光级相关产品不仅能实现超低光照环境下的清晰成像，同时近红外增强技术还能减少对于人眼的刺激，消除光线干扰，同时也避免入侵者的察觉。

2. 专利分析

以近红外 CMOS 图像传感器为关键词进行检索统计，得到全球近红外 CMOS 图像传感器专利申请，共 2195 项。

由图 2-2-6 可见，应用近红外增强技术的图像传感器专利申请于 2010—2018 年呈快速增长趋势，专利申请的数量在 2019 年之后有所下降，该技术在 2019 年之后日趋成熟。

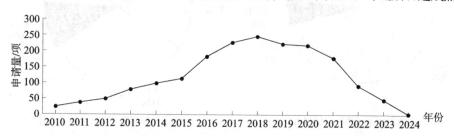

图 2-2-6　CMOS 图像传感器近红外增强技术全球专利申请趋势

在安防领域，通过以近红外光补光的方式，安防相机在夜间能够正常成像。有一些安防摄像机中，加入了 LED 补光灯，即补红外光。另外，还可以通过增加近红外光吸收膜、反射层等来提高近红外光的吸收率。

图 2-2-7 示出了采用近红外增强技术的 CMOS 图像传感器专利申请量排名前十申请人。除索尼、三星和豪威科技这三家 CMOS 图像传感器的行业巨头之外，前十名申请人还包括数家日本相机公司。

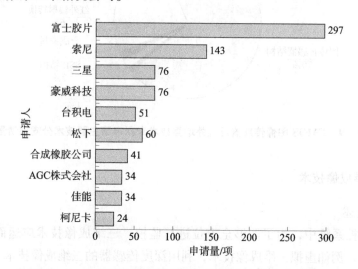

图 2-2-7　CMOS 图像传感器近红外增强技术主要申请人排名

由图 2-2-8 可以看出，CMOS 图像传感器近红外技术的专利申请中，申请量占比最大的原创国家或地区仍旧为日本，其次是美国和中国，韩国和欧洲分别位居第四、第五。而目标国家或地区申请量占比中可以看出，美国、中国、日本几乎平分秋色，欧洲和韩国其次。

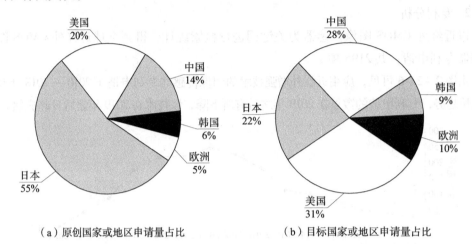

（a）原创国家或地区申请量占比　　　（b）目标国家或地区申请量占比

图 2 - 2 - 8　CMOS 图像传感器近红外技术专利申请量主要原创国家或地区与目标国家或地区分布

图 2 - 2 - 9 示出了近红外增强技术领域的主要技术分支，由图可见，其技术分支主要有：图像传感器结构、增加近红外光吸收率的滤光片、红外辐射的光电转换部件以及在摄像装置中的应用等。

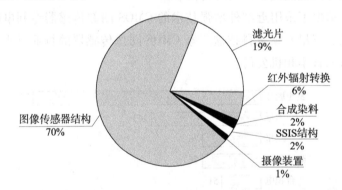

图 2 - 2 - 9　CMOS 图像传感器近红外增强技术专利申请主要技术分支申请量占比

2.2.2.3　三维成像技术

1. 技术概述

在安防监控系统中，为了能够全方位进行监控，三维成像技术应运而生。三维成像技术有多种，例如虚拟三维成像技术，利用深度传感器的三维成像技术。

在此，主要介绍利用飞行时间深度传感器的三维成像技术。飞行时间（Time of Flight，ToF）是一种测距的方法，ToF 相机一般需要使用特定人造光源进行测量，即通过测量超声波、微波、光等信号在发射器和反射器之间的"飞行时间"来计算出两者之间距离。能够实现 ToF 测距的传感器就是 ToF 传感器。ToF 传感器种类很多，使用较多的是通过红外或者激光进行测距的 ToF 传感器。使用 ToF 传感器生成和捕获包含深度信息的数据，结合图像传感器，就可以得到 3D 图像。成像传感器接受与 ToF 传感器相同光谱的接收光，将光能转换为电流信息进行处理。进入传感器的光有一个环境组件和一个反射组件。距离（深度）信息只进入反射组件中。因此，高环境分量会降低信噪比（SNR）。

ToF 传感器可以进行行人检测，基于面部特征的用户身份验证，使用同时定位和映射算法的环境映射等功能。安防领域中，采用带有 ToF 深度传感器技术的相机可用于高精度的人脸识别。

2. 专利分析

以飞行时间传感器、深度传感器为主要关键词进行检索统计，得到了三维成像技术的全球专利申请趋势图（参见图 2 – 2 – 10）。

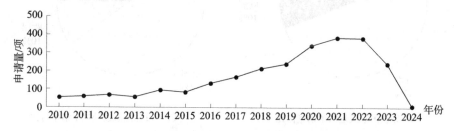

图 2 – 2 – 10　CMOS 图像传感器三维成像技术全球专利申请趋势

由图 2 – 2 – 10 可见，与背照式结构、近红外增强技术的专利申请趋势不同，以飞行时间深度传感器的三维成像技术专利申请在 2010—2022 年一直处于增长趋势。2023年后的申请量略有所下降。

图 2 – 2 – 11 显示了利用飞行时间深度传感器的三维成像技术专利申请量排名前十申请人。

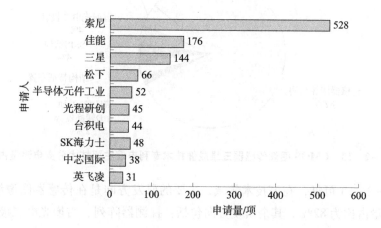

图 2 – 2 – 11　CMOS 图像传感器三维成像技术主要申请人排名

在三维成像技术领域，索尼依然一骑绝尘，申请量遥遥领先。排名第二、第三的分别是佳能、三星。

由图2-2-12可以看出，CMOS图像传感器三维成像技术的专利申请中，申请量占比最大的原创国家或地区仍为日本，其次是美国，中国、韩国和欧洲分别位居第三、第四、第五，且数量相当。而从目标国家或地区申请量占比中可以看出，美国占比最大，中国、日本几乎平分秋色，欧洲和韩国其次。这说明美国对三维成像技术的CMOS图像传感器技术的市场需求较大。

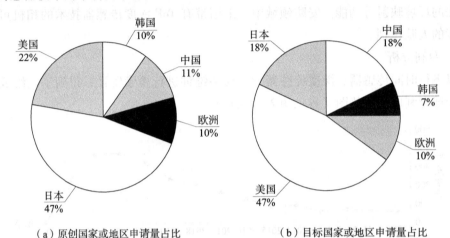

（a）原创国家或地区申请量占比　　　　　（b）目标国家或地区申请量占比

图2-2-12　CMOS图像传感器三维成像技术专利申请量
主要原创国家或地区与目标国家或地区分布

图2-2-13显示出采用飞行时间深度传感器技术的三维成像技术专利申请的主要技术分支。

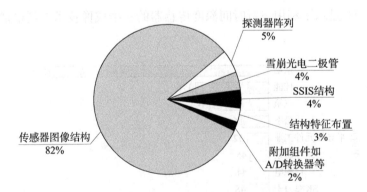

图2-2-13　CMOS图像传感器三维成像技术专利申请主要技术分支申请量占比

由图2-2-13可见，在该技术领域，主要的研发方向是在传感器图像结构的布置上，其申请量占比为82%。其余研发方向包括：探测器阵列、雪崩光电二极管等。

2.2.3　典型申请人及典型专利

根据 CMOS 图像传感器检索结果进行统计，全球专利申请量排名前 20 申请人如图 2-2-14 所示。全球专利申请量排名前 20 的申请人中，日本和韩国数量最多，日本申请人包括索尼、佳能、富士通、东芝、NEC 公司，其中索尼拥有的专利申请数量最多；韩国申请人包括三星、东部高科、美格纳电子、SK 海力士，其中三星集团申请量位居第一；美国申请人包括美光科技、IBM、英特尔，其中美光科技申请量位居第一；中国申请人包括豪威科技、台积电、格科微电子（上海）有限公司、上海集成电路研发中心、中芯国际、中国科学院长春光学精密机械与物理研究所，其中豪威科技申请量位居第一。

CMOS 图像传感器属于半导体领域，技术门槛、资金门槛高，准入壁垒高，但我国的汽车、电子、安防监控、工业控制领域对图像传感器的需求量较大，我国申请人仍需要在规模效应、龙头企业的影响带动下，争取快速打开行业市场，占领市场份额。除图 2-2-14 中列出的申请量排名前 20 的申请人外，我国知名的 CMOS 图像传感器生产厂家还有：长光辰芯、派视尔、锐思智芯、海图微等。

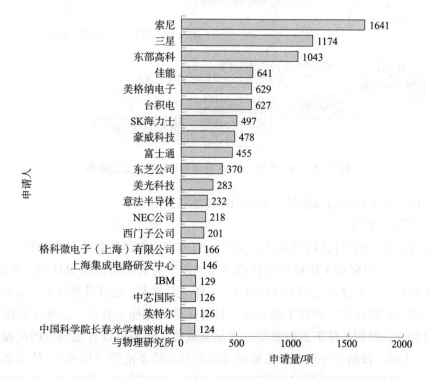

图 2-2-14　CMOS 图像传感器全球主要申请人排名

下面，对 CMOS 图像传感器全球具有代表性的申请人即典型申请人进行重点介绍。

2.2.3.1　索尼

1. 公司简介

索尼的 CMOS 传感器技术探索始于 1996 年，在 2000 年的时候诞生其第一个 CMOS 图像传感器（IMX001）。最初的 CMOS 传感器在暗光环境有很多噪声点，而且在像素量上比 CCD 图像传感器低。但是由于 CCD 响应速度低、功耗高，索尼认为当市场转向高清视频的时候，CCD 图像传感器无法支持高清数据的速度要求的。CMOS 图像传感器相比 CCD 图像传感器，具有高速、低功耗的优点，索尼在 2004 年转变了方针，将重点从当时市场份额最大的 CCD 图像传感器转向起步较晚的 CMOS 图像传感器。这是一个非常重要的转折点，索尼将从世界第一大 CCD 图像传感器市场占有者，慢慢向 CMOS 图像传感器市场进军。

图 2－2－15 显示了索尼的 CMOS 图像传感器的关键技术节点。

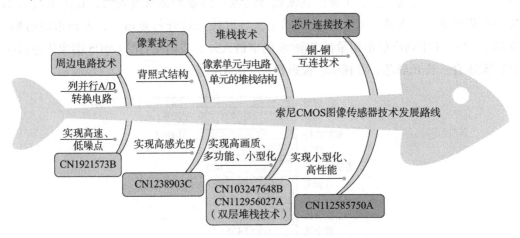

图 2－2－15　索尼 CMOS 图像传感器技术发展路线

索尼用于安防监控的摄像机需要的图像传感器技术如下。

（1）背照式结构

采用背照式结构替换以往的前照式结构，以实现图像传感器的高感光度。

索尼型号为 IMX585 CMOS 图像传感器是一款专为安防摄像头设计的图像传感器，其采用了背照式像素技术（STARVIS 技术）、低噪点技术、近红外光技术以及通过缩短曝光时间的防过曝技术，提高了感光度，具有优越的低噪点性能，实现了黑暗的环境中在近红外光的照明条件下也能够实现高品质成像，还将近红外范围内的灵敏度提高了约 1.7×2 倍。该图像传感器可实现高灵敏度和高动态范围（HDR），使动态范围达到 88dB。当与相机系统中的 AI 图像处理相结合时，可进行高精度识别，能够更好地满足安防场景的需求。

如图 2－2－16 所示，索尼通过进一步增加光电二极管 PD 的宽度和深度、改进光电二极管之间的隔离结构、材料等，使感光度和动态范围得以不断提高。另外，在片上镜头的集光性和透射率方面也进行了技术改进，例如：通过增大彩色滤光片（Color Film）的透射率，提升了光电转换效率等。

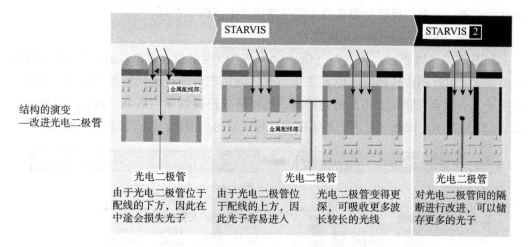

图 2 - 2 - 16　光电二极管的结构演变（源自索尼官网）

（2）堆栈式结构技术

随着对监控结构尺寸微缩需求的增大，CMOS 图像传感器也需要改进芯片的尺寸。索尼通过使用构建有信号处理电路的芯片来替代背照式 CMOS 图像传感器的基础电路板，并在其上堆叠像素单元，形成堆栈结构，使得芯片尺寸大大缩小，同时能够搭载大规模的电路，电路性能大大提升。

2021 年，索尼发布了全球首创的双层晶体管像素堆栈式 CMOS 图像传感器技术。索尼的这一新技术将光电二极管和像素晶体管分离在不同的基底层，进一步扩大了动态范围、降低了噪点，从而显著提高成像性能。采用这一技术的像素结构，无论是在当前还是更小的像素尺寸下，都能保持或是提升像素现有的特性，其结构图如图 2 - 2 - 17 所示。

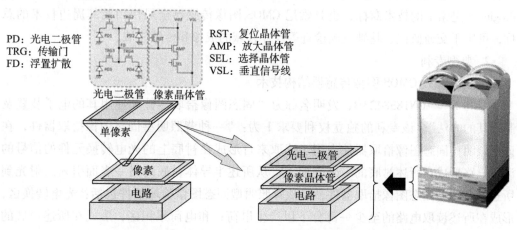

图 2 - 2 - 17　双层晶体管像素堆栈式 CMOS 图像传感器（源自索尼官网）

图 2-2-17 中，左侧结构是传统的堆栈式 CMOS 图像传感器，光电二极管与像素晶体管均布设在像素单元的芯片上，右侧结构是双层晶体管像素技术的堆叠式 CMOS 图像传感器，光电二极管与像素晶体管分别位于上下两个芯片上。

（3）铜-铜（Cu-Cu）互连技术

如图 2-2-18 所示，铜-铜（Cu-Cu）连接，是通过在各堆栈面上形成的铜端子对堆栈式 CMOS 图像传感器的像素芯片与逻辑电路芯片进行直接连接的技术。这种连接方式无须设置贯穿像素芯片的连接部，也不需要连接的专用区域，替代传统的硅穿孔（TSV）技术，因此，可进一步实现图像传感器的小型化，还能提高生产效率。

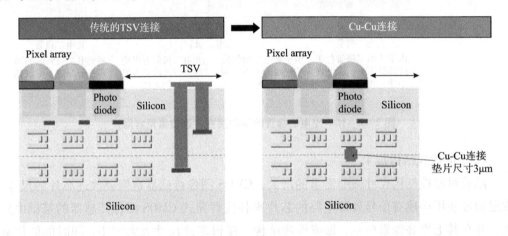

图 2-2-18　CMOS 图像传感器芯片中的 Cu-Cu 互连技术（源自索尼官网）

索尼还具有 ToF 式图像传感器产品，其不仅能捕捉 XY 方向的图像，还能获取 Z 方向的信息，可实现"3D 空间中的传感"。小型且能够瞬间获取 3D 信息的 ToF 式图像传感器，可以满足不断增加的识别、测量、自动化等领域的需求，可应用于多个领域，如设施监控、街道监控、灾害风险监测、消防活动、看护设施的安全监测、老年人护理与看护、家庭安防、行车记录仪。另外，索尼还包括 Pregius 和 Pregius S 产品，Pregius 和 Pregius S 是索尼的技术商标，也是索尼 CMOS 图像传感器全局快门及其周边技术的总称，可用于交通监控、基础设施检查等产业领域的成像和传感领域。

2. 典型专利

（1）背照式 CMOS 图像传感器结构技术

专利 1——CN1838423B，发明名称为"固态图像拾取器件和使用其的电子装置及制造其的方法"。该专利的独立权利要求 1 为："一种背照明型固态图像拾取器件，在该背照明型固态图像拾取器件中用于读取来自形成在衬底上的光电转换元件的信号的读取电路形成在所述衬底的一个表面上，从所述半导体衬底的另一表面引入入射光到所述背照明型固态图像拾取器件，且该背照明型固态图像拾取器件包括：光电转换区，形成在所述读取电路的至少一部分下以产生电荷；和电荷累积区，形成在所述衬底的一个表面处的所述光电转换元件上，其中通过形成在所述光电转换元件内的电场以及通过从所述读取电路之下的部分的光电转换区到所述电荷累积区形成的横向方向上的电场把电荷收集到所述电荷累积区。"

该专利提供一种简单而容易地制造背照明型 CMOS 固态图像拾取器件的方法，其中该固态图像拾取器件具有电极从光照明面的对面的表面引出的结构。一方面，通过形成在光电转换元件内部的电场把从形成在读取电路的至少一部分下面的光电转换区部分产生的电荷收集到光电转换元件的电荷累积区，由此增加饱和电荷量。另一方面，由于提供在读取电路下的部分形成为光电转换元件，可以增加光从衬底的另一表面引入的入射光区，由此可以改善固态图像拾取器件和摄像机的灵敏度。因此，在不降低饱和电荷量和灵敏度的情况下，根据像素集成度的增加，可以使得像素尺寸变得非常小。

索尼在中国、美国、韩国、日本均申请了专利并获得了专利权，专利权处于有效状态，扩展同族达到 54 件，该专利以及其同族专利在全球被引证次数多达 168 次，这说明该专利披露了背照式图像传感器的核心技术，且专利的技术稳定性好。

（2）NIR 技术

安防摄像机需要进行不间断拍摄，安防摄像机必须在黑暗地点和夜间情况下也能够提供高精度识别。在夜间拍摄时，如果加上可见光，可能对周围的住宅、街道或高速公路等造成光污染或引发危险，此时，需要用到人眼看不见的光线进行照明，例如 NIR。

专利 2——CN104541372B，发明名称为"成像元件、电子装置和信息处理装置"。该专利的独立权利要求 1 为："一种成像元件，包括：光电转换元件层，其包含光电转换入射光的光电转换元件；布线层，其形成在所述光电转换元件层上与所述入射光的光入射面相对的侧上，并且包含用于从所述光电转换元件中读出电荷的布线；以及支承基板，其层叠在所述光电转换元件层和所述布线层上，并包含另一个光电转换元件，其中，所述布线层的布线布置在保护入射光从所述布线层的一侧透射到另一侧的光程的那种位置上；其中，所述支承基板还包括形成在所述支承基板的所述光电转换元件与所述入射光的光入射面相对的一侧上、用于从所述支承基板的所述光电转换元件读出电荷的布线，并且所述布线层的所述布线的外部端子和所述支承基板的所述布线的外部端子通过贯通孔彼此连接。"

该专利提供了对一像素在入射光的多个不同波长区域中的分量的光电转换技术能够提供更广泛的光电转换输出。索尼在 WIPO、中国、美国、日本均申请了专利，在中国、美国、日本均获得专利权，专利权处于有效状态。该专利及其同族专利在全球被引证 215 次，是采用红外技术的 CMOS 图像传感器的核心专利。

（3）堆栈式 CMOS 图像传感器

专利 3——CN101753867B，发明名称为"半导体图像传感器模块及其制造方法"。该专利的权利要求 1 为："一种半导体图像传感器，其特征在于，层合有第一半导体芯片和第二半导体芯片，所述第一半导体芯片，其具备把多个像素规则配列且所述各像素由光电转换元件和晶体管构成的图像传感器；所述第二半导体芯片，其具备由多个非易失性存储器构成的非易失性存储器阵列，对所述第一半导体芯片的表面进行研磨，所述半导体图像传感器由贯通孔形成的导电型接触部构成，所述贯通孔从所述研磨的第一半导体芯片表面的接触部向所述第二半导体芯片的表面或者向位于基板内的接触部贯通，利用所述非易失性存储器记忆根据积蓄电荷量的信息量。"

该专利通过将图像传感器芯片和模数转换电路芯片堆叠设置，解决了图像传感器封装尺寸大的技术问题。索尼在 WIPO、中国、美国、韩国、日本均申请了专利，并在中国、美国、韩国、日本获得了专利权，扩展同族达到 54 件，该专利及其同族专利在全球被引证次数多达 945 次，这说明该专利及其同族专利申请披露了 CMOS 图像传感器堆栈的核心技术，且专利的技术稳定性好。

专利 4——CN112956027A，发明名称为"摄像装置"。在三维结构的摄像装置中，期望进一步扩大动态范围并进一步降低噪声。在这样的结构限制下，如何实现饱和信号量的最大化，对实现高动态范围、高图像质量的摄影具有重要作用。双层晶体管像素技术的 CMOS 图像传感器的装置架构为：第一基板为半导体基板，其上具有执行光电转换的多个传感器像素。第二基板为半导体基板，其上具有读出电路，针对一个或多个传感器像素，该读出电路基于从各传感器像素逐一输出的电荷而输出像素信号。第三基板为半导体基板，其上具有逻辑电路和升压电路。此外，因为传输门以外的像素晶体管，包括复位晶体管、选择晶体管和放大晶体管，都处于无光电二极管分布这一层，所以放大晶体管的尺寸可以增加。通过增加放大晶体管尺寸，索尼成功地大幅降低了夜间和其他昏暗场景下图像容易产生的噪点问题。这项新技术使动态范围扩大并降低了噪点，将避免在有明暗差的场景下曝光不足和过度曝光的问题，即使在光线不充足的场景下也能拍摄高质量低噪点的图像。采用上述技术，能够减小尺寸、扩大动态范围以及降低噪声，从而可以提供小尺寸、宽动态范围和高清晰度的摄像系统。可见，索尼的这款摄像系统应用在无人机或机器人等的安防监控设备上面可以获得高清晰度的图像。

索尼在 WIPO、欧洲、中国、美国、日本、韩国均进行了布局，在日本获得专利权。但是，该专利申请披露了索尼的双层堆栈 CMOS 图像传感器技术，是 CMOS 图像传感器更加小型化、更宽动态范围、更低噪声的技术。

（4）Cu-Cu 互连堆栈式 CMOS 图像传感器

专利 5——CN112585750A，发明名称为"半导体装置"。该申请的权利要求 1 为："一种半导体装置，其中，在分别形成有多层配线层的多个半导体基板被接合在一起并且所述多层配线层被彼此电连接的堆叠半导体基板中，形成于所述多个半导体基板的接合面附近的导体沿接合面方向被通电。"

该专利通过在分别形成有多层配线层的多个半导体基板被接合在一起并且所述多

层配线层被彼此电连接的堆叠半导体基板中，形成于多个半导体基板的接合面附近的导体沿接合面方向被通电，能够有效地利用半导体基板的接合面附近的区域的效果。索尼在 WIPO、欧洲、中国、美国、日本、韩国均申请了专利，并且在美国、日本、韩国均获得专利权。该专利及其同族专利在全球被引用 12 次，其代表了索尼的 Cu – Cu 互连堆栈式专利技术，先进性较好。

2.2.3.2　三星

1. 公司简介

在安防图像传感器的市场份额中，除了索尼傲视群雄，三星也当仁不让，从图 2 – 2 – 14 CMOS 图像传感器全球主要申请人排名可以看出，三星的专利申请量排名世界第二。

三星的图像传感器品牌，以 ISOCELL 命名。ISOCELL 的含义是隔离的像素单元，即通过在图像传感器里的像素之间形成一道物理性绝缘体，来有效地防止进入像素的光信号外漏。除此之外，因为有了屏障的存在，进入像素的光信号之间的串扰影响也被大大降低，从而提升了图像清晰度和色彩表现，即便使用较小的像素也能实现出色的图像质量。这也是三星的图像传感器的核心技术之一。

三星的图像传感器核心技术除了前述的像素隔离技术，还包括自动聚焦技术、双像素技术、ToF 深度传感器技术。

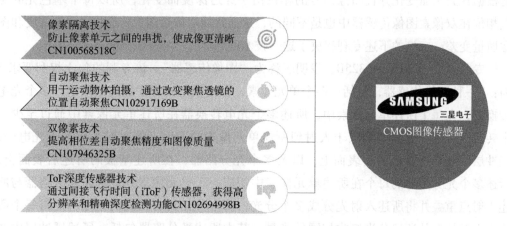

图 2 – 2 – 19　三星 CMOS 图像传感器技术路线

三星于 2020 年首次发布 ISOCELL Vizion 系列，包括 ToF 传感器、全局快门传感器。三星于 2023 年 12 月 19 日又推出了 ToF 传感器 ISOCELL Vizion 63D，这一型号的传感器提供了高精度分辨率的 3D 图像。

三星的 ISOCELL Vizion 63D 作为一款间接飞行时间传感器，它通过检测发射和反射光束之间的相位差来感知其周围的三维环境，具有出色的准确度和清晰度，其对需要高分辨率和精确深度检测的 XR 设备和面部验证至关重要。ISOCELL Vizion 63D 搭载了整合式深度感应硬体图像信号处理器（ISP），能够精准捕获 3D 深度信息。Vizion 63D 在 940 nm 红外光波长下提高至 38%。在人脸识别领域，ISOCELL Vizion 63D 传感器的高分辨率和深度测量能力，使得人脸识别更加准确、可靠。ISOCELL Vizion 63D 支持泛光（短距离高分辨率）和聚光（长距离）照明模式，将可测距离范围从 5m 提升至 10m。在泛光模式下，传感器能够提供短距离高分辨率的图像，适用于近距离的细节捕捉和识别。而在聚光模式下，传感器则能够提供更远的可测距离，适用于远距离的目标监测和跟踪。以智能安防系统为例，使用搭载 ISOCELL Vizion 63D 传感器的监控摄像头，可以根据实际需要，在两种照明模式之间进行灵活切换。在需要捕捉近距离的细节信息时，可以切换到泛光模式，提高分辨率和清晰度。而在需要监测远距离的目标时，则可以切换到聚光模式，扩大可测距离范围。无论在任何距离和光照条件下，都能够清晰地捕捉到目标物体的图像。

2. 典型专利

（1）双像素技术

在双像素图像传感器的操作中，从每个单元像素产生一对图像信号，并且每个图像信号的强度根据其自身在图像信号图中的相位而单独变化。当图像信号的每个信号线彼此交叉并且单元像素的图像信号在图像信号图中具有相同的强度时，信号线彼此交叉的交叉点恰好的相位被选择作为单元像素的焦点相位。然而，由于光束的穿透深度根据其波长而变化并且图像信号的相位由于穿透深度而变化，所以每个基色光的焦点相位在双像素图像传感器中也是不同的，这通常使双像素图像传感器的 AF 精度和图像质量变差。三星的下述专利解决了这一技术问题。

专利 1——CN107946325B，发明名称为"图像传感器"。该专利的独立权利要求 1 为："一种图像传感器，包括：多个单元像素，在基板上由像素隔离层限定；多个光电转换器，在每个所述单元像素中，所述多个光电转换器在所述单元像素中通过至少一个转换器分隔物分隔并响应于入射到所述单元像素的入射点的入射光而产生光电子；缓冲层，在所述基板的后表面上；以及多个光分路器，在所述基板的所述后表面上，所述多个光分路器的每个在所述单元像素中相应一个单元像素处，所述光分路器与所述入射点重叠并将所述入射光分成多个分光，每个分光具有相同的光量，使得每个所述光电转换器从所述分光接收相同的光量，其中所述光分路器包括在所述缓冲层中在平行于所述多个光电转换器之间的边界区域的方向上延伸的线图案，其中当入射光倾斜入射到所述单元像素时所述光分路器被偏移以使得所述光分路器的几何中心不与所述入射点重合。"

该专利采用具有比周围小的折射率的光分路器，布置在光电转换器之间的边界区域上，并可以在图像传感器的每个单元像素处与入射点重叠。光电转换器可以具有基本上相同量的光，从每个光电转换器产生的图像信号可以具有基本上相同的强度。从每个光电转换器产生的图像信号交叉点可以具有类似的相位，而与倾斜光束的波长无关，使得从红色、蓝色和绿色像素产生的图像信号每个交叉点的相位差基本上可忽略，从而提高图像传感器的相位差自动聚焦（PAF）的精度和图像质量。三星集团在中国、美国、韩国均申请了专利，且均获得了专利权，专利权处于有效状态。该专利及其同族专利在全球被引用次数为 34 次，专利权的保护范围适度，技术稳定性高，技术先进性好。

（2）ToF 传感器技术

当使用飞行时间的深度传感器通过使用具有相位差 0°、90°、180° 和 270° 的多个信号没有同时检测到多个像素信号时，深度传感器可通过使用因时间间隔而具有相位差的多个信号来检测多个像素信号。然而，在深度传感器通过使用因时间间隔而具有相位差的多个信号检测多个像素信号的同时，当目标对象快速或横向移动时，深度传感器测量的信号引入了深度信息误差的深度信息。三星的下述专利解决了这一技术问题。

专利 2——CN102694998B，发明名称为“深度传感器、深度信息误差补偿方法及信号处理系统”。该专利的独立权利要求 1 为：“一种用于深度传感器的深度信息误差补偿方法，所述方法包括：将调制的光输出到目标对象；通过深度像素在第一时间间隔中的不同检测时间点对多个第一像素信号进行第一检测，所述第一像素信号表示在第一时间间隔期间从目标对象反射的光；在第二时间间隔的不同检测时间点对多个第二像素信号进行第二检测，所述第二像素信号表示在第二时间间隔期间从目标对象反射的光；将所述多个第一像素信号和所述多个第二像素信号中的每一个分别转换为多个第一数字像素信号和多个第二数字像素信号；分别将所述多个第一数字像素信号和所述多个第二数字像素信号进行比较；根据所述比较步骤计算到目标对象的深度信息。”

该专利的深度传感器可将在不同时间间隔中检测的多个像素信号中的每个像素信号相互比较，并根据比较结果补偿深度信息误差，因此，降低了误差，提高了信噪比，改善了图像质量。三星在中国、美国、韩国均申请了专利且均获得了专利权，专利权处于有效状态。该专利及其同族专利在全球被引用次数为 93 次，共 27 项权利要求，保护范围立体，技术的稳定性以及先进性均较好。

（3）3D 成像技术

现有的 3D 成像技术可包括例如基于 ToF 的距离成像、立体视觉系统和结构光方法。在 ToF 方法中，基于已知光速来求解与 3D 对象的距离。ToF 相机可使用无扫描仪方法用各激光或光脉冲来拍摄整个场景。基于 ToF 的 3D 成像系统需要高电力来操作光学或电子快门。这些系统通常在几米至几十米的范围内操作，但对于短距离的测量，这些系统的分辨率降低；ToF 传感器还需要特定像素。这些像素也容易受环境光的影响。它的计算复杂度高，因为需要匹配特征并且找到对象的立体图像对之间的对应关系。此外，立体成像需要两个标准大小的高比特分辨率传感器连同两个镜头，使得整个组件尺寸增大。三星集团的下述专利解决了上述技术问题。

专利3——CN106067954B，发明名称为"成像单元和系统"。该专利采用2D成像传感器用于可见光激光扫描来拍摄2D RGB（红色、绿色、蓝色）图像和3D深度测量。在3D深度测量期间，整个传感器可作为结合激光器扫描的二元传感器来操作，以重构3D内容。传感器的像素大小可以小至1μm。3D成像模块需要低系统的电力。将三角法和用激光光源进行的点扫描用于用一组线传感器进行的3D深度测量。使用极面几何学，对激光扫描平面和成像平面进行取向。图像传感器可使用时间戳消除三角方法中的不确定性，从而减少深度计算量和系统电力。可提供板上时间戳校准单元来补偿因与传感器像素的不同列的读出链关联的信号传播延迟中的变化造成的时间戳抖动和误差。点扫描方法可允许系统一次完成所有测量，从而降低深度测量的延迟并且减少运动模糊。三星在中国、美国、韩国均进行了专利申请，并且均获得了专利权，在中国的两项专利申请均获得授权，专利权处于有效状态。扩展同族56件。该申请及其同族专利在全球被引用24次，专利稳定性高，技术先进性好。

2.2.3.3　豪威科技（豪威集团）

1. 公司简介

豪威科技（OmniVision Technologies，Inc.，OV）于1995年成立于美国硅谷，虽然它初创于美国，但公司主要创始人均是华人，这也为该公司被中国企业并购奠定了基础。CMOS图像传感器芯片是豪威科技的主要业务，其图像传感芯片广泛应用于消费级和工业级应用。在安防市场，豪威科技是排名世界前两位的安防产品提供商海康威视、大华科技的供应商。❶

在2011年之前，豪威科技一直是图像传感器市场的第一巨头。2013年，豪威科技推出首颗基于LCOS技术和PureCel先进像素阵列的CIS芯片，2015年发布夜鹰技术的雏形——RGB-IR方案，2017年在业内首推夜鹰Nyxel近红外技术。

2019年，以半导体营销服务起家的韦尔股份通过直接和间接的并购方式完成了豪威科技股份的交易，并成为其控股股东。收购成功后，韦尔股份借此一跃成为了全球第三、中国第一大CMOS芯片厂商，得以与世界半导体巨头一较高下。现公司名称为豪威集团-上海韦尔半导体股份有限公司，年出货量超过123亿颗。之后，其还接手了两家本土同行思比科（Superpix）和视信源（CTVE），使其拥有相关技术，生产入门级、中端和高端CIS零件，成为中国图像传感器行业的领军企业。

豪威科技研发的可用于安防监控领域的图像传感器技术有如下技术节点。

（1）2013年的PureCel技术［复合金属栅格（CMG）技术、深沟槽隔离（DTI）技术］

复合金属栅格技术有助于通过在硅表面上方创建壁垒来提高像素灵敏度，并进一步减少像素颜色串扰。DTI通过在硅片内的像素之间设置隔离来降低串扰，以获得更好的主光角（CRA）的容忍度。

（2）2015 年的 RGB – IR 方案

包括专用的 RGB – IR 图像处理器和一个配套的 ISP 芯片对 RGB 和 IR 信息分别进行提取。根据应用的需求，RGB – IR 技术具有灵活的扩展性可以适用于 2×2 或 4×4 阵列，其阵列由 25% IR 和 75% RGB 组成，可以使用一个传感器同时捕捉 RGB 和 IR 图像，在正常图像捕捉的同时进行生物识别、手势监测等，具有先进红外灵敏度，可以进行脸部和手势识别。该技术还可以让同一个设备同时捕捉 RGB 和 IR 图像，这个能力使其具有昼夜视觉功能，也使其成为当今智能家居系统由电池供电的安防摄像头的理想选择。

（3）2017 年的 NIR 夜视技术（夜鹰 Nyxel 近红外技术）

传统的近红外检测方法远远不能满足汽车和安全摄像机应用所需求的高灵敏度。豪威科技的夜鹰 Nyxel 近红外技术的 CMOS 图像传感器在 850nm 波长处的量子效率（QE）可增加高达 3 倍，在 940nm 处增加更是高达 5 倍。近红外灵敏度的改进使得 CMOS 图像传感器能够在相同的近红外光量下成像更清晰、更远。同时，为了匹配目前系统的低耗能需求，使用夜鹰 Nyxel 近红外技术的成像系统减少了对 LED 灯的需求，从而降低总体功耗，成为夜视和电池供电的安防摄像头应用的理想解决方案。

2. 典型专利

（1）复合金属栅格技术

当背照式结构 CMOS 图像传感器的像素大小变得更小时，难以将入射光聚焦到光敏元件上，在像素之间可能会存在串扰。串扰会在图像传感器中产生不合需要的噪声。下述专利采用复合金属栅格解决了上述串扰带来的噪声问题。

专利 1——CN103579267B，发明名称为"含有具有三角形截面的金属栅格的图像传感器"。该专利通过形成光敏像素的阵列，所述光敏像素的阵列在衬底层内且经定向以对通过所述衬底层的后侧入射的光敏感；在所述衬底层的所述后侧上方形成金属栅格，所述金属栅格包围所述光敏像素中的每一者界定光学孔径用以接收通过所述后侧进入所述光敏像素内的所述光，所述金属栅格包括相交线，所述相交线每一者具有三角形截面；及形成包围所述金属栅格的材料层。复合金属网格（CMG）技术有助于通过在硅表面上方创建壁垒来提高像素灵敏度，并进一步减少像素颜色串扰。豪威科技在中国、美国均申请专利，且均已获得专利权，专利权处于有效状态。该专利及其同族专利在全球被引用次数为 62 次，技术稳定性高，技术先进性好。

（2）深沟槽隔离技术

随着像素单元的大小不断减小，像素单元串扰及像素单元之间的不希望信号传送的问题不断变成越来越大的挑战。此外，当使图像传感器小型化时，其中所含有的像素单元具有增加的暗电流率。豪威科技的下述专利采用深沟槽隔离技术解决了上述技术问题。

专利 2——CN104377211B，发明名称为"具有切换式深沟槽隔离结构的图像传感器像素单元"。该专利采用深沟槽隔离技术通过在硅片内的像素之间设置隔离来降低串扰，以获得更好的主光角的容忍度。引入了改良的 DTI，以实现更好的像素隔离和低光性能。该申请在中国、美国均申请专利，且均已获得专利权，专利权处于有效状态。该申请及其同族专利在全球被引用次数为 77 次，技术稳定性高，技术先进性好。

（3）RGB – IR 技术

现有技术中为呈现 3D 彩色图像需要使用多个相机来捕获立体或多个图像，因为每一相机之间必须存在最小分离距离以便创建彩色 3D 图像。另外，需要显著的计算机处理能力以便实时地创建彩色 3D 图像。使用多个相机可增加成像系统的大小及成本。豪威科技的下述专利在一个成像系统中获得了 3D 彩色图像。

专利 3——CN105895645B，发明名称为"像素阵列及图像感测系统"。该专利使用一种用于使用飞行时间及深度信息获得彩色 3D 图像的设备及系统，可通过使用其中将RGB 相机及 IR 相机组合于一单个图像像素阵列中的成像系统获得 3D 彩色图像。豪威科技在中国、美国均申请了专利，且均已获得专利权，专利权处于有效状态。该专利及其同族专利在全球被引用次数为 91 次，涉及 5 个 IPC 小组，应用范围广泛，技术稳定性高，技术先进性好。

（4）NIR 夜视技术（夜鹰 Nyxel 近红外技术）

豪威科技的夜鹰 Nyxel 近红外技术增强了量子效率，提高了传感器对于近红外光谱的灵敏度。该技术具有以下特征。①增加硅片的厚度：能使硅片在更大程度上吸收量子，提高量子效率，与薄质硅片相比，信号传递更有效；②吸收结构：使用严格控制的光学传播介质，来防止暗色区域成像的不足，增强量子的传递；③深沟槽隔离（DTI）：DTI 通过在硅片内的像素之间设置隔离来降低串扰，以获得更好的主光角的容忍度。该技术具有以下优点。①最少的能耗需求：配备夜鹰 Nyxel 近红外技术的图像传感器可以降低系统能耗需求并且能延长安防摄像设备的使用寿命；②随着近红外灵敏度的显著提升，夜鹰 Nyxel 近红外技术拥有更好的量子吸收效率，使得安防摄像头以及ADAS 环视系统捕捉到更清晰、距离更远的图像；③图像更明亮：夜鹰 Nyxel 近红外技术将 QE 量子效率提高了 3 倍，捕获清晰、明亮的图片，传递最优的图像数据。这一技术可应用在 AR/VR 领域，实现准确的眼睛追踪和手势控制，也可用于驾驶者监控系统中探测驾驶者的注意力分散以及疲劳驾驶等情况。

专利 4——CN105097856B，发明名称为"增强型背侧照明的近红外图像传感器"。该专利采用组合有全内反射的 DTI 结构及在成像传感器芯片的前侧处散射来自漫反射器的光，此在半导体材料中界定用于红外或近红外光的光导，此将近红外光局限为保持在半导体材料内直到其被完全吸收为止，因此改进红外或近红外敏感性并且减小图像传感器中的光学串扰，使得图像传感器芯片在可见光谱中提供高质量图像以及在光谱的红外及近红外部分中具有改进的敏感性。豪威科技在中国、美国均申请了专利，且均已获得专利权，专利权处于有效状态。该专利及其同族专利在全球被引用次数为106 次，技术稳定性高，技术先进性好。

2.3　智能安防摄像机

视频监控（Video Surveillance）是安全防范系统的重要组成部分，它是一种防范能力较强的综合系统。视频监控以其直观、准确、及时和信息内容丰富而广泛应用于许多场合。视频监控行业产品种类繁多，主要有监控摄像机、视频服务器、IP 视频监控软件等。

根据监控的技术等级，安防行业的发展可以分为五个阶段。第一是模拟监控阶段：采用模拟摄像机，以磁带录像机为存储介质的产品；第二是数字监控阶段：采用数字记录技术的 DVR 产品；第三是网络监控阶段：采用网络摄像机、NVR 以及软件系统的产品；第四是高清监控阶段：初步扩展为集数据传输、视频、报警、控制于一体的平台化应用产品；第五是智能监控阶段：随着计算机视觉、人工智能技术的发展，自动检测与智能识别成为推动安防行业发展的重要动力。

随着安防摄像机智能化的发展，对于智能标准的定义需要统一的指标进行评测，因此，由公安部安全与警用电子产品质量检测中心、华为技术有限公司、杭州海康威视数字技术股份有限公司、云从科技集团股份有限公司、北京中盾安全技术开发公司、中星技术股份有限公司、浙江大华技术股份有限公司、上海依图网络科技有限公司、北京格灵深瞳信息技术有限公司、苏州科达科技股份有限公司、北京旷视科技有限公司、北京深醒科技有限公司、北京欣博电子科技有限公司联合起草的《安防摄像机智能化指标和评测方法》[1]，于 2020 年 11 月 25 日发布。文中规定了安防摄像机智能化指标的分类、分级、指标要求和评测方法。该标准定义了安防摄像机智能化指标：是指安全防范视频监控摄像机应用各种算法，对视频图像实现自动识别和分析，形成半结构化、结构化特征信息能力的评价指标。[2] 该标准还对安防摄像机智能化指标进行了分类并提出了智能化的指标要求。

如表 2 - 3 - 1 所示，智能化的指标具有以下几类。

中国智能安防产品细分为视频监控、出入口控制、防盗报警、防爆安检、平台软件，其中智能摄像头是主力产品。中国监控摄像头行业市场规模呈逐年增长趋势。据统计，2022 年中国监控摄像头行业市场规模达到 211 亿元，较 2020 年增长了 70 亿元。[3]

---

[1]　参见中国安全防范产品行业协会：T/CSPIA004 - 2020《安防摄像机智能化指标和评测方法》团体标准。
[2]　安防摄像机智能化指标和评测方法 [EB/OL]. (2021 - 07 - 20) [2024 - 05 - 20]. http：//news. 21csp. com. cn/c922/202107/11408266. html.
[3]　于泽远. 2023 年中国智能安防行业发展前景展望，行业处于高速发展时期，智能化为未来主流趋势 [EB/OL]. (2023 - 04 - 29) [2024 - 05 - 20]. https：//www. huaon. com/channel/trend/890602. html.

表 2 – 3 – 1　安防摄像机的智能化指标分类

序号	内容			
	感知与适应	人脸/人像 分析指标	车辆分析指标	事件分析指标
1	亮度检测与处理	人脸检测	机动车检测	入侵事件检测
2	模糊感知与处理	人脸属性识别	机动车号牌识别	物品遗留/移除检测
3	雾的感知与处理	人脸识别	机动车基本特征识别	人员异常行为检测
4	目标区域增强	人像检测	机动车个体特征识别	人群密度检测
5	镜头遮挡检测	人像属性识别	机动车流量统计	—
6	视频抖动检测与处理	—	非机动车检测	—
7	观察区域异常变更检测	—	—	—
8	色彩还原误差	—	—	—

随着安防视频监控领域的智能化水平不断提高，头部企业有望发挥技术赋能优势，通过将物联感知、人工智能、大数据技术服务于千行百业，逐步提升泛安防领域市场占有率，实现快速增长。

我国智能安防行业企业大致分为三个梯队。海康威视、大华股份注册资本在 25 亿元以上，属于第一梯队；宇视科技（被千方科技收购）、苏州科达、旷视科技、捷顺科技等注册资本在 4 亿—25 亿元，属于第二梯队；其他企业属于第三梯队。❶ 我国智能摄像头排名前三的企业分别是：海康威视、大华股份、宇视科技。下面分别对这三家企业进行介绍。

2.3.1　海康威视

2.3.1.1　公司简介

海康威视成立于 2001 年，是一家专注技术创新的科技公司。公司的发展历程可以分为三个阶段：2002—2009 年为数字化阶段；2010—2014 年为网络高清化阶段；2015年至今为智能化阶段。参见图 2 – 3 – 1。

---

❶ 于泽远. 2023 年中国智能安防行业发展前景展望，行业处于高速发展时期，智能化为未来主流趋势 [EB/OL].（2023 – 04 – 29）[2024 – 05 – 20]. https：//www.huaon.com/channel/trend/890602.html.

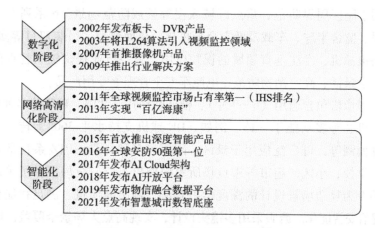

图 2－3－1 海康威视技术发展路线

在网络高清化阶段，海康威视前端音视频产品持续保持高速增长。2013 年公司营收突破百亿，公司推出萤石云服务平台，建立电子商务平台萤石商场；海外子公司数量发展到 14 家。2015 年公司走向智能化阶段，在 2015 年开拓机器视觉和机器人业务，并推出了阡陌智能仓储系统。2016 年公司抓住视频监控智能化－AI 机遇期，推出了基于 GPU/VPU 和深度学习技术的深眸系列智能摄像机、超脑系列 NVR、神捕系列智能交通产品、脸谱人脸分析服务器；萤石网络转成以智能家居为核心的创新业务。2017 年提出 AI Cloud 理念。2018 年安防业务重组，提出 AI Cloud 物信融合的数据架构，萤石形成了以视频技术为核心的全屋智能家居系统。2019 年公司蝉联多年视频监控行业全球第一；基于大数据和人工智能技术，发布物信融合数据平台，成立了海康消防、海康安检创新业务，进一步开拓增加创新业务，创新业务的发展梯队初步形成。2021 年海康专注定位于"智能物联 AIoT"，致力于将物联感知、人工智能、大数据技术服务于千行百业，引领智能物联新未来。❶

海康威视拥有雄厚的研发实力，研发人员和技术服务人员超过 27000 人，研发投入占全年营业收入的 11.80%（2022 年），绝对数额占据业内前茅。海康威视是博士后科研工作站单位，建立了以杭州为中心，辐射北京、上海、武汉、西安、成都、重庆、石家庄、蒙特利尔、伦敦、迪拜的全球研发中心体系。海康威视的摄像机产品有：固定网络摄像机、防爆网络摄像机、球形网络摄像机、云台网络摄像机和模拟摄像机。

海康威视的固定网络摄像机包含枪机、筒机、护罩一体机、半球、海螺等多种形态，具有多个产品系列，灵活适用于室内室外等各种复杂环境。采用星光、全彩、黑光等多种超低照度成像技术，能够提供全天候高清画面，实现全方位态势感知。

固定网络摄像机包含多种系列。例如，2 系列智能网络摄像机，主要包含智能警戒

❶ 小牛行研. 海康威视发展历程研究报告［EB/OL］.（2023－03－30）［2024－05－20］. https：//www. hangyan. co/charts/3069791430575654033.

摄像机，适用于园区周界防范、重点区域入侵等警戒防范场景；6 系列专用网络摄像机，包括鱼眼、监舍半球、车载及低空全景拼接、桌面双目、吊装双目等多目产品；8 系列智能网络摄像机，专注垂直领域的视频应用，为各行业提供辅助管理的智能产品及服务，如教学录播、高空抛物防范、电瓶车安全管理等专用产品。

球型网络摄像机包含通用（6—9 寸）、枪球联动式、鹰眼、PTZ 等多种形态，集成云台、镜头、机芯等多功能于一体。例如，DE 球机支持水平 360°旋转，多种倍率选择，多种事件侦测等，可广泛应用于景区、园区等多种场景。PTZ 系列常应用于火车站、汽车站、学校、小区、超市等重点场所室内外出入口。全局摄像机采用多镜头设计，聚合多种专为复杂场景设计的深度学习算法，输出高质量、满足智能分析的人车物信息，实现治安智能化。鹰眼采用多镜头设计，实现高点大场景全覆盖，最高 6400 W 分辨率；搭载适用于复杂场景的深度学习算法。防爆球型网络摄像机采用大倍率光学镜头，满足远距离大范围应用。防爆半球产品，适合用于室内小空间的防爆监控需求，用于具有可燃性气体、蒸气与空气形成的爆炸性混合物场所，以及可燃性粉尘与空气混合形成的爆炸危险场所等。

2.3.1.2 海康威视专利分析

以海康威视为标准化申请人进行检索，得到海康威视在智能安防监控系统中国的专利申请数据，在此基础上对其专利申请进行分析。

1. 专利概况

图 2-3-2 是海康威视专利申请的趋势，图 2-3-3 是技术分布。

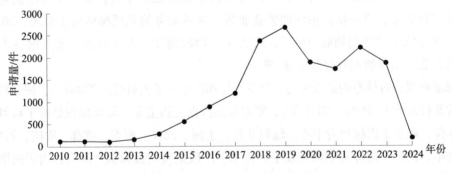

图 2-3-2　海康威视专利申请趋势

由图 2-3-2 可以看出，海康威视的专利申请趋势可以分为两个阶段：2010—2019 年，属于技术爆发阶段，专利申请量从 59 件攀升到 2019 年的 2671 件；2020 年以后，专利申请数量虽然有所下降，但每年的专利申请量维持在 2000 件左右。

下面再对海康威视的专利申请技术按照国际专利分类（IPC）的主分类号❶进行技

---

❶ 本书中统计的国际专利分类号为相关专利申请对应版本的分类号。

术分支的排序，排名前十的技术分支统计如图 2 - 3 - 3 所示。

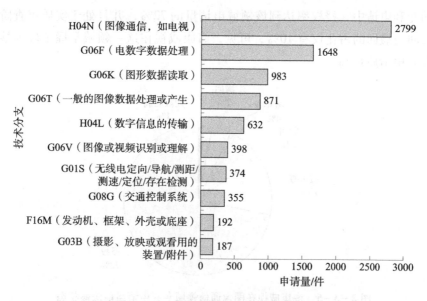

图 2 - 3 - 3　海康威视专利申请的技术分布

由图 2 - 3 - 3 可以看出，海康威视的核心技术布局在图像通信（其专利申请数量处于绝对优势）、电数字数据处理、图形数据读取、图像数据处理/产生、数字信息的传输、图像识别等领域。此外，海康威视在交通控制系统这一应用领域的专利布局较为明显，对摄像机的机械装置或零部件也同样进行进一步的研发改进。

下面再对主要的技术分支进行进一步的技术分解，第一是图像通信的技术分支分析。由图 2 - 3 - 3 可见，图像通信是海康威视布局数量最多的技术领域，即围绕摄像机的专利是其布局的重中之重。由图 2 - 3 - 4 可以看出，图像通信包括硬件部分、系统、图像处理、光补偿装置、运动检测等，而且在该领域所布局的专利申请的授权率非常高。

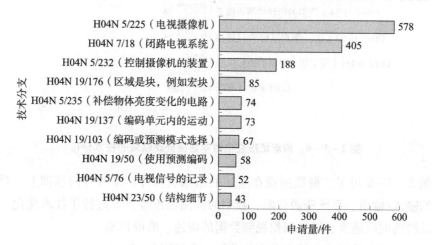

图 2 - 3 - 4　海康威视在图像通信领域的技术分布

由图 2 - 3 - 5 的海康威视图像通信领域专利申请当前法律状态可以看到，在该技术领域的专利申请中，授权率达到该领域申请量的 72%，并且处于实质审查阶段的占13%，驳回与撤回的占比仅有 10%，可见，海康威视在这一领域掌握了较为核心的技术，且专利申请质量高。

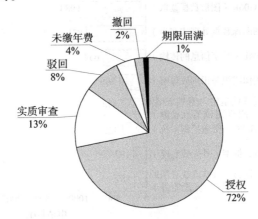

图 2 - 3 - 5　海康威视在图像通信领域专利申请当前法律状态

第二是电数字数据处理技术分支的分析，参见图 2 - 3 - 6。

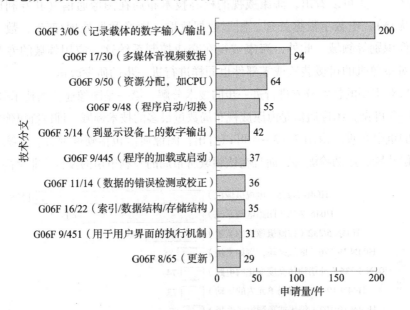

图 2 - 3 - 6　海康威视在电数字数据处理领域的技术分布

由图 2 - 3 - 6 可见，海康威视在前述的摄像机硬件、系统等的基础上，对图像视频数据的输入/输出、系统资源分配、数据的检测校正等方面进行了技术优化，这样能够保证系统的响应速度、优化图像视频数据的快速、准确传输。

第三是对图形数据读取技术分支的分析，参见图 2 - 3 - 7。

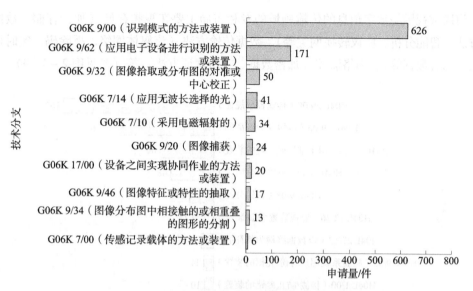

图 2 - 3 - 7　海康威视图形数据读取领域的技术分布

海康威视在图形数据读取技术分支上的研发重点是具有识别功能的方法或装置，例如应用在安检方面的异物识别功能的检测装置，该装置具有一定的识别模型，例如应用人工神经网络或特定算法的训练器、分类器等。

第四至第六个技术分支分别是图像数据处理/产生、图像传输、图像识别。

由图 2 - 3 - 8 可以看出，海康威视围绕图像数据处理/产生领域的专利布局主要在图像分析方面（如图像的增强、复原、融合、缩放、转换、图像序列分割、深度学习方法），以提升图像质量或检测的准确率；其次是目标跟踪方法。

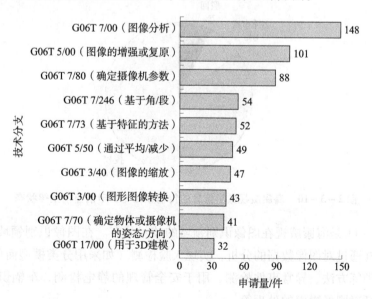

图 2 - 3 - 8　海康威视图像数据处理/产生领域的技术分布

　　海康威视围绕数字信息的传输领域的专利布局主要在视频存储（如云存储、数据存储方法、智能分析、协议转换网关等）、数据传输方法（流媒体网络、擦除码、实时传输协议、码流数据等）、网络监控（加密数据、身份认证方法）等（参见图 2 - 3 - 9）。

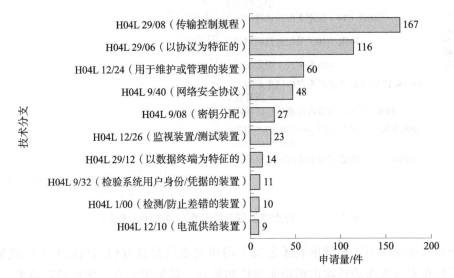

图 2 - 3 - 9　海康威视数字信息的传输领域的技术分布

　　由图 2 - 3 - 10 可以看出，在海康威视数字信息的传输领域专利申请当前法律状态中，授权率非常高，达到 85%，而且处于实质审查阶段的仍有 8%，驳回率仅为 7%。这说明海康威视在数字信息的传输领域具有较高水平的技术实力。

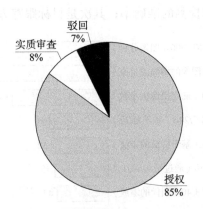

图 2 - 3 - 10　海康威视数字信息的传输领域专利申请当前法律状态

　　图 2 - 3 - 11 是海康威视在图像识别领域的技术分布。在图像识别领域，海康威视的布局分布在通过对图像数据的分析，实现人脸检测（如采用分类模型面部识别）、深度学习模型训练方法、异常事件检测、用于安全管理的静电检测、车辆识别、活体检测等，还包括对图像噪声的处理等。

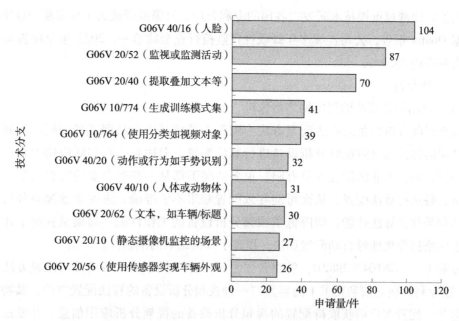

图 2-3-11 海康威视在图像识别领域的技术分布

海康威视不仅在国内进行了大量专利布局，而且将目光放在全球市场。经过检索统计，2010 年开始，海康威视进行海外专利布局。2024 年 4 月 30 日，海康威视向世界知识产权组织（WIPO）共计提交 864 项 PCT 申请，向美国专利商标局提出 372 项专利申请，向欧洲专利局（EPO）提交了共计 116 项专利申请。海康威视的海外布局情况如图 2-3-12 所示。

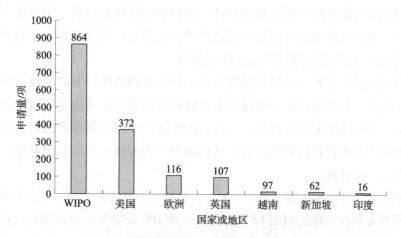

图 2-3-12 海康威视专利申请的国际化布局

由图 2-3-12 可以看出，海康威视的海外布局大多数进入美国、英国，部分进入越南、新加坡和印度。这说明除中国、美国、英国是安防监控市场规模较大的国家之外，越南、新加坡、印度等东南亚地区，依然是不可忽视的重要市场。这也从专利方面说明了海康威视重视技术研发、各国的专利布局，海康威视成为全球安防的领军者。

据 Omdia 报告，公司连续多年蝉联视频监控行业全球第一，2022 年全球视频监控市场占有率达 25.9%。

2. 典型专利

（1）自动配置算法的智能网络摄像机

现有视频分析设备的算法配置方式中配置人员可基于公共网或局域网，并通过自身所使用的客户端来对视频分析设备进行算法配置。上述方式在实际应用中会存在一定的问题，如：专业的配置人员有限，很多情况下都是一些非专业的配置人员在对视频分析设备进行算法配置，从而可能导致配置结果不够准确，进而导致视频分析设备无法达到最佳的算法性能，即降低了视频分析设备的工作性能。海康威视的下述专利的智能网络摄像机能够自动配置算法，提高了分析结果的准确性。

专利 1——CN104702982B，发明名称为"一种视频分析设备的算法配置方法和系统"。该专利的独立权利要求 1 内容为"一种视频分析设备的算法配置方法，其特征在于，包括：配置客户端获取待配置的视频分析设备的视频分析应用信息，并发送给配置服务器；其中，所述视频分析应用信息包括：设备信息、样本序列和应用附加信息；所述应用附加信息包括：应用场景属性描述、用户需求和功能需求；所述配置服务器从预先生成的算法资源池中获取与所述视频分析应用信息相匹配的算法最佳配置集，并发送给所述配置客户端；其中，所述算法最佳配置集中包括：最佳算法组件和最佳算法参数；所述配置服务器从预先生成的算法资源池中获取与所述视频分析应用信息相匹配的算法最佳配置集包括：所述配置服务器根据所述设备信息和功能需求，从所述算法资源池中确定出所述最佳算法组件；并根据所述样本序列、用户需求和应用场景属性描述，从算法资源池中确定出所述最佳算法参数；所述配置客户端根据所述算法最佳配置集对所述视频分析设备进行算法配置。"

该专利的配置服务器可根据从配置客户端处获取到的待配置的视频分析设备的视频分析应用信息，自动地从算法资源池中获取到与该视频分析应用信息相匹配的算法最佳配置集，并发送给配置客户端，之后，配置客户端可根据该算法最佳配置集完成对待配置的视频分析设备的算法配置；从而避免了现有技术中存在的问题，提高了视频分析设备的工作性能。

海康威视在 WIPO 和中国申请了专利，且已在中国获得专利权，专利权生效中；该专利及其同族专利在全球被引用 12 次，涉及 3 个 IPC 分类号，应用领域广泛、技术稳定性和技术先进性均较高。

（2）应用移动侦测技术的智能网络摄像机

移动侦测，是按照一定算法进行计算和比较摄像头按照不同帧率采集得到的图像，当画面有变化时，如有人走过，计算比较结果得出的数字会超过阈值并指示系统能自动做出相应的处理的技术。目前使用的通用处理方式是单区域处理模式，能够满足一般需求，但对于高清监控下，摄像机监控区域较大，分区域移动侦测的应用需求不能够满足。另外，单区域处理模式日夜使用同一套参数进行移动侦测的处理，会产生较大的误报及漏报。海康威视的下述专利实现了多区域侦测，提高了移动侦测事件的报警准确率。

专利 2——CN104717456B，发明名称为"移动侦测处理的方法与装置"。该专利的独立权利要求 1 内容为"一种移动侦测方法，其特征在于，包括步骤：在一个摄像机拍摄的范围中预先设定至少两个侦测区域；根据预先设定的日夜切换控制方式及所对应的切换阈值，将所述摄像机的当前模式切换为白天模式或夜晚模式，每个侦测区域按照所述白天或夜晚模式的具体场景需求，支持日夜两套移动侦测参数的设置，所述移动侦测参数用于判断图像是否发生移动侦测事件，并且，在各模式下每个侦测区域的移动侦测参数是单独设置的；从每个侦测区域的移动侦测参数中读取对应于当前模式的移动侦测参数；根据读取的移动侦测参数，判断各个侦测区域中摄像机拍摄到的图像是否发生移动侦测事件。"

该专利的移动侦测设置为多个侦测区域，能够满足在高清监控下摄像机监控区域较大和分区域移动侦测的应用需求。同时，每个侦测区域按照白天/夜晚的具体场景需求，支持日夜两套移动侦测参数的设置，能够使移动侦测达到最小的误报率及漏报率。海康威视虽然仅在中国申请了专利，已获得专利权，专利权生效中；但是该专利在全球被引用 24 次，技术稳定性和技术先进性均较高。

（3）具有安全性云存储功能和降低带宽资源的智能网络摄像机

媒体数据存储过程为：图像采集设备向负责管理图像采集设备的平台服务器注册完成后，平台服务器主动收集图像采集设备所采集的媒体数据，平台服务器向云存储系统请求存储资源，在请求得到存储资源后，将媒体数据写入云存储系统中完成存储。但是，媒体数据存储过程需要平台服务器进行中转需要占用网络带宽资源，导致网络带宽资源消耗较多；同时，对于海量的媒体数据而言上传效率不高。另外，在存储媒体数据时，需要保证数据存储安全性。海康威视的下述专利能够在保证数据存储安全性的同时，降低网络带宽资源的消耗以及提高媒体数据上传效率。

专利 3——CN108737476B，发明名称为"云存储系统、媒体数据存储方法及系统"。该专利通过直存方式及鉴权方式相结合的方式来存储媒体数据，不但避免了由平台服务器转存至云存储系统，而且增加了安全认证，因此，可以在保证数据存储安全性的同时，降低网络带宽资源的消耗以及提高媒体数据上传效率。海康威视虽然仅在中国申请并获得专利权，专利权处于有效状态，但该专利涉及 5 个 IPC 分类号，应用领域广泛，在全球被引用 13 次，其技术稳定性和技术先进性均较高。

（4）自动跟踪摄像机

视频监控设备（Pan/Tilt/Zoom，PTZ）跟踪，即视频监控设备的云台通过全方位移动及镜头变倍、变焦控制进行目标跟踪。在 PTZ 跟踪场景下，采用跟踪算法来区分视频目标所处环境的变化与视频目标自身的变化，以使外接框持续标示在视频目标上。区分视频目标所处环境的变化与视频目标自身的变化是衡量一个跟踪算法是否鲁棒的标准。目前的视频监控设备中，仍采用原始跟踪算法计算得到当前帧的外接框角点坐标，再由计算得到外接框的位置坐标在当前帧的视频图像上显示外接框。在 PTZ 跟踪过程中，由于 PTZ 摄像头角度变化与跟踪物体非刚体的特性，跟踪物体容易发生形变，由于背景复杂，跟踪的外接框容易漂移，因此跟踪过程失败。海康威视的下述专利将运动信息结合到视频跟踪的方案中，提升了跟踪的可持续性和准确度。

专利 4——CN103810692B，发明名称为"视频监控设备进行视频跟踪的方法及该视频监控设备"。该专利的独立权利要求 1 内容为"一种视频监控设备进行视频跟踪的方法，其特征在于，该方法包括：获取视频目标当前帧与上一相邻帧之间的帧差图像；在帧差图像的运动区域中选取角点，将角点的位置坐标集合表示为 H_{t-1}；确定出选取的角点在当前帧中的位置坐标集合，表示为 H_t；基于几何模型去掉 H_t 中虚假图像的位置坐标，得到 H_t'；确定包含 H_t' 中所有位置坐标点的外接框；由确定的外接框角点坐标和原始跟踪算法计算得到的外接框角点坐标，计算得到当前帧的外接框的位置坐标；由计算得到外接框的位置坐标在当前帧的视频图像上显示外接框。"

该专利通过获取视频目标当前帧与上一相邻帧之间的帧差图像；在帧差图像的运动区域中选取角点，确定出选取的角点在当前帧中的位置坐标集合，表示为 H_t；去掉 H_t 中虚假图像的位置坐标，得到 H_t'；从 H_t' 中提取出外接框角点坐标；再由提取的外接框角点坐标计算得到当前帧的外接框的位置坐标。在帧差图像的运动区域中选取角点，基于选取的角点计算得到当前帧的外接框的位置坐标；帧差图像体现了视频目标当前帧与上一相邻帧之间的运动变化，且由于视频目标是运动的，在运动区域选取角点将进一步体现视频目标当前帧与上一相邻帧之间的运动变化；这样，将运动信息结合到视频跟踪的方案中，将运动信息作为先验信息来区分跟踪的视频目标和背景，提高了视频跟踪的有效性。海康威视的这一技术在中国获得专利权，专利权处于有效状态。该专利在全球被引用 3 次，其技术稳定性高、技术先进性较好。

（5）可生成热度图的鱼眼摄像机

为了对监控区域内目标对象（例如人员或者购物车等）进行统计分析，管理摄像机的图像数据的平台可以生成热度图。热度图生成方案可以将多个摄像机的视频进行拼接，以得到与监控区域对应的全局视频。然而，全局视频拼接方式容易出现全局视频的图像帧与背景图之间存在坐标差异，目前的热度图生成方案容易出现热度数据在背景图上位置存在误差的情况，即热度图存在数据误差。海康威视的下述专利通过多路监控视频的第一调整结果和多路监控视频的热度数据生成热度图以解决上述技术问题。

专利 5——CN112822442B，发明名称为"热度图生成方法、装置及电子设备"。该专利获取每路监控视频对应的调整信息中第一调整结果，由于每路监控视频的第一调整结果能够表征在该路监控视频的图像中图形对象与背景图像中相应图形对象对齐时，该路监控视频的图像所对应的在背景图像中的位置，因此，根据多路监控视频的第一调整结果和多路监控视频的热度数据生成热度图，能够提高每路监控视频的热度数据相对于监控区域的位置准确度。海康威视的这一技术在中国获得专利权，专利权处于有效状态。该专利涉及 3 个 IPC 分类号，应用领域较为广泛，其技术稳定性高、技术先进性较好。

（6）高空抛物检测专利解读

现代城市中，建筑物越来越高，高层建筑物中抛出的物体给人员、车辆或者其他目标的安全带来了很大的隐患。现有方案中，可以在出现高空抛物的情况后，利用监控录像，对高空抛物的情况进行取证。但这并不能检测出建筑物附近的危险范围，进而不能减少人员、车辆或者其他目标进入危险范围的情况，也就不能减少安全隐患。海康威视的下述专利提供了一种高空抛物的预警技术。

专利 6——CN111369761B，发明名称为"一种预警范围确定方法、装置、设备及系统"。该专利的独立权利要求 1 内容为"一种预警范围确定方法，其特征在于，包括：获取包括建筑物外立面的监控图像；在所述监控图像中，识别所述建筑物的窗口；判断所述窗口是否满足高空抛物预警条件，所述高空抛物预警条件包括：窗口未关闭，并且窗口处存在物体、所述物体在所述监控图像中的面积大于预设阈值；若所述窗口满足高空抛物预警条件，则预测所述窗口抛出的物体落到地面上的范围，作为预警范围；所述预测所述窗口抛出的物体落到地面上的范围，作为预警范围，包括：确定所述窗口投影至地面的地面位置；以及根据所述窗口所属的楼层，设定预警范围的尺寸；基于所述地面位置以及所设定的尺寸，得到所述预警范围。"

该专利通过获取包括建筑物外立面的监控图像，在监控图像中识别建筑物的窗口；判断窗口是否满足高空抛物预警条件。高空抛物预警条件包括：窗口未关闭，并且窗口处存在物体；若窗口满足高空抛物预警条件，则预测窗口抛出的物体落到地面上的范围，作为预警范围；实现了检测出建筑物附近的危险范围，可以对进入该范围的目标进行预警，进而减少目标进入危险范围的情况，减少了安全隐患。海康威视的这一技术在中国获得专利权，专利权处于有效状态。该专利在全球被引用 5 次，其技术稳定性高、技术先进性较好。

2.3.2　大华股份

2.3.2.1　公司简介

大华股份全称浙江大华技术股份有限公司，是全球排名第二的安防企业，公司提供以视频为核心的智慧物联解决方案提供商和运营服务商。公司于 2001 年成立，位于杭州。公司围绕城市、企业的数智化创新与转型，从智能到融合智能，推动城市业务从改善城市管理到城市高效治理，保障运行有序到城市运行自治，提升公共安全到安全体系升级，生态环境监测到生态协同治理，企业业务从优化安全体系到构建大安全体系，提高生产效率到构建数智生产力，致力于让社会更智能。

大华股份始终重视技术创新，研发技术人员占比超50%，每年以10%左右的销售收入投入研发。产品与解决方案服务覆盖全球180多个国家和地区，广泛应用于智慧城市、交通、民生、制造、教育、能源、金融、环保等多个领域。公司拥有国家级博士后科研工作站，是国家认定企业技术中心、国家创新型试点企业。公司申请专利9700余项，其中申请国际专利800余项。2008—2022年连续15年被列入国家软件企业百强；连续16年入选《安全与自动化》"全球安防50强"；在Omdia 2023年发布的报告中，全球视频监控市场占有率排名第二位，是中国智慧城市建设推荐品牌和智慧物联与安防生态领域最具成长性企业。❶

大华股份的智能安防摄像机产品包括网络摄像机、球机、防爆摄像机等。

网络摄像机产品包括经济型IPC、全景系列、睿智系列、项目型、鱼眼型、针孔型、多维感知型、全彩系列网络摄像机。例如，经济型IPC网络摄像机，支持通用行为分析，例如绊线入侵、区域入侵、快速移动、物品遗留、物品搬移、徘徊检测、人员聚集、停车检测、人脸检测。哈勃守望者网络摄像机，采用6个400万像素1/1.8英寸CMOS图像传感器，实现270度全景监控；内置2颗GPU芯片，支持深度学习算法，有效提升检测准确率；支持枪球联动；支持GPS/北斗经纬度定位。通过深度学习算法提供精准的人车分类检测，在限制区域（如行人、车辆区域），基于对象类型进行绊线入侵、区域入侵、停车检测等智能检测。

大华股份的球形网络摄像机包括行业球机、AI球机。AI球机具有如下功能：支持人脸检测、优选、抓拍、上报最优的人脸抓图、人脸增强、人脸属性提取；还支持穿越围栏、绊线入侵、区域入侵、物品遗留、快速移动、停车检测、人员聚集、物品搬移、徘徊检测多种行为检测及目标过滤。

2.3.2.2 大华股份专利分析

以大华股份为标准化申请人进行检索，得到大华股份在智能安防监控系统中国的专利申请数据，在此基础上进行专利分析。

1. 专利概况

图2-3-13、图2-3-14分别示出大华股份的专利申请趋势以及技术分布。

由图2-3-13可以看出，公司在2010—2022年，专利申请量持续增长，技术从积累阶段到爆发阶段，专利申请量从31件攀升到2022年的2196件；2023年后，专利申请数量有所下降，但仍旧超过1500件。

---

❶ 参见大华股份官网：https://www.dahuatech.com/product.html。

下面再对大华股份的专利申请技术按照 IPC 的主分类号进行技术分支的排名，排名前十的技术分支统计如图 2 - 3 - 14 所示。

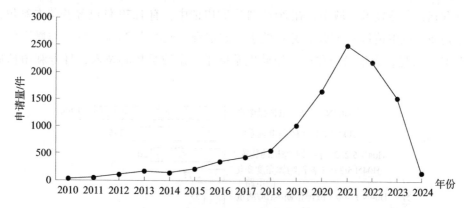

图 2 - 3 - 13　大华股份专利申请趋势

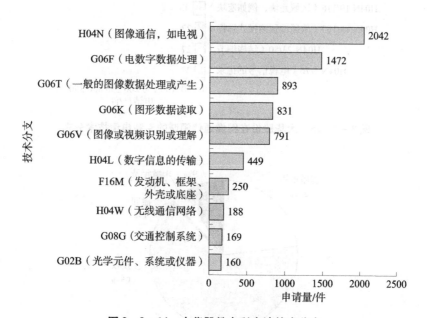

图 2 - 3 - 14　大华股份专利申请技术分布

可以看出，大华股份排名前四的技术与海康威视相同，均在图像通信、电数字数据处理、图像数据处理/产生和图形数据读取。但是在图像或视频识别或理解领域的专利申请量比海康威视多 158 件，即大华股份注重在摄像机"智能化"方面的研发。另外，对摄像机的机械装置或零部件也进一步地研发改进，对无线通信网络的布局也是其优势之一。同时，大华股份也在交通控制的应用场景有布局。下面再对主要的技术分支进行进一步的技术分解，首先是图像通信的技术分支分析。

由图 2 - 3 - 15 可见，图像通信同样是大华股份布局数量最多的技术领域，该技术领域包括硬件部分、系统、图像处理、光补偿装置、故障检测等，与海康威视不同的是，该技术领域在会议系统中有明显的布局。而且，大华股份在该领域所布局的专利申请的授权率非常高。由图2-3-16大华股份在图像通信领域专利申请的当前法律状态可以看到，在该技术领域中，在2042件专利申请中，有1279件已经获得专利权，授权率达到该领域申请量的64%，并且处于实质审查阶段的占23%，驳回与撤回的占比仅有10%，可见，大华股份在这一领域也掌握了一定数量核心技术，且专利申请质量较高。

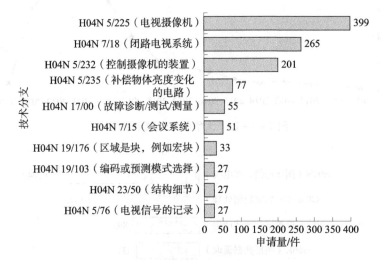

图2-3-15 大华股份在图像通信领域的专利申请技术分布

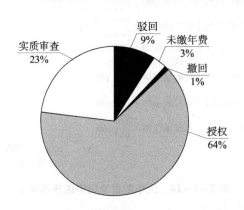

图2-3-16 大华股份在图像通信领域专利申请当前法律状态

其次，是电数字数据处理技术分支的分析。

由图2-3-17可见，大华股份在电数字数据处理技术领域下的第一技术分支与海康威视相同，均是G06F 3/06：记录载体的数字输入/输出。然而，其排名第二、第三的技术分支与海康威视的明显不同。大华股份在系统的资源分配、数据的错误检测或校正的专利申请量均略高于海康威视。说明提高系统的响应速度、图像的传输质量是大华股份的研发重点。另外，再对大华股份的另一突出技术领域，即图像或视频识别或理解进行分析。

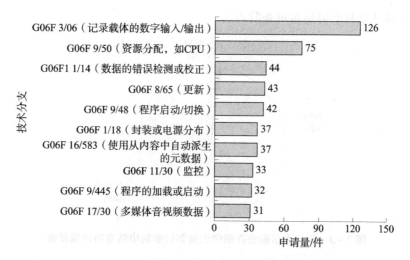

图 2 - 3 - 17　大华股份在电数字数据处理领域的专利申请技术分布

如图 2 - 3 - 18 所示，在图像识别领域，大华股份的布局分布在通过对图像数据的分析，实现监测可疑活动或物体、人脸检测、动作或行为的识别、分类模型与深度学习模型训练方法。其中，排在首位的是 G06V 20/40：在视频内容中提取叠加文本/视频检索，在视频服务器中或视频客户端中处理视频基本流。可见，大华股份将重点放在视频内容的提取、处理上，作为提高监控中的识别精度的前提。

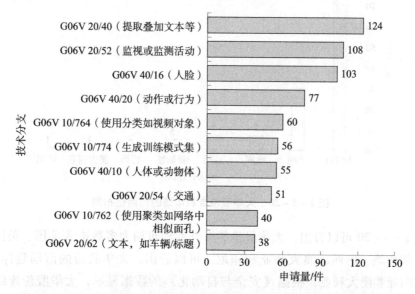

图 2 - 3 - 18　大华股份在图像或视频识别或理解领域的专利申请技术分布

图 2 - 3 - 19 示出了大华股份的图像识别领域的专利申请的当前法律状态。可以看出，大华股份在该领域下的专利申请超过一半处于实质审查阶段，原因是大华股份在"智能化"的专利布局方面始于 2016 年，其中 637 件专利申请的申请日是在 2022 年以

后，因此大部分专利申请尚在审查阶段。

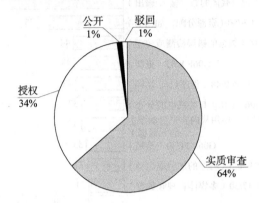

图 2 - 3 - 19　大华股份在图像识别领域专利申请当前法律状态

　　大华股份不仅在国内进行了大量专利布局，而且同样将目光放在全球市场。经过检索统计，截至 2024 年 4 月 30 日，大华股份向 WIPO 共计提交 84 项 PCT 申请，向美国专利商标局提出 30 项申请，向欧洲专利局提交了共计 7 项专利申请。大华股份的海外布局情况如图 2 - 3 - 20 所示。

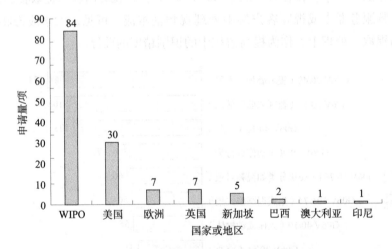

图 2 - 3 - 20　大华股份专利申请的国际化布局

　　由图 2 - 3 - 20 可以看出，大华股份的海外专利布局大多数进入美国、英国，还有少量进入新加坡、巴西、澳大利亚和印尼。可以看出，大华股份的市场延伸到美洲、欧洲、东南亚和澳大利亚，根据《安全与自动化》的数据显示，大华股份连续 5 年蝉联全球安防行业第二名。

　　2. 典型专利

　　（1）低照度下还原图像亮度的技术

　　在图像采集或视频监控的应用中，经常会有夜视或背光等低照度的情况，视频监控摄像机采集的视频图像的亮度通常较低，对比度也随之下降。这些图像不但视觉效果不佳，给机器识别和监控跟踪方面也带来很大困难。目前常用的解决方法为补充红外光照射，从而提升视频图像的亮度。由于感光传感器的感光特性，增加对红外线的感光会影响感光传感器对色彩的感知，从而在补充红外光照射后，视频图像的颜色无法还原，使得采集的视频图像变成黑白图像。大华股份的下述专利是能够还原图像亮度，解决了摄像机补充红外光照射后视频图像的颜色无法还原的问题。

专利 1——CN107566747B，发明名称为"一种图像亮度增强方法及装置"。该专利的独立权利要求 1 内容为"一种图像亮度增强方法，其特征在于，包括：摄像设备根据接收到的控制信号控制补光灯开启或关闭；在控制所述补光灯关闭时，所述摄像设备控制感光单元采集包括颜色信息的颜色图像数据；在控制所述补光灯开启时，所述摄像设备控制所述感光单元采集包括亮度信息的亮度图像数据；所述摄像设备将所述颜色图像数据和所述亮度图像数据进行合成，生成具有颜色信息和亮度信息的图像；所述摄像设备将所述颜色图像数据和所述亮度图像数据进行合成，生成具有颜色信息和亮度信息的图像，包括：所述摄像设备对所述颜色图像数据进行亮色分离，分别得到所述颜色图像数据的亮度数据和色度数据；所述摄像设备将所述颜色图像数据的亮度数据与所述亮度图像数据进行融合，得到亮度增强数据；所述摄像设备将所述亮度增强数据和所述颜色图像数据的色度数据进行融合，生成具有颜色信息和亮度信息的图像。"

该专利通过摄像设备根据接收到的控制信号控制补光灯开启或关闭，并在控制所述补光灯关闭时，所述摄像设备控制感光单元采集颜色图像数据；在控制所述补光灯开启时，所述摄像设备控制所述感光单元采集亮度图像数据；最后所述摄像设备将所述颜色图像数据和所述亮度图像数据进行合成，生成具有颜色信息和亮度信息的图像。其实现了在保证图像满足颜色要求的同时，提高图像的亮度。大华股份在 WIPO、中国、美国、欧洲均进行了专利申请，已经在中国、美国、欧洲获得专利权，专利权处于有效状态，该专利及其同族专利申请在全球被应用 53 次，技术稳定性以及专利先进性均较高。

（2）多相机方法与系统技术

随着监视系统中相机的数量增加，要处理和分析的信息量增加，显示和存储越来越多的视频数据变得困难。大华股份的下述专利解决了显示和存储视频数据慢的问题。

专利 2——US11070728B2，发明名称为"多相机的方法和系统"。该专利的独立权利要求 1 内容为"一种方法，其中：确定所述对象的多个特征，其中所述对象的所述特征包括所述对象的颜色、纹理、边缘特征、形状特征、移动趋势中的至少一个；基于所述对象的所述特征与所述参考对象特征之间的匹配，确定所述对象在所述至少一个相机的所述 FOV 中的位置；从所述多个相机中确定第一组相机，其中所述第一组相机基于物理位置信息或所述对象可能进入所述第一组相机的 FOVs 而与所述至少一个相机相邻；从所述多个相机中确定第二组相机，其中所述第二组相机不同于所述第一组相机和所述至少一个相机；将所述至少一个相机分配到第一模式；将第二模式分配给所述第一组相机，并将第三模式分配给所述第二组相机，其中：所述第一模式涉及第一比特率、第一 I 帧间隔和第一编码算法，所述第二模式涉及第二比特率、第二 I 帧间隔和第二编码算法，所述第三模式涉及第三比特率、第三 I 帧间隔和第三编码算法，所述第一比特率大于所述第二比特率，并且第二比特率大于第三比特率，第二 I 帧间隔大于第一 I 帧间隔，第三 I 帧间隔大于第二 I 帧间隔，第一编码算法涉及感兴趣区域编码，第三编码算法涉及可变比特率编码，并且在第一编码算法下，对对应于对象活动区域的原始图像进行编码，并且对象活动区域是对象参与活动的区域。"

该专利基于对象的状态确定多相机系统中的相机的层级，及基于所述层级确定所述相机的模式。该模式可以涉及比特率、I 帧间隔或编码算法中的一个。所述方法可进一步包含基于所述多相机系统中的所述相机的所述层级产生与所述对象相关的监视器文件。该方法能够使得显示和存储视频数据流畅。该专利在 WIPO、美国、欧洲申请了专利，在美国已获得专利权，专利权处于有效状态。该专利及其同族专利在全球被引用 36 次。

（3）图像监视的智能分析

智能视频行为分析系统在各种监控场所中有很高的应用价值，其基本通用方法为通过对输入视频进行背景建模，利用背景图像与当前帧的图像检测运动目标，后续对运动目标进行跟踪、分类和行为分析，或者采用训练识别的方式直接从视频中检测指定类型目标，对检测到的目标进行跟踪和分析，并对行为事件进行预警判断，以达到智能监控的目的。在行为分析中，绊线检测与区域入侵检测是基本的检测功能。由于摄像机成像存在透视效果，当图像中目标与绊线或区域相交时，现实世界中，并不一定会发生绊线或者进入的动作，因此容易产生误判，发生错误报警。大华股份的下述专利解决了智能视频行为分析系统容易误判的问题。

专利 3——CN104902246B，发明名称为"视频监视方法和装置"。该专利的独立权利要求 1 内容为"一种视频监视方法，其特征在于：获取视频图像；根据所述视频图像获取目标的三维坐标信息；基于所述目标和虚拟门的位置关系的变化情况提取事件发生，包括：获取经由视频图像的中心最下点与视频图像下边界垂直的直线，作为参考直线；获取所述目标与参考点的连线与参考直线的夹角 α，以及所述目标与所述参考点的距离 d；获取虚拟门与地面交线的各个端点到参考点的连线与参考直线的夹角；确定大于 α 的最小的所述端点到参考点的连线与参考直线的夹角所对应的端点与所述参考点的距离 d_1，以及小于 α 的最大的所述端点到参考点的连线与参考直线的夹角所对应的端点与所述参考点的距离 d_2；确定 d 与 d_1、d_2 的大小关系；根据所述 d 与 d_1、d_2 的大小关系在前一帧与当前帧的变化情况确定所述目标和虚拟门的位置关系的变化情况；其中，所述虚拟门包括三维坐标信息，所述虚拟门为与地面垂直的门区域，所述虚拟门与地面的交线为直线、线段或折线。"

该专利根据视频图像获取目标的三维坐标信息，基于虚拟门和目标的三维坐标信息判断二者的位置关系，从而提取事件发生，有效避免了二维图像中由于透视效果引起的事件误判，提高了事件判断的准确度。大华股份在 WIPO、中国、美国、欧洲均申请了专利，已经在中国、美国获得专利权，其中美国具有两项专利权，专利权处于有效状态。

该专利及其同族专利在全球被引用 33 次，其技术稳定性和技术先进性均较高。

2.3.3　宇视科技

2.3.3.1　公司简介

宇视科技全称浙江宇视科技有限公司（Uniview），是全球 AIoT 产品、解决方案与全栈式能力提供商，以 "ABCI"（AI、BigData、Cloud、IoT）技术为核心的引领者。宇视科技于 2011 年成立，2018 年进入全球前四位，研发技术人员占公司总人数约 50%，在北京、杭州、深圳、西安、济南、天津、武汉设有研发机构，在桐乡建有全球智能制造基地。

公司自 2011 年成立，根据 2014 年 HIS 报告，位居中国视频监控市场第三；2015 年，推出全数据智慧视频技术架构，开启智能分析时代；2016 年，发布安防机器视觉战略，在芯片、算法、架构、产品四大层面取得全面突破；2018 年，与中国科学院自动化所发布《安防 + AI 人工智能工程化白皮书》；专业 AI 落地报告，开启人工智能规模建设；根据 HIS 报告，位居全球视频监控市场第四位；2019 年，发布五大场景 AIoT 联合解决方案；AIoT 场景化落地：根据 Omdia 报告，稳居全球视频安防市场第四位。2021 年，针对视频系统的网络安全、隐私保护问题，建立技术屏障和内控机制；宇视科技云开放平台 2.0 上线，持续赋能 "软件即服务"（Software as a Service，SaaS）合作伙伴。2022 年，宇视科技产品助力北京冬奥会，其发布子品牌 "阿宇" 发力县镇市场，荣获浙江省科学技术进步奖一等奖。

行业市场中，宇视科技以数智物联的 AIoT 产品方案，推动 470 余个智慧城市建设；宇视科技部署的平安工程遍布全国；以 "全域感知、多维融合、数智赋能" 为核心技术理念，探索基于人、车、路的综合性智慧交通解决方案；为高校、地铁线路、机场、医院、高速公路、商业建筑等公共场所提供安全保障。

宇视科技的安防产品包括：固定型网络摄像机、球形网络摄像机、周界雷视与雷达、阿宇系列。固定网络摄像机产品包括三个系列：红外系列、双光系列和警戒系列。例如，其 400 万红外筒形网络摄像机采用 H.265 编码算法，编码压缩效率更高；支持超级 265 编码，1M 码流的高清视频；智能红外补光，夜间图像更均匀；支持自适应透雾，摄像机能根据雾霾严重程度，自适应调节透雾等级；三码流套餐能力，满足不同带宽及帧率的实时流、存储流需求。

球形网络摄像机，以 6 寸系列的 500 万 23 倍红外深度智能球形网络摄像机的智能化功能如下：支持越界检测、进入区域、离开区域、区域入侵四种布防模式，可对机动车、非机动车、行人目标分类检测布防；支持目标检测抓拍，支持抓拍优选，自动筛选出抓拍质量最优的图片；支持人流量统计和人员密度检测，适应多种场景使用需求；支持对画面中的机动车、非机动车、行人目标进行分类跟踪，达到预设跟踪时间后自动返回初始位置；摄像机能根据道路上是否有运动车辆，自动调节画面亮度。

2.3.3.2 宇视科技专利分析

以浙江宇视科技有限公司为申请人进行检索，得到宇视科技在智能安防监控系统中国的专利申请数据，并在此基础上进行专利分析。

1. 专利概况

图2-3-21、图2-3-22分别示出宇视科技的专利申请趋势以及技术分布。

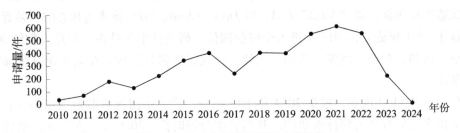

图2-3-21 宇视科技专利申请趋势

由图2-3-21可以看出，2010—2021年，该公司的专利申请量处于波动式增长，专利申请量从37件攀升到2021年的605件；2022年后，专利申请数量有所下降，但2022年的申请量仍旧超过500件。下面再对宇视科技的专利申请技术按照IPC的主分类号进行技术分支的排序，排名前十的技术分支统计如图2-3-22所示。

由图2-3-22可以看出，宇视科技排名第一、第二位的技术布局与海康威视、大华股份均相同，都是在图像通信、电数字数据处理，而第三位以后的技术领域不同。比较突出的是其数字信息的传输以及交通控制系统位列第三和第四，尤其是宇视科技在交通控制系统领域的专利申请量为280件，超过了大华股份在该领域的专利申请量（169件）。可以看出，宇视科技除了重视摄像机自身的硬件研发，还注重在不同场景中的应用的专利布局。例如交通控制领域、在行政/商业/金融/监督场景下的应用。

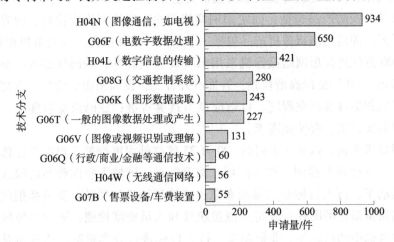

图2-3-22 宇视科技专利申请技术分布

首先，分析宇视科技在图像通信领域的技术分支，具体参见图 2 - 3 - 23。

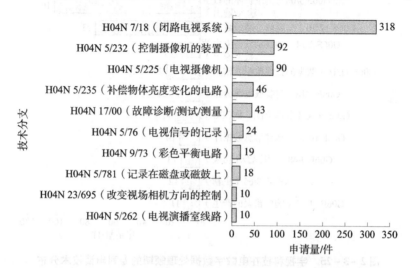

图 2 - 3 - 23 宇视科技在图像通信领域的专利申请技术分布

与海康威视和大华股份不同，宇视科技在图像通信领域布局量最多的是由摄像机组成的系统，共 318 件，其次是控制装置（92 件）、摄像机硬件（90 件）。在光补偿装置、故障检测也分别具有 46 件和 43 件专利申请。

虽然宇视科技在专利申请数量上显著少于海康威视和大华股份，但从图 2 - 3 - 24 的宇视科技在图像通信领域专利申请当前法律状态来看，其授权率处于高水平。

由图 2 - 3 - 24 可见，在图像通信领域中，授权案件共 666 件，授权率达到 72%，处于实质审查阶段的仍有 19%，驳回率仅有 6%。这说明宇视科技在图像通信这一领域的技术研发实力较高。

其次，是在电数字数据处理领域技术分支的分析。

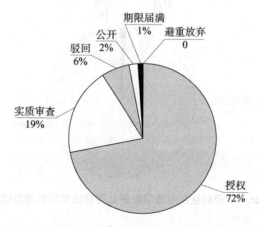

图 2 - 3 - 24 宇视科技在图像通信领域专利申请当前法律状态

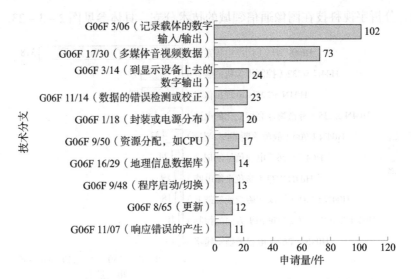

图 2 - 3 - 25　宇视科技在电数字数据处理领域的专利申请技术分布

宇视科技在电数字数据处理技术领域下的第一技术分支与海康威视、大华股份均相同，是记录载体的数字输入/输出。但是，排名第二与前两者公司均不同，是多媒体音视频数据，其主要技术包括数据的查询、提取、处理、同步、存储、电子地图数据映射等。

由图 2 - 3 - 26 可以看出，宇视科技在电数字数据处理领域的授权率也达到 60%，共 393 件，处于实质审查阶段的占 33%，其数量较多，为 219 件；驳回率同样仅为 6%。

再来分析宇视科技具有鲜明特色的用于交通控制系统领域的技术分支，即交通控制系统。

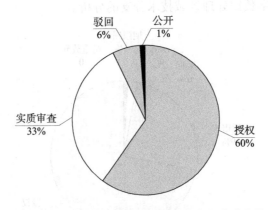

图 2 - 3 - 26　宇视科技在电数字数据处理领域专利申请当前法律状态

由图 2 - 3 - 27 可以看出，宇视科技在交通控制领域的布局主要为通过图像识别交通违法行为、识别车辆进行交通管理。另外，涉及停车场的车辆排队或空位统计、无人值守下的管理等。

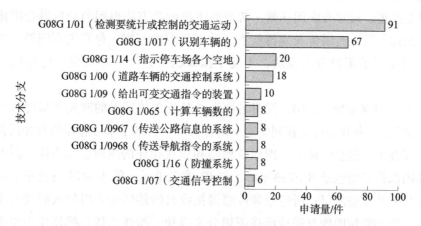

图 2 - 3 - 27　宇视科技在交通控制系统领域的专利申请技术分布

由图 2 - 3 - 28 可以看出，宇视科技在交通控制系统领域的授权率较高，达到 73%，有 204 件；在实质审查阶段的案件占 13%，驳回率仅为 9%。

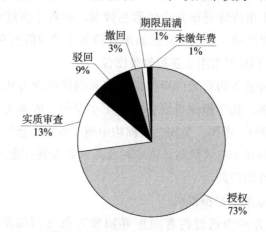

图 2 - 3 - 28　宇视科技在交通控制系统领域专利申请当前法律状态

宇视科技与海康威视、大华股份相同，也注重海外市场的拓展。宇视科技通过 PCT 途径向 WIPO 提交了 32 件专利申请，在土耳其、欧洲、美国和英国各有少量申请。在 2023 年《安全与自动化》发布的 2023 全球安防 50 强榜单中，宇视科技占据第九位。

2. 典型专利

（1）单传感器双光谱摄像机

传统的双光谱摄像机一般采用双传感器设计方案，分别采集可见光彩色图像与红外图像，并对两种图像融合后再进行后续的图像处理、编码与传输等操作。这类方案硬件配置成本较高，双镜头之间无法避免立体视差问题。采用单镜头双传感器方案，通过在摄像机内部增加分光机构，将可见光与红外光分离，分别在两块传感器上成像可以避免立体视差问题，但是分光系统与双传感器的硬件配置使体积与成本增加。此外，针对低照度、透雾等应用场景，常规的图像融合方法得到的彩色融合图像难以避免因红外图像与可见光图像灰度特征不一致而导致的亮度、色彩失真问题。宇视科技的下述专利设置了逻辑分光模块，实现了摄像机的进一步小型化、提高色彩质量的效果。

专利1——CN108965654B，发明名称为"基于单传感器的双光谱摄像机系统和图像处理方法"。该专利的独立权利要求1内容为"一种基于单传感器的双光谱摄像机系统，其特征在于，包括：镜头、图像传感器和依次相连的逻辑分光模块、图像融合模块；所述图像传感器包括 RGB 感光单元与 IR 感光单元，所述 RGB 感光单元的进光路上设置有红外截止滤波层；所述图像传感器接收自所述镜头入射的入射光线生成原始图像，并将所述原始图像发送给所述逻辑分光模块，所述图像传感器用于根据双路自动曝光算法分别控制所述 RGB 感光单元和所述 IR 感光单元的曝光参数；所述逻辑分光模块将所述原始图像转换分离为可见光图像和红外图像，并将所述可见光图像和所述红外图像发送给所述图像融合模块以生成融合图像；所述逻辑分光模块具体用于：获取所述原始图像的各个单位阵列单元中的彩色像素，由各个所述单位阵列单元中的彩色像素组合获得可见光图像，获取所述原始图像的各个单位阵列单元中的 IR 像素，由各个单位阵列单元中的 IR 像素组合获得红外图像。"

该专利为基于单传感器的双光谱摄像机系统和图像处理方法，以使双光谱摄像机系统的光学构造更简单，利于摄像机设备体积更小型化、成本更低廉，并提升图像的效果。宇视科技在 WIPO、中国、美国、欧洲均申请了专利，已经在中国、美国、欧洲获得专利权，专利权均处于有效状态。该专利及其同族专利在全球被引用达 51 次，技术稳定性和技术先进性均较高。

（2）基于数据热度的监控摄像机

目前摄像机布点方法为通过将客观世界抽象为点（例如路口、ATM 机等）、线（道路）、面（CBD、大型商场等），然后计算监控点位的覆盖区域，根据覆盖区域是否包含客观世界，或对客观世界包含的程度来对监控点位布局进行评判，根据评判结果调整。其缺点是过程通常很复杂。该方式的另一个缺点是没有对客观世界的实体的重要性进行判断，即重要区域与非重要区域的布点方式一样。在视频监控的布局中衡量布局合理性的一个关键指标是是否覆盖关键区域，即在关键的区域尽可能多地布置监控点。在整个监控点位的布局中，一般是以被监控的对象为主展开，例如覆盖主要的银行、超市等人流较密集区域。但这种方法是基于矢量数据的运算，忽略了客观事物本身的属性。宇视科技的下述专利能够在监控布点中生成一个监控布点需求图，能够反映客观世界不同区域重要程度。

专利2——CN104899368B，发明名称为"基于数据热度的监控布点需求图生成方法及装置"。该专利利用能够反映客观监控布点需要的样本点数据，基于数据热度生成一种监控布点需求图，能够准确反映客观世界的监控布点需求，从而有助于合理布设监控点位。样本点反映了客观世界的监控布点需求，而样本点的权重大小则反映了需求的大小，将区域的热度考虑了进去，使得其更具有可信度。另外，通过颜色的深浅来表示不同的区域监控的重要性，并且通过跟地图的叠合，能够非常直观地展现出该区域的监控布点需求。宇视科技在 WIPO、中国、美国均进行了专利申请，已经在中国、美国获得专利权，专利权处于有效状态。该专利及其同族专利在全球被引用达到32 次，技术稳定性、技术先进性均较高。

（3）节约带宽方法的监控摄像机

基于 IP 网络的视频监控已逐渐发展成为安防业的主流方案，成功应用于平安工程、高速公路、公安网、园区等。但基于 IP 的视频监控系统的信令和业务流程变得非常复杂。以 NAT 为例，由于 IP 报文穿过 NAT 设备后其源 IP 或目的 IP 地址发生改变，一个监控业务信令报文内部通常也携带有源 IP 和目的 IP 地址，造成报文内外部地址不统一，对视频监控业务流程造成困扰。另外，如果 NAT 外网存在设备要首先发起通向内网的 TCP/UDP 连接，就必须先在 NAT 设备上为内网的那些设备分别配置内部服务器的静态地址/端口映射，会浪费大量公网地址。宇视科技的下述专利解决了广域网络带宽消耗的问题。

专利 3——CN102546350B，发明名称为"一种 IP 监控系统中节约广域网带宽的方法及装置"。该专利的权利要求 1 的内容为"一种 IP 监控系统中节约广域网带宽的方法，该方法应用于监控系统的视频管理服务器（VM）上，其中所述监控系统还包括编码终端 EC、监控客户端 VC 以及 L2TP 服务端 LNS；其中至少一个 EC 及 VC 与 LNS 建立有 L2TP 隧道连接，该方法包括：接收 EC 及 VC 发送的注册报文，保存注册报文中EC 及 VC 的地址信息；根据 VC 的点播请求指示相应地 EC 发送监控视频流；在 EC 和VC 之间的经由 L2TP 隧道建立监控视频流传输通道之后，向 EC 及 VC 发出与对端进行内网通信尝试的指令；接收 VC 发送的内网通信尝试报告，根据报告报文的地址信息以及自身保存的地址信息判断 EC 与 VC 之间是否能够通过内网进行通信，如果是则发送通信模式切换指令，指示 EC 从 L2TP 隧道通信模式切换到内网通信模式。"

该专利通过在使用隧道技术穿越隔离设备的同时巧妙地解决了隧道模式下广域网络带宽消耗的问题，解决手段科学严谨，充分考虑了 IP 地址重复等客观规律可能引发的问题。宇视科技在 WIPO、中国、美国进行了专利申请，已经在中国、美国获得专利权，专利权处于有效状态。该专利及其同族专利在全球被引用 10 次，技术稳定性、技术先进性均较高。

（4）专用于车位监控的摄像机

为了提高对路侧停车场的管理能力，基于智能监测技术发展出多种车位监控系统，例如基于超声波检测、红外线探测、地磁检测、图像识别的车位监控系统。在诸多车位监控系统中，只有基于图像识别的车位监控系统能基于车牌号码对车位停放车辆进行管理，同时为车辆异常停放提供有效的处罚收费证据链。但现有基于图像识别的车位监控系统，实际应用中会出现无法从抓拍目标图像中获得车辆车牌号码的情况，从而存在部分停放车辆无法基于车牌号码计费。宇视科技的下述专利对基于图像识别的车位监控系统进行改进，实现了基于车牌号码对停放在车位中车辆的管理。

专利 4——CN106373405B，发明名称为"车位监控系统及方法"。该专利通过在一个车位的两条车位分界线附近分别设置一个双目结构抓拍装置，分别有一个抓拍镜头朝向车位对车位进行监控，无论在车辆进入车位过程中，还是在车位中停稳后，其车牌都会被至少一个抓拍镜头抓拍到，从而可以基于抓拍镜头抓拍到的目标图像进行车辆号码识别，获得占用车位车辆的车牌号码信息，也就能基于车牌号码对停放在车位中的车辆进行管理。宇视科技在中国进行了专利申请，已获得专利权，专利权处于有效状态。该专利被引用次数达到 29 次，技术稳定性、技术先进性均较高，是市场上大量应用的车位管理方法。

2.4 小　结

通过本章分析可知，随着人工智能、大数据等技术发展的日新月异，安防行业朝着智能化方向发展，而安防行业实现可靠的智能化的前提是精准的信息采集。从智能安防监控领域的关键技术——图像传感器方面，其光电转换的灵敏度、信号降噪技术、成像方法、芯片尺寸的小型化，以及从摄像机的图像处理、传输方法、图像识别算法来看，国内外行业巨头都在上述方面进行了大量的技术研发和专利布局，形成了行业内创新主体的有序竞争格局。

由于图像传感器技术属于半导体领域，我国虽然起步晚，但是通过并购方案快速切入该技术领域，从改善夜视技术、降低噪声、3D 成像等方面不断研发突破。

我国在全球安防领域排名前 50 的智能安防企业有 20 家左右，这说明我国企业在全球安防领域市场上占有率独占鳌头。这离不开我国的人工智能、大数据、算法的技术发展。依托于这些信息技术的快速发展，在全球安防市场需求率不断攀升的形势下，我国的智能安防行业将会有更大的发展。

第 3 章　智能安防生物识别技术

3.1　概　述

3.1.1　技术简介

在当下数字化浪潮汹涌澎湃的信息时代，准确鉴定一个人的身份及保护其信息安全，宛如一道坚固的防线，捍卫着社会秩序的稳定与和谐。如何准确鉴定一个人的身份及保护其信息安全，已成为当今社会一个非常重要的现实问题。生物识别技术宛如一颗璀璨的新星，在身份认证的浩瀚星空中闪耀着独特的光芒。其不但简洁快速而且安全可靠准确，与安全、监控、管理系统整合，同时易于配合计算机，实现安全便捷的自动化管理，已引起各国的广泛关注和高度重视，逐渐成为各行各业对身份鉴别广泛采纳的手段，给日常生活带来极大便利。

生物识别技术是通过获取人体的生物特征进行身份识别认证的一种新的技术手段，其将生物技术和信息技术两大技术融合，通过先进的计算机技术、精密的生物传感器以及生物统计学原理，对人体固有的生理特性，譬如人脸、指纹、掌纹、虹膜、视网膜、声纹、静脉等以及人体固有的行为特征，譬如步态、签名、手势、击键❶等，进行深度挖掘和精准分析，可以对目标人进行精准的识别与匹配分析，实现对个人身份的无误鉴别。生物识别技术的魅力不仅在于其准确性和可靠性，更在于它与现代信息技术的完美融合。

正是由于人的生物特征具有唯一性，可以充分利用每个人特定的生物特征来鉴别身份，其具有以下几个主要特点：广泛性，每个人都应该具有这种特征；唯一性，每个人拥有的特征应该各不相同，能够与其身份相对应；稳定性，所选择的特征应该不随时间变化，即生物特征不容易发生改变；可采集性，所选择的特征应该便于测量；防窃取，能快速采集和识别，但是不易被不法分子窃取；防复制，即便被窃取，也不易被复制。

诸多的研究成果和丰富的实践经验都有力地证明，人体的面部、指纹/掌纹、虹膜、视网膜、声音、骨架等元素，均具备独一无二的属性以及稳定不变的特质，即均满足唯一性和稳定性等特点要求。

---

❶　郑航. 基于击键行为的身份识别研究［D］. 武汉：武汉邮电科学研究院，2018.

鉴于不同生物特征的独特性质，基于它们的识别系统各自存在优势与不足，从而适配于形形色色的场景。

从应用流程来看，生物识别一般可划分为注册与识别这两个关键阶段。在注册阶段，传感器对人体的生物特征信息进行精细采集，获取相应特定的特征信息并且妥善存储。在特征识别过程中，运用与注册阶段相对应一致的信息采集手段与方式，对待识别人及人群进行信息采集与特征提取，随后，将新提取的特征与之前存储的相应特征进行比对、分析，以完成识别任务。[1] 生物识别的这一流程，如同一条精准无误的链条，每个环节都紧密相扣，共同构建身份认证的坚固防线，为人们的生活和工作带来高效与便捷。

3.1.2　相关政策及标准

出于国家安全，各国政府推出生物识别护照、国民身份证等一系列政策，为生物识别技术的研发设计、普及应用，在一定程度上发挥了强有力的推动作用。与此同时，国际生物识别联盟、生物识别应用程序接口联盟、国际生物识别和鉴定协会等组织或机构，在制定行业标准、培训交流、协调政府产业界关系等多方面也取得了许多成果。这些行业组织宛如桥梁与纽带，将各方力量紧密联结，为生物识别技术的发展营造了良好的生态环境，促使其在保障国家安全、服务社会民生等领域发挥出愈发显著的作用。以下，对中国、美国等国家的产业政策进行介绍。

3.1.2.1　中国

由杭州中正生物认证技术有限公司作为主要起草方之一制定的强制性标准《指纹防盗锁通用技术条件》就已正式通过公安部技术监督委员会的审批，于 2007 年 10 月 1 日起实施。

2012 年 7 月 18 日，全国安全防范报警系统标准化技术委员会发布行业标准 GA/T 894.7—2012：《安防指纹识别应用系统　第 7 部分：指纹采集设备》。

2012 年 11 月 1 日，公安部身份证登记指纹信息工作领导小组办公室制定了《居民身份证指纹采集器通用技术要求》，并发布公告诚邀国内知名企业参与"居民身份证指纹采集器选型推荐项目"，同时对几十家厂商送检的指纹采集器进行了严格的对照检测。

我国与生物特征识别相关的标准化组织发布的生物特征识别相关的国家标准及行业标准多达 100 余项，涉及人脸、指纹、虹膜、静脉、声纹、DNA、签名等各种模态。其中，SAC/TC28/SC37 发布的标准主要核心目的在于达成系统间的互联互通和互操作，同时为生物特征识别系统性能的测试提供基础性的评价指标和测试方法；SAC/TC100/SC2 重点聚焦于公共安防领域，其发布的标准多为行业标准，侧重于规范生物特征识别

系统在安防场景中的应用；SAC/TC260 主要从信息安全和个人隐私保护的视角出发，提出了生物特征识别系统要求以及典型生物特征识别模态的数据安全要求相关标准；SAC/TC218 则从防伪的角度切入，制定了部分生物特征识别防伪技术要求标准。

从国家标准的层面来讲，紧跟并采用 ISO/IEC JTC1/SC37 的第三代数据交换格式标准，提出基础通用的终端通用规范以及识别系统技术要求，以此来规范典型模态生物特征识别业务，乃是当下工作的关键要点。这类标准的提出，能够对产业的发展发挥有效的指导作用。从行业标准的层面来看，针对安防、轨道交通、智慧社区等领域的应用，提出具有行业代表性的应用规范以及评测数据库建设规范，是当前生物特征识别行业标准重点关注的方向。

生物特征识别技术委员会负责标准研究和制定工作，如表 3 - 1 - 1 所示。[❶]

表 3 - 1 - 1　全国信息安全标准化委员会相关标准

标准名称	标准状态	主体内容
GB/T 36651—2018 信息安全技术 基于可信环境的生物特征识别身份鉴别协议框架	已发布	规定了基于可信执行环境的生物特征识别身份鉴别协议框架，包括协议框架、协议流程、协议规则以及协议接口
GB/T 20979—2019 系统技术要求	修订（报批稿）	规定了测试数据规模、错误拒绝率、识别精度指标、安全等级的划分标准、易用性等级的划分标准、特权用户的操作权限获取方式、双目虹膜识别系统的识别策略、登记策略
GB/T 38542—2020 移动智能终端身份鉴别协议框架	已发布	规定了基于生物特征识别的移动智能终端身份鉴别框架，并通过身份鉴别协议实现身份鉴别注册、身份鉴别和身份鉴别注销等业务流程
GB/T 38671—2020 信息安全技术 基于可信环境的远程人脸识别认证系统技术要求	报批稿	规定了基于可信执行环境采用人脸识别技术在服务器端进行身份认证的信息系统的功能、性能和安全要求、安全保障要求，并根据 GB 17859—1999 和 GB/T 18336.3—2015 的等级划分思想及安全保障要求，将系统划分为鉴别级和增强级
GB/T 40660—2021 信息技术安全技术 生物特征识别信息的保护要求	草案	制定生物特征识别信息的安全保护要求，包括生物特征识别系统的威胁和对策，生物特征信息和身份主体之间安全绑定的安全要求，应用模型以及隐私保护要求等

---

❶ 韩劼之. 人体行为识别研究及标准化［J］. 信息技术与标准化，2022（3）：57 - 62.

2018 年，全国安全防范报警系统标准化技术委员会着重针对人脸、指纹、虹膜、指静脉及声纹识别、活体检测等在安防领域的应用技术要求，积极开展标准的研究与制定工作。所研制的部分主要标准如表 3 - 1 - 2 所示。●

表 3 - 1 - 2　全国安全防范报警系统标准化技术委员会主要标准

类别	标准名称	标准状态	主体内容
基础	GA/T 893—2010 安防生物特征识别应用术语	已发布	规定了安全防范系统生物特征识别应用术语
人脸	GB/T 31488—2015 安全防范视频监控人脸识别系统技术要求	已发布	规定了安全防范视频监控人脸识别系统的基本构成、功能要求、性能要求及测试方法
	GB/T 35678—2017 公共安全人脸识别应用　图像技术要求	已发布	规定了公共安全人脸识别应用中人脸图像技术要求
	GA/T 922.2—2011 安防人脸识别应用系统　第 2 部分：人脸图像数据	已发布	规定了安全防范系统中用于人脸识别的人脸图像技术要求和人脸图像记录格式
	GA/T 1093—2013 出入口控制人脸识别系统技术要求	已发布	主要包括本技术的范围、规范性引用文件、术语和定义、系统概述、技术要求、试验方法和相关附录
	GA/T 1126—2013 近红外人脸识别设备技术要求	已发布	主要介绍了近红外人脸识别设备技术标准的范围，规范性引用文件，术语和定义、构成、分级与标记，技术要求、试验方法和检验规则
	GA/T 1212—2014 安防人脸识别应用防假体攻击测试方法	已发布	规定了安防人脸识别应用中防假体攻击的测试方法
	GA/T 1470—2018 安全防范　人脸识别应用　分类	已发布	规定了安全防范系统人脸识别应用分类准则
指静脉	GB/T 35676—2017 公共安全指静脉识别应用　算法识别性能评测方法	已发布	规定了公共安全指静脉识别应用中算法识别性能评测的测试库建库准则、测试方法和评价方法

●　中国电子技术标准化研究院，北京旷视科技有限公司，国民认证科技（北京）有限公司，等. 人脸识别数据安全标准化研究报告（2021 版）[R]. 北京：中国电子技术标准化研究院，2021.

续表

类别	标准名称	标准状态	主体内容
指静脉	GB/T 35742—2017 公共安全指静脉识别应用　图像技术要求	已发布	规定了公共安全指静脉识别应用中指静脉图像的技术要求
	GA/T 940—2012 安防指静脉识别应用系统图像技术要求	已发布	规定了安防指静脉识别系统中指静脉图像质量和数据格式等技术要求
	GA/T 1213—2014 安防指静脉识别应用　3D 数据技术要求	已发布	规定了安防指静脉识别应用 3D 数据的有效区域、坐标系与记录格式
指纹	GB/T 35735—2017 公共安全指纹识别应用　采集设备通用技术要求	已发布	规定了公共安全指纹识别应用中采集设备的技术要求、试验方法、检验规则及标志、包装、运输和贮存要求
	GB/T 35736—2017 公共安全指纹识别应用　图像技术要求	已发布	规定了公共安全指纹识别应用中指纹图像技术指标和内容要求
	GA/T 894.3—2010 安防指纹识别应用系统　第 3 部分：指纹图像质量	已发布	规定了安防指纹识别应用系统的指纹图像质量
	GA/T 894.6—2010 安防指纹识别应用系统　第 6 部分：指纹识别算法评测方法	已发布	规定了安防指纹识别应用系统指纹识别算法评测方法的术语和定义、测试库建库准则、测试环境、测试接口、测试项目与过程
虹膜	GA/T 1429—2017 安防虹膜识别应用　图像技术要求	已发布	规定了安防虹膜识别应用中的虹膜图像的技术指标和质量

近年来，电子工业标准化技术协会重点针对人脸识别、指纹识别等设备的通用规范开展标准研制定，主要标准如表 3 - 1 - 3 所示。❶

表 3 - 1 - 3　中国电子工业标准化技术协会标准

标准名称	标准状态	主体内容
SJ/T 11607—2016 指纹识别设备通用规范	已发布	规定了指纹识别设备的构成、分类、要求、试验方法、质量评定程序、标志、包装、运输和贮存等
SJ/T 11608—2015 人脸识别设备通用规范	已发布	规定了人脸识别设备的构成、要求、试验方法、质量评定程序、标志、包装、运输和贮存等

---

❶ 刘丽敏，荆继武. 快速发展的我国生物特征识别标准规范 [J]. 中国信息安全，2019（2）：68-71.

3.1.2.2 美国

美国在国际生物特征识别领域一直占据着引领地位，代表着先进技术的前沿方向，标准与技术研究所于1993年制定了国家标准 ANSI/NIST – CSL。1998年对标准更新，明确规定了用于不同管辖范围和相异系统之间有效交换指纹等身份识别数据的通用格式。2000年3月推出行业规范：Bio API 规范版本1.0 – 2000。美国国家标准生物认证信息的管理与安全问世，涵盖了诸如指纹、虹膜扫描图像、声纹等。❶

2001年11月，为有力推动生物认证技术的标准化进程，美国国家信息标准委员会设立了生物认证技术委员会。生物特征识别标准化技术分委员会（ISO/IEC JTC1/SC37）承担并落实生物特征识别相关技术的国际标准化工作，截至2022年10月，已成功发布136项国际标准和技术报告，同时有3项国际标准正在研发当中。该技术分委会根据标准体系划分，下设6个工作组分别负责各自领域的标准项目（参见表3–1–4），近年来标准计划较多、较活跃的工作组有生物特征识别数据交换格式工作组 WG3 和生物特征识别测试和报告工作组 WG5。❷

表3–1–4　ISO/IEC/JTC1/SC37 下设工作组

组号	（工作组）名称	主要工作内容
WG1	生物特征识别术语	研制术语标准
WG2	生物特征识别接口	研制接口标准，包括不同编程语言下的接口规范
WG3	生物特征识别数据交换格式	研制数据交换格式标准、样本质量标准及呈现攻击检测标准
WG4	生物特征识别技术实现	研制技术实现及应用相关的标准
WG5	生物特征识别测试和报告	研制与测试相关的标准，包括技术测试、场景测试、运行测试以及数据交换格式、接口的标准符合性
WG6	生物特征识别司法和社会活动相关管理	研制与伦理道德相关的标准，包括人群因素影响、图示、图标、图符等标准

其中，ISO/IEC 39794 主要涉及指纹、人脸、虹膜等应用比较成熟的三种生物特征识别模态以及手部血管、全身影像以及步态等三种新兴生物特征识别模态，同时为生物特征识别厂商提供了可自定义的扩展格式内容，能够更好地支撑数据的高效交换与共享。

---

❶ 刘希清. 生物特征识别技术标准化工作现状研究 [J]. 金卡工程，2005（12）：67 – 70.
❷ 中国电子技术标准化研究院，全国信息技术标准化技术委员会生物特征识别分技术委员会. 生物特征识别白皮书（2017版）[R]. 北京：中国电子技术标准化研究院，2017.

3. 2　智能安防生物识别技术概况及专利分析

3. 2. 1　技术发展状况

伴随着 5G、人工智能、大数据、大模型、云计算、边缘计算等新一代信息技术的快速发展，视频分析、人体识别、活体检测和数据分析等各类技术不断更新完善，原本用途单一的安防产品功能越来越丰富，安防行业开始与其他众多领域相互融合，呈现出优势互补、协同共进的态势。[1] 将生物识别技术融入网络视频监控平台，即将识别算法融入视频监控的智能分析之中，有利于达成智能分析的精准识别。与此同时，凭借高清视频监控技术，推进生物识别从近距离识别迈向远距离识别、从静态识别趋向动态识别、从小群体识别朝着大群体识别应用的方向发展演进。[2] 安防产业已经迈进一个全新的时代——智能安防时代。

智能安防当下主要应用于视频监控领域，依靠 AI 技术，已达到对视频画面中的人进行特征识别和提取，利用对应的特征来进行身份/物体的识别，进而实现让机器看得懂"世界"并能主动预测，作出相应反馈，从而为安防行业赋予 AI 科技的力量。

以下小节着重分析阐述智能安防时代的生物识别技术。基于生物识别的智能安防技术按照其具体识别对象可主要划分为三个分支：基于生理特征识别的智能安防技术、基于行为特征识别的智能安防技术以及基于多模态融合特征识别的智能安防技术，其详细划分如表 3 - 2 - 1 所示。[3]

表 3 - 2 - 1　基于生物特征识别的安防技术分支情况

技术领域	一级分支	二级分支技术
基于生物识别智能安防	基于生理特征识别	主要包括基于人体指纹、人脸、虹膜、指静脉、声纹、视网膜等形态特征识别
	基于行为特征识别	主要包括基于人体步态、签名、手势、击键等行为特征识别
	基于多模态融合识别	包括两种或两种以上生物特征识别

---

[1]　齐程，孔德宁，曾厉，等. 水电站智慧企业建设探讨与研究 [J]. 自动化应用，2023，64（3）：206 - 210.

[2]　言九. 2023 年中国生物识别技术行业现状及趋势分析，将朝多元化方向发展 [EB/OL].（2024 - 01 - 19）[2024 - 05 - 20]. https://www. huaon. com/channel/trend/957887. html.

[3]　本刊编辑部. 生物特征识别技术综述 [J]. 安防科技，2007（5）：3 - 6；龙云璐，汪婷静. 基于生物特征识别的家居安防专利技术综述 [J]. 中国科技信息，2021，（Z1）：15 - 16.

为了对智能安防生物识别技术进行专利分析，我们结合产业和专利相关资料，从技术手段对智能安防生物识别技术进行技术分解。按照生理特征识别、行为特征识别和融合识别三个一级分支，并将生理特征识别技术划分为：人脸识别、指纹识别、虹膜识别、指静脉识别、声纹识别、视网膜识别等多个二级分支，将行为特征识别技术划分为：步态识别、签名识别、击键识别、手势识别等多个二级分支，以此展开检索、分析和讨论。

3.2.2 专利申请趋势

如图 3-2-1 所示，直到 2012 年智能技术在计算机视觉领域得到成功应用，智能安防生物识别技术申请人开始突破瓶颈，2013 年后得到迅速增长，由一开始的每年几十项的探索期，快速增长到 2020 年（数据不完整）的 1300 多项，可见创新主体对智能安防生物识别技术这一技术的重视，并积极进行了专利申请和市场布局。

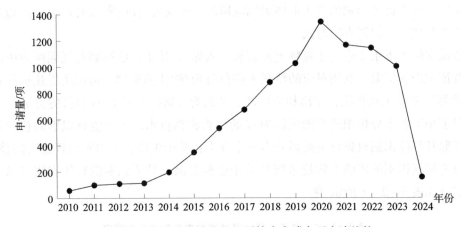

图 3-2-1　智能安防生物识别技术全球专利申请趋势

3.2.3 申请的目标/原创国家或地区分析

中国、美国都将人工智能列为国家战略，都拥有实力强劲的人工智能企业或公司，都注重并开放了新一代人工智能创新平台，并且高校和创新企业众多，主要还在于国家的智能安防行业的重视和市场的开放，随着对公共安全和智慧城市的高度重视，中国成为众多企业争相竞夺专利布局的目标国。基于上述原因，智能安防生物识别技术全球专利布局主要目标国家或地区分布情况如图 3-2-2 所示，中国成为智能安防生物识别技术专利布局的最大目标国，占比高达 90%，美国为 3%，韩国占 3%；值得一提的是，印

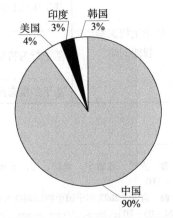

图 3-2-2　智能安防生物识别全球专利布局主要目标国家或地区

度也成为被专利布局的目标国，占比达 3%。

如图 3-2-3 所示，从智能安防生物识别技术全球专利主要目标国家或地区申请趋势来看，中国申请量自 2013 年逐年高速增长，尤其是 2014—2020 年呈指数型增长；印度的申请量增长速度也较迅速，美国仍然保持一定的速度呈螺旋式增长，韩国与美国有些相似，也呈现出震荡上涨的趋势。

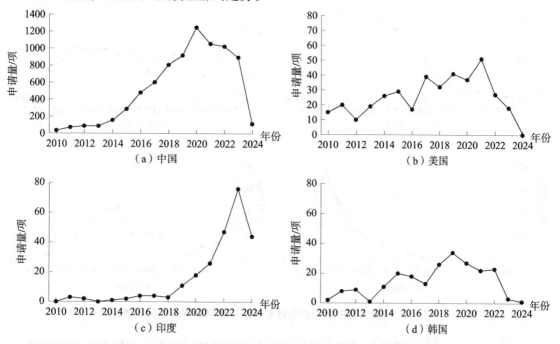

图 3-2-3　智能安防生物识别全球专利主要目标国家或地区申请趋势

如图 3-2-4 所示，从智能安防生物识别技术全球专利申请主要原创国家或地区分布情况来看，中国占据了第一的位置，占比为 89%，这表明中国注重智能安防生物识别技术的研发和专利布局，在技术上拥有了一定的领先优势。美国和印度比较注重自主研发，而中国有部分专利由外国输入。

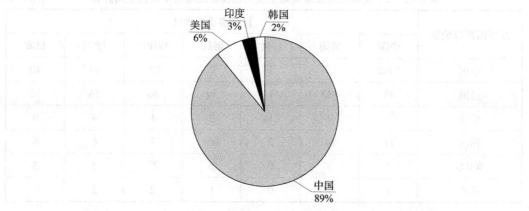

图 3-2-4　智能安防生物识别技术全球专利申请主要原创国家或地区

如图 3-2-5 所示，从智能安防生物识别技术全球专利主要原创国家或地区申请趋势来看，中国和印度专利增长势头良好，美国和韩国近年来也呈现一定的增长趋势，增长速度相对放缓。

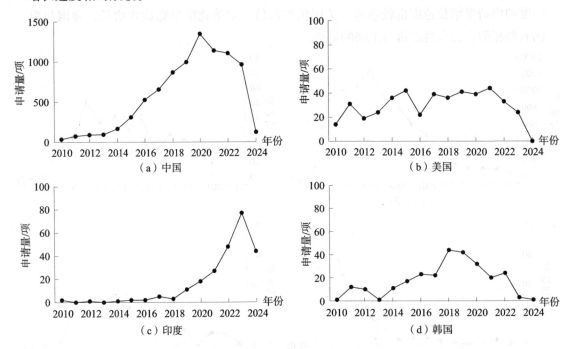

（a）中国　　　　　　　　　　　（b）美国

（c）印度　　　　　　　　　　　（d）韩国

图 3-2-5　智能安防生物识别全球专利主要原创国家或地区申请趋势

从表 3-2-2 可以看出，美国和韩国在其他国家或地区均有一定规模的专利布局，说明美国或韩国的企业具有较强的专利布控市场的意识。中国的绝大多数专利申请均聚焦在本国国内，仅有极少量的专利进行了海外申请。这为企业今后的外向型发展埋下了隐患。但值得庆幸的是，中国企业采用了 PCT 申请方式，通过 WIPO 进行国外布局，从而根据需要灵活进入不同目标国家或地区。

表 3-2-2　生物识别技术全球主要原创国家或地区申请量流向分布　　　单位：项

原创国家或地区	目标国家或地区						
	中国	美国	印度	韩国	WIPO	欧洲	日本
中国	8400	27	1	7	103	14	10
美国	49	430	1	20	86	56	16
印度	1	9	214	0	4	4	0
韩国	11	14	2	189	7	6	6
WIPO	2	7	0	2	27	3	3
日本	2	1	0	1	2	2	22

3.2.4　申请人分析

如图 3 - 2 - 6 所示，从智能安防生物识别技术全球主要专利申请人排名来看，国家电网在申请量方面优势较大，属于第一阵营，其他申请人申请量相对比较集中，为第二阵营。特别是，从图 3 - 2 - 6 的全球主要专利申请人排名情况来看，来自中国的创新主体占绝大多数，这表明在智能安防生物识别技术中，中国具有一定的优势。

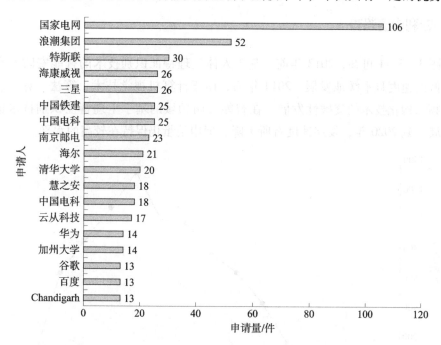

图 3 - 2 - 6　智能安防生物识别技术全球主要专利申请人排名

3.2.5　生物识别技术分支专利申请量

图 3 - 2 - 7 示出了智能安防生物识别各技术分支的申请量占比情况。全球专利申请中，关于生物识别技术下的各一级技术分支，基于生理特征识别技术专利申请量占比最高，为52%；基于行为特征识别技术专利申请量占比较高，为 28%；融合识别技术和其他识别技术分支的专利申请占比较小，分别为 15% 和 5%。

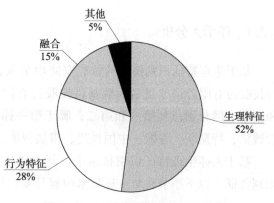

图 3 - 2 - 7　生物识别各技术分支的
申请量占比分布

3.3　基于生理特征识别技术专利状况

随着计算机视觉技术、算力、算法、大模型、视频结构化技术、大数据、边缘计算的突破，基于人体生理特征识别技术以满足市场的需要也得到了提升和发展，企业和公司争相进行专利布局。

3.3.1　专利申请趋势

由图 3-3-1 可知，2013 年前，基于人体生理特征识别技术的智能安防专利申请保持较低的速度且平缓地发展。2014 年后，由于计算机视觉技术、算法、算力、大模型、视频结构化技术的突破性发展，在智能安防领域的基于生理特征识别技术也得到快速发展。到 2020 年，发展速度有所下降，但申请量仍保持在较高的水平。

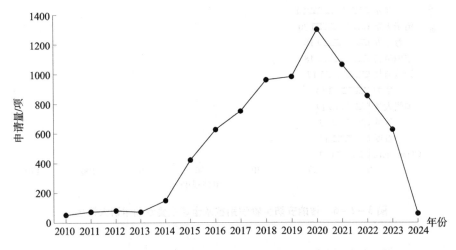

图 3-3-1　基于生理特征识别技术智能安防全球专利申请趋势

3.3.2　申请人分析

基于生理特征识别技术的智能安防申请人排名情况如图 3-3-2 所示：中控智慧科技股份有限公司［更名为熵基科技股份有限公司，以下简称"中控智慧（熵基）"］和国家电网分别位列第一和第二，属于第一梯队，慧之安、天地融科、海康威视、飞天诚信、特斯联、谷歌、中国铁建、银晨智能、三星、壹账通等属于第二梯队。

基于人体生理特征识别技术中，其主要生理特征包括人脸、指掌纹、虹膜等常规识别特征，以下小节将对上述技术内容及专利分析方面重点介绍。

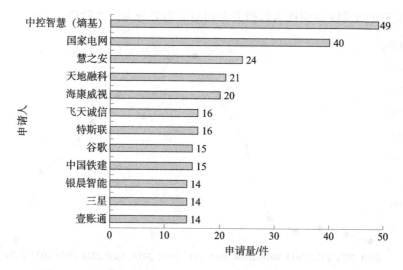

图 3 - 3 - 2　基于生理特征识别技术的智能安防主要申请人排名

3.3.3　指掌纹识别技术

3.3.3.1　指掌纹识别概述

指纹识别当属最早得以应用的人体生物特征识别技术。指纹识别指的是通过比对不同指纹的细节特征点来进行判断鉴别。很久以前，中国的部分文件上印有起草者的大拇指指纹❶，在指纹应用方面具有极为漫长的历史❷。

由于每个人的指纹各异，即便同一人的十指之间，指纹也存在显著差别。指纹识别具备终身不变、独一无二以及便捷的特性。指纹识别技术相较于其他识别方法具有诸多独到之处，具备极高的实用性和可行性。指纹识别技术主要包括指纹图像采集、指纹图像处理、特征提取、数据存储、特征值比对与匹配等流程。

掌纹识别方面，掌纹和指纹一样，也是具有稳定性和唯一性，因而掌纹识别也是基于生物特征身份认证技术的重要内容。目前所采用的掌纹图像主要分为脱机掌纹和在线掌纹两大类。伴随网络、通信技术的发展，依靠指掌纹识别的在线身份认证将会变得更加重要。

3.3.3.2　指掌纹识别技术专利概况

1. 专利申请趋势

图 3 - 3 - 3 示出了智能安防指掌纹识别技术全球专利申请的发展趋势。综观该图，

---

❶　段爱华. 指纹图像的分类和压缩技术的研究 [D]. 广州：华南理工大学，2004.

❷　苏滨. 基于 Gabor 小波变换的掌纹特征提取算法研究 [D]. 济南：山东大学，2010.

可以把智能安防指掌纹识别技术的相关专利申请态势分为三个阶段。

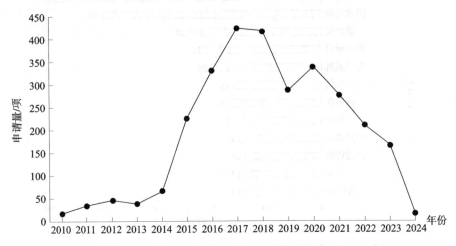

图 3 - 3 - 3　智能安防指掌纹识别技术全球专利申请趋势

（1）智能化技术积累期：2014 年之前

在 2014 年之前，专利申请每年低于 50 项，从 2010 年的申请量低于 20 项开始，专利申请的数量和持续性都有所进步，每年的申请总量呈缓慢的稳定增长趋势，直到 2015 年，专利申请数量突破到 200 项以上，呈现迅猛增长。总体而言，这一阶段是智能安防指掌纹识别技术的储备阶段，可以称为智能化指掌纹技术积累期。

（2）快速增长期：2015—2020 年

历经了前一阶段的技术积累，2015—2020 年，专利申请量出现跳跃式增长，2015 年后的专利申请数量每年保持在 200 项以上，申请总量呈迅猛的稳定增长趋势。这种迅猛式增长的出现有多种原因，比如计算设备的算力增强，各种模型、算法、大数据技术的发展，互联网应用等众多因素，使得生物识别技术特别是指掌纹识别技术进入"智能化"，许多公司投入大量的人力、财力进行相关产品和技术的研发。指掌纹识别技术得到了快速的发展，其中也出现过升降曲折阶段。总体来说，该时期可称为跳跃式增长期。

在这一阶段，值得一提的是国外各大企业纷纷对中国进行技术输出，本国企业也抓住了机遇和挑战，注重在中国进行专利布局。

（3）调整发展期：2021 年至今

指掌纹识别的过程中往往需要识别者的配合，与传感器的相互接触，而通过传感器的接触会给使用者带来心理上和身体上的一些影响，例如，需要考虑到接触面的卫生问题等，人们的期待和道义问题需要得到解决，使得指掌纹识别的心理需要得到处理，导致申请量有所下降或缓和。

2. 技术原创国家或地区分析

图 3 - 3 - 4 是智能安防领域指掌纹相关专利的原创专利申请在全球主要国家或地

区区域分布情况。从图 3 - 3 - 4 来看，中国是智能安防指掌纹识别技术的最主要原创国家，占据了 91% 的比例，美国、韩国和印度分别占比 4%、2% 和 1%。指掌纹识别技术在中国起步较晚，但在近年成为大热门技术，特别是随着智能化进程的发展，申请量有了大幅度增加，已经占据了全球申请量的主导地位。

图 3 - 3 - 5 是全球智能安防指掌纹识别技术的专利申请国外原创国家或地区的分布。国外专利呈现阶梯状分布，其中，美国、韩国是指掌纹识别技术的国外最主要原创国家，有 49% 的专利申请来自美国，这一数量是第二位韩国的 2 倍以上。印度的指掌纹识别技术起步较晚，但受西方指掌纹识别技术和本国国情对安防、公共安全领域需要的影响，近年来印度公司技术发展迅猛。其中，一些申请是通过 WIPO 进行申请，并可以根据市场需要灵活进入相应市场目标国。

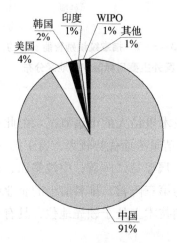

图 3 - 3 - 4　智能安防指掌纹识别
技术原创国家或地区分布

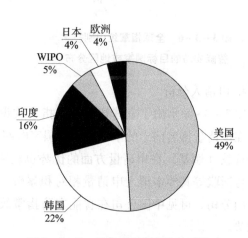

图 3 - 3 - 5　智能安防指掌纹识别技术
国外原创国家或地区分布

3. 申请的目标国家或地区分析

图 3 - 3 - 6 是全球智能安防指掌纹识别技术智能安防的目标国家或地区分布情况。中国是智能安防指掌纹识别技术的最大目标市场，占比达 90%；美国也是智能安防指掌纹识别的主要目标市场，美国、韩国和印度这三个国家拥有众多顶级厂商，这些厂商对国内市场的重视程度高，优先在本国或地区内部寻求专利保护，进行了大量的专利布局。

图 3 - 3 - 7 是全球智能安防指掌纹识别技术智能安防国外的目标国家或地区分布情况。其中，美国仍是主要的目标国，占据 37%，韩国和印度分别占据 24% 和 16%。从图 3 - 3 - 6 和图 3 - 3 - 7 可以看出：中国迅速发展起来的指掌纹识别市场像吸金石一样，牢牢吸引住全球各地厂商在华进行专利布局，在成为具有一定份额的技术原创国的同时，也成为最大的发展中国家目标市场。韩国在技术上发展迅速，市场非常活跃，也拥有较大申请量。另外，向 WIPO 提交的 PCT 申请的份额也较多，表明各个国家和

地区竞相专利布局以抢占市场。

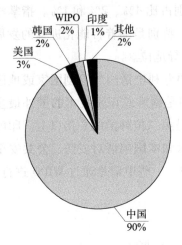 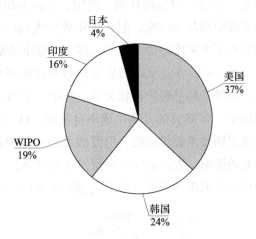

图 3 - 3 - 6　全球指掌纹识别技术　　　图 3 - 3 - 7　指掌纹识别智能安防的
智能安防的目标国家或地区分布　　　　国外主要目标国家或地区分布

4. 申请人分析

图 3 - 3 - 8 示出了全球智能安防指掌纹识别技术申请人的申请概况。由此可以看出：在申请量排名前十的申请人中，国家电网在申请量方面优势较大，属于第一阵营；中控智慧（熵基）在申请量方面的优势也较明显，属于第二阵营；中控集团、浪潮集团、特斯联等其他申请人申请量相对积累较少，为第三阵营。排名前十的企业中多家为中国公司，可见中国公司在智能安防指掌纹识别技术上处于领先地位，具有一定群体优势。

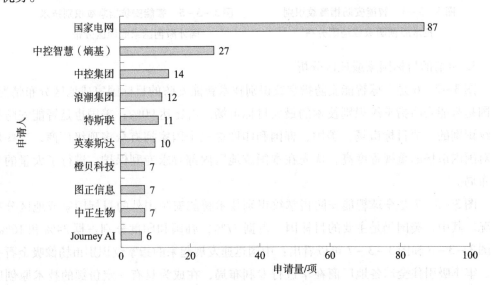

图 3 - 3 - 8　全球智能安防指掌纹识别技术主要申请人排名

3.3.3.3 重点技术路线

2012 年，Yoon Hee Choi 和 Hee Seon Park 提出了一种软件算法，该算法被应用于指纹，提高了图像识别能力。

为了提高安全认证效果，2014 年，北京大唐智能卡技术有限公司提出一种指纹认证方法及系统、指纹模板加密装置，并申请了专利 CN201410708162.0；武汉华和机电技术有限公司提出一种智能指纹识别装置，并申请了专利 CN201420555092.5。

为了提高开锁的便利性和安全性，2015 年，小米提出智能指纹锁的解锁应用方法，并申请了专利 CN201510891572.8；2016 年，电子科技大学提出一种指纹认证的智能有源电子钥匙和无源智能锁及实现方法，并申请了专利 CN201610617839.9；广州华睿电子科技有限公司提出一种互联网智能指纹门锁及系统，并申请了专利 CN201611194630.2。

为了提高防伪安全效果，2017 年，厦门中控生物识别信息技术有限公司（更名为厦门熵基生物识别信息技术有限公司）提出了指纹防伪方法和设备，并申请了专利 CN201780000021.5，优先权为 WO17070941；2018 年，Idex Asa 提出一种传感器阵列系统，其可选择性地配置为指纹传感器或数据输入设备，并申请专利 US15928966。

为了提高互联互通效果，2019 年，北京龙湖物业服务有限公司提出了一种认证指纹的物联网安防智能门禁系统，并以此申请了专利 CN201922275368.X；TIA Co.，Ltd. 提出一种利用指纹认证的基于物联网的模块单元式无人智能商场系统及其提供方法，并以此申请了专利 KR1020190102754。

为了进一步提高响应速度，2020 年，华北电力大学和国家电网提出了一种基于端侧边缘计算的云网端协同防御方法及系统，其利用 Nmap 扫描方法自动采集电力工控终端设备指纹，决策树算法建立训练模型，实现终端设备指纹动态认证；并以此申请了专利 CN202011619791.8。

3.3.3.4 典型申请人及典型专利

通过对指掌纹识别技术专利分析和技术路线的梳理，筛选出如下典型申请人和典型专利。

①国家电网有限公司首创了"电力指纹"概念、方法与技术标准体系，研制了基于"电力指纹"体系的"感知—认知—控制"智能软硬件平台，处于国际领先水平。

专利 CN112769796B，发明名称为"一种基于端侧边缘计算的云网端协同防御方法及系统"，其提供了一种基于端侧边缘计算的云网端协同防御方法，包括：在终端侧设置边缘计算中心，采集工控系统终端设备信息和通信流量信息，利用设备指纹对电力工控终端的属性特征进行定义与标识，利用 Nmap 扫描方法自动采集电力工控终端设备指纹，决策树算法建立训练模型，实现终端设备指纹动态认证；通过设置交换机镜像、智能监测主机流量控制、云计算中心训练流量基线，实现工控终端设备流量异常检测，实现基于边缘计算的"云端"协同防御技术。其主要技术手段为：通过流量数据采集、信息熵量化流量特征属性预处理、改进的半监督聚类 Kmeans 算法训练，实现电力工控内网异常流量检测，实现了基于异常流量检测的"云网"实时防御。该专利被引用次数为 37 次，但并没有在其他国家或地区进行专利布局。

②北京中控智慧科技发展有限公司是一家以生物识别为核心，指纹、面部识别、掌静脉、虹膜等多模态识别技术与物联网、互联网、大数据、云计算、人工智能技术相结合。自 2020 年 6 月 12 日，更名为"熵基科技股份有限公司"，是全球生物识别核心技术及相关行业产业化的领袖级企业。

专利 CN102004903B，发明名称为"一种防伪指纹识别装置及其指纹识别方法"，其提供一种指纹识别方法，主要通过软件对采集到的指纹图像与实际指纹图像之间的线性畸变关系以及畸变进行校正。该专利装置成本低，轻触即可输出信号，也不必采用任何畸变校正光学元件，可以降低制造成本，实现小型化，采集的指纹图像和实际的指纹图像相比较属于线性的畸变关系，通过软件可以校正，具有采集光学成像图像质量好、指纹识别可靠性高、误识率低、防假指纹效果好、结构简单且功耗较低的优点。该专利被引证次数为 46 次，但并没有在其他国家或地区进行专利布局。

3.3.4 人脸识别技术

3.3.4.1 人脸识别概述

人脸识别技术是一种利用计算机图像处理技术从视频、图片中提取人脸特征点，进行身份比对的生物识别技术。其具有的主要优点为：①使用方便：非接触方式，无感知识别；②直观：方便人工确认、审计；③易采集：利用身份证信息系统，摄像机、手机拍摄均能便捷地获取人脸图像。

人脸识别技术是当前计算机视觉、人工智能、图像处理和模式识别等领域的重要研究方向。目前，基于二维图像的面部识别技术相对比较成熟，但二维人脸图像并不能提供识别所需要的完整信息，其识别能力和效果具有一定的局限性；由于二维成像的先天缺陷，对环境要求较高，并且对环境变化适应性较差，已逐渐无法满足需要。

三维人脸成像技术弥补了二维的缺陷，将平面扩展到立体，利用三维模型获取人脸的三维数据，真实反映了人脸在 3D 空间中的形状。3D 面部识别产品已成功地应用于世界各地的重要部门，3D 技术对于面部识别的引入将验证过程变得更加立体也更加全面，对于 3D 面部识别，毫无疑问的是生物特征识别应用的重要突破。

人脸识别技术相比指纹识别技术等，在实际应用方面具有稳定性高、直观性好、用户体验度高等优势，成为安防监控发展的另一标志，并已被成功地应用于各种重要国际活动的安防项目。

人脸识别主要分为人脸检测、图像预处理、特征提取和匹配识别四个过程。[1]

目前，在智能安防领域中，人脸识别技术主要包括两种类型：静态人脸比对识别和动态人脸监控识别。[2] 人脸识别是利用人体的生物特征进行识别的一种典型方式[3]，具有相应的优势：用户容易接受且侵犯性低，易扩展性强，直观性较好。

3.3.4.2　人脸识别技术专利概况

1. 专利申请趋势

图 3 - 3 - 9 示出了智能安防人脸识别技术全球专利申请的发展趋势，从中可以了解智能安防指纹识别技术进入智能化时代的申请量变化情况。

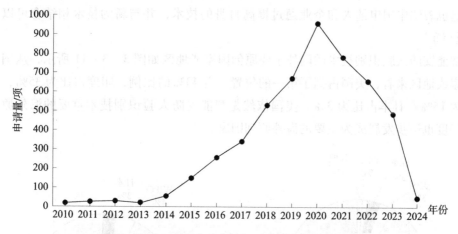

图 3 - 3 - 9　智能安防人脸识别全球专利申请趋势

综观该图，可以把智能安防人脸识别技术的相关专利申请态势分为三个阶段。

（1）智能化技术积累期：2014 年之前

2010 年的申请量低于 20 项，往后每年的申请量持续进步，呈现出缓慢增长趋势，到 2014 年，每年的专利申请仍低于 50 项，直到 2015 年，专利申请数量突破到 150 项以上，呈现迅猛增长。

（2）快速增长期：2015—2020 年

历经了上一阶段技术的积累，年专利申请量出现跳跃式增长，2015 年后的专利申请数量每年保持在 150 项以上，申请总量呈迅猛增长趋势。呈现这种增长方式的主要原因在于：计算设备的算力增强，各种模型、算法、大数据技术的发展，互联网应用等众多因素，许多公司投入大量的人力、财力进行相关产品和技术的研发，使得人脸

---

❶　鞠汉，李刚，冉旭阳. 多维信息感知系统在大型赛事安保领域的应用研究［J］. 中国安防，2021（10）：42 - 46.

❷　苏大伟. 人脸识别技术在安全保卫工作中的应用及发展趋势研究［J］. 无线互联科技，2015（21）：135 - 137.

❸　许立荡，黄原有，李沅霞，等. 人脸识别技术在安防中的应用［J］. 电子世界，2020（13）：195 - 198.

识别技术进入"智能化"阶段。

（3）调整发展期：2021年之后

人脸识别的过程中往往需要识别者的配合，会受到人脸所处的环境影响，例如光线明暗等，人脸采集的手段的提升，需要得到解决，导致申请量有所下降或缓和。

2. 技术原创国家或地区分析

如图3-3-10所示，从智能安防人脸识别技术申请原创国家或地区来看，中国占据了第一的位置，其占92%的比例，这表明中国注重智能安防人脸识别技术的研发和专利布局，在技术上拥有一定的领先优势。从侧面也一定程度表明传统安防人脸识别技术具有明显优势的日本和欧洲国家在智能安防人脸识别中不再是主要的技术产出国家，这也表明中国申请人和企业通过提高自身的技术，并与新的技术相结合可以实现"弯道超车"。

智能安防人脸识别技术的国外主要原创国家或地区如图3-3-11所示，从国外原创国家或地区来看，美国占据了第一的位置，占43%的比例，印度占比为35%，韩国占比为15%，日本占比为3%。美国依然是智能安防人脸识别技术重要的海外原创国家，印度也逐步发展成为主要的海外原创国家。

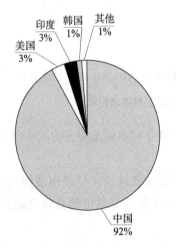

图3-3-10　智能安防人脸识别技术
原创国家或地区分布

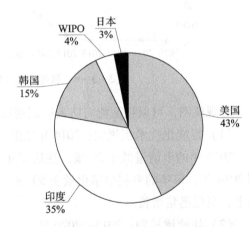

图3-3-11　智能安防人脸识别技术
国外主要原创国家或地区分布

3. 申请的目标国家或地区分析

智能安防人脸识别技术目标国家或地区分布情况如图3-3-12所示，中国是智能安防人脸识别技术的最主要目标国家，其占比高达91%，其中，印度申请量增长迅速，印度成了智能安防人脸识别技术的目标国家。人脸识别在国内非常成熟，这也是人脸识别最广泛使用的主要原因。

智能安防人脸识别技术的国外主要目标国家或地区如图3-3-13所示，从国外目标国家或地区来看，印度占据了第一的位置，占32%的比例，美国占比为28%，韩国占比为16%，日本占比为2%。印度逐步发展成为智能安防人脸识别技术重要的国外目标国家，美国依然是重要的国外目标国家。

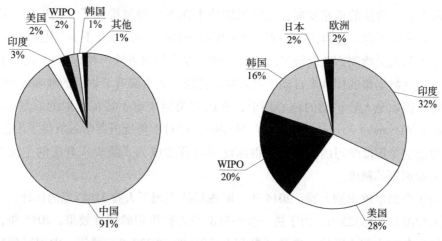

图 3 - 3 - 12　智能安防人脸识别技术目标国家或地区分布　　**图 3 - 3 - 13　智能安防人脸识别技术国外主要目标国家或地区分布**

4. 申请人分析

由图 3 - 3 - 14 所示的全球申请人排名可知，海康威视在申请量方面优势较大、位居第一，慧之安和国家电网并列第二，属于第一阵营；中国铁建、特斯联紧跟其后，中控智慧（熵基）、中国科学院和银晨智能的申请量相当，紧随其后的是易思科和宇泛，接着是朗捷通、泰首智能、天地融和拉夫里科大并驾齐驱；这表明各申请人在智能安防人脸识别技术竞争激烈。排名靠前的这些申请人中来自中国的申请人有不少，这表明中国在该领域拥有一定的优势，助推智能安防人脸识别技术的持续发展。

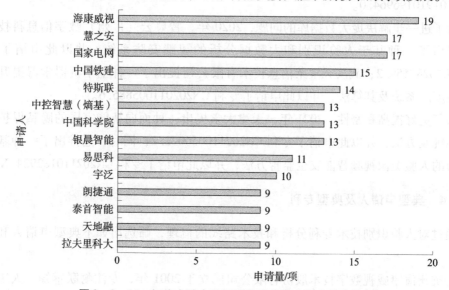

图 3 - 3 - 14　智能安防人脸识别技术全球主要申请人排名

3.3.4.3　重点技术路线

随着人工智能的迅速发展，人脸识别技术在各个领域得到了广泛应用，特别是深度学习技术的兴起，使得人脸识别技术能够自动学习和提取更具判别性的特征。基于深度学习的人脸检测方法取得了巨大的突破，深度学习方法可构建深层神经网络模型，通过大规模数据集的训练来自动学习人脸的特征，大大提升了识别的准确性和健壮性。

特征提取是人脸识别的核心环节，算法和模型决定了特征提取的质量。2012 年，Hinton 和 Alexander Krizhevsky 设计了 AlexNet，相对于传统机器学习取得了出色的效果，极大地推动了深度学习的发展，使得深度学习算法成为人脸识别算法的主流算法，提高了人脸识别的精度。

为了全面准确识别人脸，2014 年，旷视科技实现了人脸 3D 姿态的估计，并申请了专利 CN201410053325.6。为了进一步提高准确人脸识别的精准效果，2015 年，商汤科技将图像分割为若干区块，申请了专利 CN201580000322.9。同年，中国科学院结合面部表情进行识别，申请了专利 CN201510727701.X，在此基础上引入了动态反向传播进行特征比对，又申请了专利 CN201610206093.2；为了避免人脸特征比对中出现重复搜索以节省资源，旷视科技申请了专利 CN201610827359.5 和 CN201610698565.0。

为了进一步捕捉面部表情，南京邮电大学于 2018 年提出了一种基于深度学习的人脸表情识别方法，并以此申请了专利 CN201810128013.5。

为了提高识别速度，2019 年，华南理工大学提出了一种基于边缘计算和云规划的人脸识别架构设计方法，并以此申请了专利 CN201910378707.9；深圳英飞拓科技股份有限公司推出了一种基于人脸识别技术的同行人分析方法及系统，并申请了专利 CN201910196964.0。

为了进一步解决庞大数据库的问题，2020 年，智粤云（广州）数字信息科技有限公司提出了一种基于人脸识别和大数据分析的智慧安防系统，并以此申请了专利 CN202010287559.2；武汉天宝莱信息技术有限公司提出了一种基于机器学习提升人脸识别精度的系统及其算法，并以此申请了专利 CN202011005885.6。

为了更好提高私密性，2021 年，天津大学提出一种面向智能家居的隐私保护人脸识别系统及方法，并以此申请了专利 CN202110050032.2；同时，还推出了一种基于联邦学习的人脸图像视频智能安全监管方法，并以此申请了专利 CN202110182984.X。

3.3.4.4　典型申请人及典型专利

通过对人脸识别技术专利分析和技术路线的梳理，筛选出如下典型申请人和典型专利。

①杭州海康威视数字技术股份有限公司成立于 2001 年，专注物联感知、人工智能和大数据领域的技术创新，提供软硬融合、云边融合、物信融合、数智融合的智能物

联系列化软硬件产品。提供从物联感知设备拓展到与人工智能、大数据技术充分融合的智能物联产品、IT 基础产品、平台服务产品、数据服务产品和应用服务产品。专利 CN109558764B，发明名称为"人脸识别方法及装置、计算机设备"。该专利提供一种人脸识别方法及装置、计算机设备，属于计算机视觉技术领域。所述方法包括：通过立体摄像组件对目标人脸进行拍摄，以得到所述目标人脸的 m 个人脸图像，$m \geq 2$；基于所述 m 个人脸图像，确定所述目标人脸的 n 个人脸特征点的深度，$n \geq 2$；基于所述 n 个人脸特征点的深度，判断所述目标人脸是否为立体人脸；当所述目标人脸为立体人脸时，确定所述 m 个人脸图像为真实人脸图像。该专利解决了相关技术中在判断检测到的人脸是否为真实人脸时方案复杂且成本较高的问题。该专利被引用次数为 50 次，并向世界知识产权组织进行布局：WO2019056988A1。

②商汤科技是一家行业领先的人工智能软件公司，拥有包含 AI 芯片、AI 传感器及 AI 算力基础设施的关键能力。前瞻性打造新型人工智能基础设施——SenseCore 商汤 AI 大装置。

专利 CN105574506B，发明名称为"基于深度学习和大规模集群的智能人脸追逃系统及方法"。该专利提供了一种基于深度学习和大规模集群的智能人脸追逃系统，该系统包括视频输入单元、分发服务器、人脸识别服务器集群、流媒体服务器、分布式文件服务器、消息中心服务器、web 前端服务器及常见操作系统的客户端。该系统利用通过大规模集群服务器和基于深度学习的人脸识别技术，能够在图像质量下降的情况下依然保持较高的识别率，更重要的是在大规模数据库中保持较低的误报率与漏检率，从而保证智能追逃系统的可靠性与鲁棒性，使基于人脸识别的智能追逃系统在安防领域达到真实可用。该专利被引用次数为 59 次，但并没有在国外布局。

3.3.5 虹膜识别技术

3.3.5.1 虹膜识别概述

虹膜识别技术是一种利用虹膜丰富的独特的纹理信息作为特征来进行个人身份识别或认证的技术。对于每个人来说，虹膜的结构都是各不相同并且在一生中几乎不发生变化。虹膜识别技术以其精确、非侵犯性、易于使用等优点得到了发展，是极具有前途的生物认证技术之一。

虹膜作为人体中唯一在外部可见的内部器官，被业界一致认为是 21 世纪最有发展前景的生物识别技术，精准程度可与 DNA 相提并论，而在使用的便利性方面则远超 DNA。虹膜识别主要分三个阶段：虹膜图像采集阶段、虹膜图像预处理阶段和虹膜特征提取与匹配阶段。每个阶段对最终的识别效果的影响都至关重要。

3.3.5.2 虹膜识别技术专利概况

1. 专利申请趋势

图 3-3-15 示出了智能安防虹膜识别技术全球专利申请的发展趋势，从中可以看出智能安防虹膜识别技术进入智能化时代。综观该图，可以看出：在 2014 年之前，每年的申请以近 10 件总量保持缓慢的稳定趋势，直到 2014 年，专利申请数量呈现快速增长趋势。这一阶段是智能安防虹膜识别技术的储备阶段。2015 年后的每年专利申请量呈增长趋势，说明许多公司投入大量的人力、财力进行相关产品和技术的研发。但虹膜识别技术专利申请量并不大，这主要是受限于各种客观条件的制约。例如，虹膜识别的过程中往往需要识别者的配合，其给使用者带来心理上和身体上的影响因素等，导致申请量上升不够迅速，甚至出现下降。

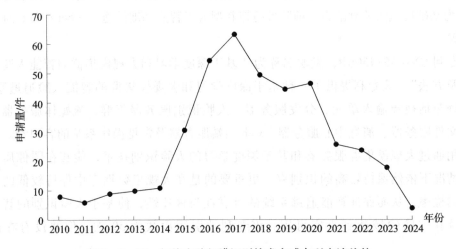

图 3-3-15 智能安防虹膜识别技术全球专利申请趋势

2. 技术原创国家或地区分析

从智能安防虹膜识别技术原创国家或地区分布图 3-3-16 来看，中国是智能安防虹膜识别技术的最主要来源国家，占据了 83% 的比例，美国、韩国和印度分别占比 6%、4% 和 3%。

从图 3-3-17 来看，美国仍然是智能安防虹膜识别技术的国外最主要的技术原创国，占据国外原创国家或地区的第一位，占比为 47%；其次，韩国和印度分别在海外原创国家或地区中的占比为 26% 和 19%，而日本仅占据了 5%。从图 3-3-16 和图 3-3-17 来看，说明美国仍然是国外技术主要原创国，美国除了在本国布局，还有大量专利在国外布局，是主要的技术输出国，中国的创新主体应向美国学习，进一步加大技术输出，布局全球市场。

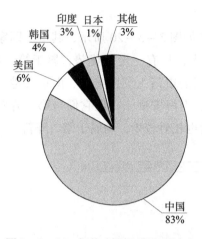

图 3 - 3 - 16　智能安防虹膜识别技术
原创国家或地区分布

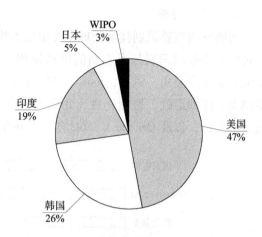

图 3 - 3 - 17　虹膜识别技术国外主要技术
原创国家或地区分布

3. 申请的目标国家或地区分析

由图 3 - 3 - 18 目标国家或地区分布可知，中国是智能安防虹膜识别技术的最主要目标国家，是专利布局的第一大国，占据了 84% 的比例，美国、韩国和印度分别占比 4%、3% 和 2%。

从智能安防虹膜识别技术国外主要目标国家或地区分布图 3 - 3 - 19 来看，在智能安防虹膜识别技术中，美国在国外目标国家或地区中的占比为 31%，韩国和印度的占比分别为 26% 和 17%，而日本的占比为 7%。从图 3 - 3 - 18 和图 3 - 3 - 19 可知，中国在智能安防虹膜识别技术的布局数量占据绝对优势，美国的申请量少于中国，但是技术较为集中，核心申请人的优势明显。中国的创新主体除在国内布局外，还应加强其他国家或地区的布局，为开拓未来市场作好准备。

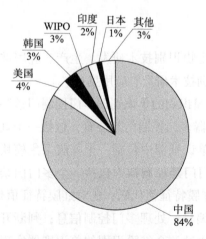

图 3 - 3 - 18　智能安防虹膜识别
技术目标国家或地区分布

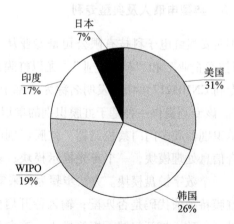

图 3 - 3 - 19　智能安防虹膜识别技术
国外主要目标国家或地区分布

4. 申请人分析

智能安防虹膜识别技术全球主要申请人排名如图 3 - 3 - 20 所示，其中，国家电网在智能安防虹膜识别技术方面的申请量相对较多，具有一定的优势，属于第一阵营，其他的企业或公司，例如，Journey AI，来自中国的申请人湖南鑫垒、南京安穗、北京森博克、深圳启虹、智能光盘、北京天诚盛业、上海安威士，但它们与第一阵营存在较大的差距，以及 Orica e. t. Ltd. 等，其申请量也相对较少，均属于第二阵营。

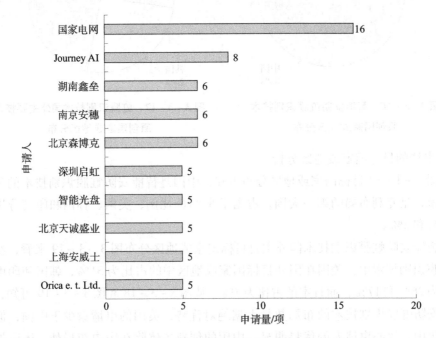

图 3 - 3 - 20　智能安防虹膜识别技术全球主要申请人排名

3.3.5.3　典型申请人及典型专利

①西安凯虹电子科技有限公司是专业从事生物识别技术研发、生产、应用推广的"高新技术企业"和"软件企业"，尤以虹膜识别技术研发、应用见长。

专利 CN104217484B，发明名称为"基于虹膜识别的单识别器多门控制门禁装置及方法"。该专利提供一种基于虹膜识别的单识别器多门控制门禁装置，包括一个虹膜识别的单识别器和多门门禁控制器；虹膜识别的单识别器中包括一个虹膜采集模块、一个综合信息处理模块，一个声光提示模块；多门门禁控制器中包括一个多门门禁控制模块，一个数字键盘模块。方法步骤为：采集虹膜特征值代码；比对虹膜特征值代码；判断虹膜特征值代码是否匹配；输入待开启门编号；处理多门控制信息；判断开启门编号是否一致；打开门锁；拒绝进入。该专利通过一个虹膜识别的单识别器实现多门控制，提高了门禁系统的安全可靠性，降低了成本。该专利被引用次数为 7 次，但没有进行国外专利布局。

②北京虹安翔宇信息科技有限公司是国内最早从事虹膜识别技术研发及大规模应用推广的国家高新技术企业。在虹膜识别算法、图像模糊算法、图像压缩算法、边缘计算及多模态识别等技术的实际应用方面都取得了突破性的发展和创新。

专利 CN104751600B，发明名称为"基于虹膜识别的防疲劳驾驶安全设备及其使用方法"。该专利提供一种基于虹膜识别的防疲劳驾驶安全设备及其使用方法，该防疲劳驾驶安全设备包括虹膜采集单元、数据传输单元、数据处理单元和警示单元；虹膜采集单元用于实时采集驾驶员的虹膜特征；数据传输单元与虹膜采集单元连接，且其用于将虹膜采集单元采集到的驾驶员的虹膜特征传送至虹膜比对模块；数据处理单元与数据传输单元连接，且其用于将虹膜采集单元采集的驾驶员的虹膜特征与事先采集过特征点最大的虹膜信息模板进行比对，计算出百分比，并根据百分比判断驾驶员的疲劳程度；警示单元与数据处理单元连接，且其用于当将数据处理单元判断出驾驶员的疲劳程度时，根据疲劳的程度给驾驶员发出警示。疲劳检测的数据精确度高，能一机多用。该专利被引用次数为 25 次，但没有进行国外专利布局。

3.4　基于行为特征识别技术概况及专利分析

3.4.1　行为特征识别技术概述

随着数字欺诈变得高频和复杂，行为生物识别技术也利用人工智能和机器学习来识别人类行为特质和可测量的模式。行为生物识别技术逐步提升了身份验证水平。

行为生物识别技术主要包括步态识别、签名识别、手势识别、击键识别等识别技术，我们结合产业和专利相关资料，对智能安防行为特征识别技术进行分析。

3.4.1.1　步态识别技术

步态是指人们走路时的方式，这是一种复杂的行为特征。对于一个人而言，想要伪装走路的姿势是极为困难的，无论罪犯如何逃离现场，他们的步态都可能致使其暴露。步态识别技术日益成为一种广受关注的新兴生物认证技术。

每个人所呈现出来的行走姿态皆有所不同，此为步态识别的科学基础与理论依据。[1] 步态识别技术借助行走姿态来进行个人身份的识别。相较于指纹、人脸、虹膜等生物特征识别技术，它具有易于感知、难以隐藏和伪装等优点。尤其是在远距离实施身份识别时，步态识别是一种可行的技术途径。步态识别已成为公安机关打击违法犯罪、维护社会公共秩序的一项重要举措。

---

[1] 段成阁，刘康康，李福全 . 步态识别技术综述，中国人民公安大学学报（自然科学版），2022，28（4）：75 – 80.

步态识别主要涵盖步态分割、特征提取、步态比对这三项关键技术。随着深度学习技术的进步与发展，出现了一类基于生成模型的无监督特征提取方法，这类方法利用数据的降维、生成和重构等手段实现特征的学习与压缩，并且不依赖于特征工程，更适用于处理大量无标签的监控视频。未来，步态识别技术将会在3D模型构建、多模态融合等方面展开更为深入的研究和应用。

3.4.1.2 签名识别技术

签名作为身份认证的手段已经使用了几百年，每个人的签名都具有独特的风格和特征，签名识别技术是一种通过分析个人签名的特征来进行身份认证的方法。签名数字化的过程包括：测量图像本身，以及整个签名的动作在每一个字母（笔画）以及字母（笔画）之间的书写速度、压力、笔画顺序、形状、角度等。这些特征在一定程度上是稳定且难以模仿的。签名识别技术分为在线签名识别和离线签名识别两种。在线签名识别通过专门的设备获取签名过程中的动态信息，如书写的速度、压力变化等。离线签名识别则是对已经完成的签名图像进行分析，提取静态的特征。签名识别技术的优点包括：相对容易获取样本（签名）、用户接受度较高、使用方便等，容易为大众所接受，是一种公认的身份识别技术。

3.4.1.3 击键识别技术

击键识别技术是一种通过分析用户敲击键盘的模式和特征来进行身份验证或行为分析、识别的方法。击键识别是基于人在击键时的特性，如：户按键的时间间隔、击键的持续时间、按键的力度、击不同键之间的时间、出错的频率以及力度大小等习惯，能够用于区分不同的个体，并将这些特征与预先存储的用户击键模式进行比较和匹配，从而达到进行身份识别的目的。该技术的优点包括使用方便、成本相对较低、不需要额外的硬件设备（对于软件实现方式）等。

随着技术的不断发展，击键识别技术在信息安全、用户认证等领域有着一定的应用前景。

3.4.1.4 手势识别技术

手势是除语言外最常用的交流手段，手势识别技术是一种通过计算机算法和传感器设备来理解和解读人类手势动作的技术，是一种关键的人机交互手段，受到了广泛关注。基于视觉的手势识别融合了先进的感知技术与计算机模式识别技术，在促进人类和机器更好交流方面发挥着重要作用。动态手势识别作为其中基于视觉的识别方式因其使用的便利性和低成本的优势，成为新一代人机交互的重要技术；基于视觉的动态手势识别主要包括四个关键步骤：手势的检测与分割、手势的追踪、特征的提取和手势的分类。

根据识别对象不同可分为二维平面手势和三维立体手势。手势按照状态能够分为动态手势和静态手势，动态手势识别不但要进行手的检测与手的分割，而且需要对手进行跟踪，识别其动态特征。[❶] 三维动态手势因具备更加良好的信息表达能力，成为近年来该领域的研究热点，而二维动态手势识别由于数据规模较小、采集便捷且处理平台要求低等优势。

3.4.2　行为特征识别技术专利状况

3.4.2.1　专利申请趋势

为了针对智能安防行为特征识别技术展开专利分析，我们结合产业和专利的相关资料，依据技术手段对智能安防行为特征识别技术予以分析。

智能安防行为特征识别技术全球专利申请趋势如图 3－4－1 所示。2010 年前智能安防行为特征识别方面的申请量，每年维持在二三十项的水平，直到 2012 年，随着人工智能技术在计算机视觉领域取得成功应用，计算机算力、算法、大模型、视频结构化技术的突破性发展，2013 年的年申请量达到 100 项以上，智能安防行为特征识别技术专利申请量开始迅速攀升；到 2019 年后开始一直保持螺旋式上升趋势。

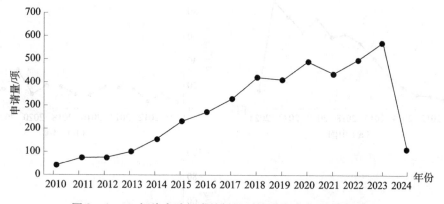

图 3－4－1　智能安防行为特征识别技术全球专利申请趋势

3.4.2.2　申请的目标国家或地区分析

智能安防行为特征识别技术全球专利布局主要目标国家或地区分布情况如图 3－4－2 所示。从图 3－4－2 来看，中国是智能安防行为特征识别技术的最主要目标国家，占据了 83% 的比例；美国、韩国和印度的占比分别为 7%、3% 和 2%；欧洲和日本的占比相当，均为 1%；WIPO 的占比为 3%。

---

❶ 田秋红，杨慧敏，梁庆龙，等. 视觉动态手势识别综述 [J]. 浙江理工大学学报（自然科学版），2020，43（4）：557－569.

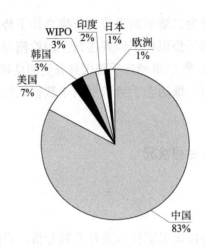

图3-4-2 智能安防行为特征识别技术全球专利布局目标国家或地区分布

智能安防行为特征识别技术主要目标国家或地区申请趋势如图3-4-3所示。从图中可以看出：中国的智能安防行为特征识别技术的专利申请趋势与全球的趋势相似；印度的发展趋势也与全球的专利申请趋势存在一定的相似度，但其增长速度较小，特别是在2022年后增速明显；美国和韩国的增速虽较慢，但仍保持较平稳的起伏发展。

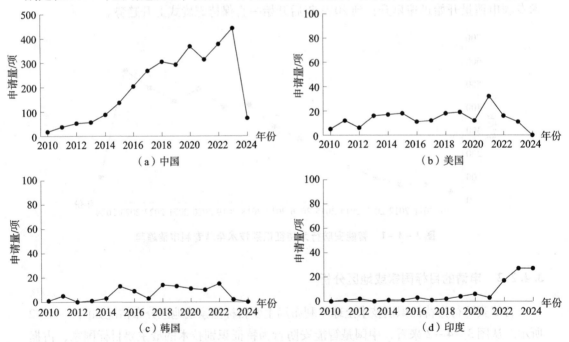

图3-4-3 智能安防行为特征识别技术主要目标国家或地区申请趋势

3.4.2.3 技术原创国家或地区分析

智能安防行为特征识别技术全球专利申请主要技术原创国家或地区分布情况如

图 3 - 4 - 4 所示。从图中可以看出：中国是智能安防行为特征识别技术的最主要来源国家，为第一位，占据了 84% 的比例；美国是智能安防行为特征识别技术的国外最主要技术原创国家，占据了 10% 的比例；韩国和印度的占比相当，均为 2%；日本的占比为 1%；WIPO 也占据了 1% 的比例。

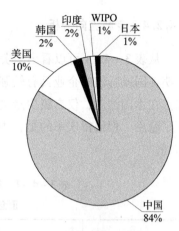

图 3 - 4 - 4　智能安防行为特征识别技术全球专利申请主要原创国家或地区分布

智能安防行为特征识别技术全球专利申请主要技术原创国家或地区申请趋势如图3 - 4 - 5 所示。从智能安防行为特征识别技术专利申请主要技术原创国家或地区申请趋势来看，中国占据了技术原创国家或地区第一的位置，占比达到 84%，表明中国注重智能安防行为特征识别技术的研发和专利布局，相对于申请目标国家或地区占比基本持平，在技术上拥有一定的领先优势。印度的发展趋势也与全球的智能安防行为特征识别技术的专利申请趋势存在一定的相似度，但其增长速度较小，特别是在 2022 年后增速明显；美国、韩国的增速较慢，保持较平稳的起伏发展。美国由目标国家或地区的 7% 上升到 10%，这说明美国一直比较注重自主研发。

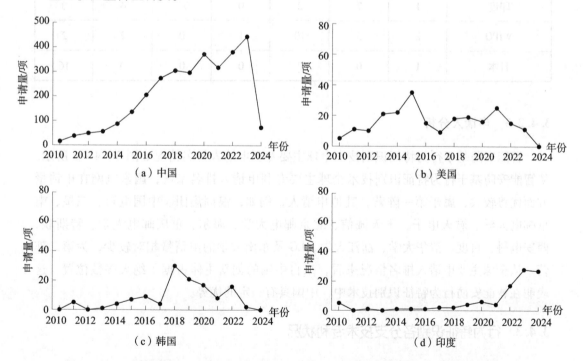

图 3 - 4 - 5　智能安防行为特征识别技术全球专利申请主要技术原创国家或地区申请趋势

3.4.2.4 专利流向分析

从表3-4-1可以看出，美国和韩国在其他国家或地区均有一定规模的专利布局，说明美国或韩国的企业具有较强的专利布控市场的意识。中国的绝大多数专利申请均聚焦在本国国内，仅有极少量的专利进行了国外申请。这为企业今后的外向型发展埋下了隐患。但值得庆幸的是，中国企业开始采用PCT申请的方式通过WIPO进行国外布局。

表3-4-1 智能安防行为特征识别技术全球主要技术
原创国家或地区专利申请流向分布

单位：项

技术原创国家或地区	技术目标国家或地区						
	中国	美国	WIPO	韩国	印度	欧洲	日本
中国	3503	15	44	4	1	8	4
美国	28	243	52	10	1	30	8
韩国	4	8	4	77	1	7	2
印度	1	7	2	0	77	4	0
WIPO	2	5	10	1	0	2	2
日本	1	0	2	0	0	0	16

3.4.2.5 申请人分析

智能安防基于行为特征识别技术全球主要专利申请人排名情况如图3-4-6所示。从智能安防基于行为特征识别技术全球主要专利申请人排名来看，国家电网在申请量方面优势较大，属于第一阵营，其他申请人，例如，浪潮集团、中国电科、三星、南京邮电大学、君天电子、飞天诚信、北京邮电大学、海尔、重庆邮电大学、特斯联、西安电科、百度、清华大学、浙江大学、LG及东南大学的申请量相对较少，为第二阵营。从全球主要申请人排名情况来看，来自中国的创新主体占据了绝大多数位置，这表明在智能安防行为特征识别技术中，中国具有一定的优势。

3.4.3 行为特征识别各分支技术专利状况

视频监控是智能安防主要的应用场景，识别出目标的身份是首要任务。基于行为特征识别技术利用人的步态、签名、击键、手势等唯一生物特性进行识别，可靠性高。

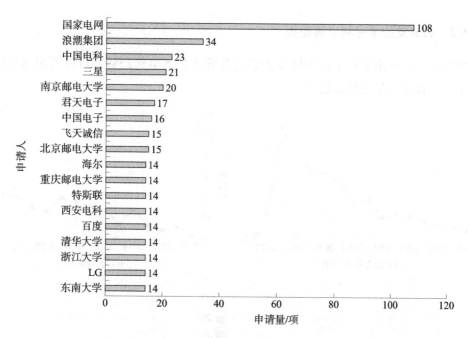

图 3 - 4 - 6　智能安防基于行为特征识别技术全球主要专利申请人排名

3.4.3.1　各分支专利申请量占比分析

基于行为特征识别技术各分支申请量占比分布如图 3 - 4 - 7 所示，由此可知，在基于行为特征识别技术下的各分支技术中，动态签名识别专利申请量占比最高，为 85%，手势识别、步态识别和击键识别的专利申请量占比较小，分别为 6%、5% 和 4%。

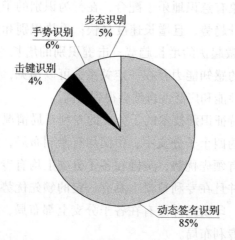

图 3 - 4 - 7　基于行为特征识别技术下各二级分支专利申请量占比分布

3.4.3.2 各分支技术专利申请趋势

图3-4-8示出了基于行为特征识别的各分支技术申请趋势,可以看出各分支专利申请量整体上均呈现增长趋势。

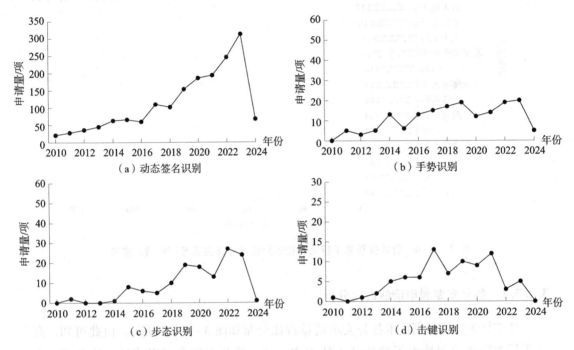

（a）动态签名识别　　　　　　　　（b）手势识别

（c）步态识别　　　　　　　　（d）击键识别

图3-4-8　智能安防行为特征识别各分支专利申请量趋势

在行为特征识别技术中,相对而言,动态签名识别因为通过传感器的感知力度和方位来识别,且识别对象有意识地乐于配合,在行为识别的子分支中,动态签名识别技术的申请量一直呈上升趋势,且增长速度最快;手势识别和步态识别由于视频处理技术的发展得以保持略微起伏的增长趋势;击键识别的增长速度最慢,且起伏震荡,这也与键盘对识别对象的感知能力存在一定关系;可以预见,随着键盘对识别对象感知能力的提升,其识别性能和广泛性自然会得到提高。

国家或地区在行为特征识别技术的子分支的专利布局情况如表3-4-2所示。在基于行为特征识别技术的四个子分支中,中国均有专利布局,主要是在动态签名识别技术并在专利数量上具有领先优势,美国在各子分支上均有专利布局,也主要是布局在动态签名识别技术,并且在专利数量上具有一定的领先优势;韩国也在各子分支上均有专利布局;特别是,印度虽并没有在各子分支上都布局,其重点在动态签名识别技术分支技术方面进行专利布局。

表 3 - 4 - 2　基于行为特征识别技术各分支主要技术原创国家或地区布局情况　　单位：项

技术原创国家或地区	基于行为特征识别下各技术分支			
	步态识别	击键识别	动态签名识别	手势识别
中国	125	81	1529	131
美国	4	2	111	18
韩国	2	4	12	2
印度	3	0	29	3
日本	0	0	2	0
欧洲	0	0	5	0
WIPO	0	1	6	6

3.4.4　重点技术路线

人体行为识别的成功与否直接由特征提取是否正确所决定，特征处理以及分析理解均构建在特征提取的基础之上。[1] 运动轨迹能够借助光流场从视频片段中获取。基于运动轨迹的手工特征提取方法是通过追踪目标上密集采样的点来得到运动轨迹，依照轨迹提取用于行为识别的特征，经过分类器训练后，得到识别结果。

2013 年，发布了 Leap Motion 深度传感器。Kinect 2.0 是 2014 年发布的深度传感器。Kinect1.0 是与 OpenNI 和 SDK 库相结合[2]，能够跟踪人体关节的骨骼，Kinect 有两种关于手势识别的基本方法：基于骨架的识别[3]、基于深度的识别[4]。同时，人工神经网络、支持向量机和随机决策森林模型等学习算法在手势识别系统[5]也得到了广泛的应用。[6]

2014 年，Simonyan 等[7]提出 Two - stream 方法，该方法分别考量了时空维度，通过设计精妙的卷积神经网络架构，对视频中的行为进行识别。卷积神经得到应用后，众多利用深度学习方法并结合 IDT 算法进行行为识别的实验，展现出优异的技术效果。卷积核尺寸、卷积步长、网络结构深度的改变催生了性能更优的 VGGNet、GoogleNet 等

---

❶ 裴利沈，刘少博，赵雪专. 人体行为识别研究综述 [J]. 计算机科学与探索，2022，16（2）：305 - 322.

❷ 李国城. 基于 Kinect 视觉功能对体感手势目标识别 [J]. 科技创新与应用，2021，11（14）：38 - 41.

❸ MAZHAR O，RAMDANI S，NAVARRO B，et al. Towards real - time physical human - robot interaction using skeleton information and hand gestures [C] //2018 IEEE/RSJ International Conference on Intelligent Robots and Systems. Madrid，Spain：IEEE，2018：1 - 6.

❹ 林清宇. 基于 Kinect 的手势检测与追踪研究 [D]. 南京：南京邮电大学，2020.

❺ LIU H，WANG L. Gesture recognition for human - robot collaboration：A review [J]. International Journal of Industrial Ergonomics，2018，68：355 - 367.

❻ 解迎刚，王全. 基于视觉的动态手势识别研究综述 [J]. 计算机工程与应用，2021，57（22）：68 - 77.

❼ SIMONYAN K，ZISSERMAN A. Two - stream convolutional networks for action recognition in videos [C] // Proceedings of the Annual Conference on Neural Information Processing Systems，Montreal，December 8 - 13，2014. Red Hook：Curran Associates，2014：568 - 576.

网络结构，新的网络结构逐渐取代 CNN 网络。

2015 年，Alotaibi 等[1]将深度卷积神经网络应用于步态识别中，同时，Tran 等[2]提出三维卷积神经网络模型，通过改造传统卷积神经网络使其用于视频图像的监督学习，能够更好地捕捉视频中的时空特征，提高行为识别的准确率。

2018 年，Nunez 等[3]提出使用三维卷积操作，可用于行为特征的识别运算。2019年，卢来等[4]基于步态等行为特征的识别算法提出了一种改进的深度卷积神经网络的方法。2020 年，Liu 等[5]将手势解耦为手部姿态和手部运动。基于 2D 的图像传感器由于不能提供现代社会所需要的更多信息，人工智能物联网正朝着 3D 化方向发展。

2021 年，崔虎等[6]提出一种新的基于 SPD 流形学习的神经网络用于骨骼手势识别方法。

3.4.5 典型申请人及典型专利

3.4.5.1 步态识别典型申请人及其典型专利

重庆邮电大学是国家布点设立并重点建设的邮电高校之一，重庆邮电大学通信与信息工程学院重视对步态识别、情绪识别等多方面的研究，通过图深度学习对图节点进行更新；在此相应领域也取得了瞩目的成绩。

专利 CN106919921B，发明名称为"结合子空间学习与张量神经网络的步态识别方法及系统"。该专利提供了一种结合子空间学习与张量神经网络的步态识别方法及系统，属于智能识别领域。所述方法包括：获取步态数据，得到步态数据集，并处理得到剪影图集合，进一步得到步态能量图；将剪影图的 80% 作为训练集进行降维处理，剩余 20% 作为测试集数据对训练结果进行测试，然后将步态能量图和降维处理后的数据经张量神经网络模块进行特征提取，再经支持向量机作为分类器进行分类，最终将训练集和测试集结果进行对比得到识别鉴定行人身份结果。该发明实现方法简单，硬

❶ ALOTAIBI M, MAHMOOD A. Improved gait recognition based on specialized deep convolutional neural networks [C] //IEEE Applied Imagery Pattern Recognition Workshop, Washington DC, October 13 – 15, 2015. Piscataviay, N. J.: IEEE, 2015: 1 – 7.

❷ TRAN D, BOURDEV L, FERGUS R, et al. Learning spatiotemporal features with 3D convolutional networks [C] //Proceedings of the IEEE international Conference on Computer Vision. Santiago, Chile: IEEE, 2015: 4489 – 4497.

❸ NUNEZ J C, CABIDO R, PANTRIGO J J, et al. Convolutional neural networks and long short – term memory for skeleton – based human activity and hand gesture recognition [J]. Pattern Recognition, 2018, 76: 80 – 94.

❹ 卢来, 邓文, 吴卫祖. 基于改进深度卷积神经网络的步态识别算法 [J]. 电子测量与仪器学报, 2019, 33 (2): 88 – 93.

❺ LIU J, LIU Y, WANG Y, et al. Decoupled representation learning for skeleton – based gesture recognition [C] // Proceedings of the IEEE/CVF Conference on Computer Vision and Pattern Recognition. Seattle, WA, USA: IEEE, 2020: 5751 – 5760.

❻ 崔虎, 黄仁婧, 陈青梅, 等. 基于异步多时域特征的动态手势识别方法 [J]. 计算机工程与应用, 2022, 58 (21): 163 – 171.

件成本低，可以自动对特定场所进行人员身份权限检测及伪装人员身份鉴定，有效提高监控场所的安全防护及多种情形下的身份鉴定。该专利被引用次数为 15 次，但未进行国外专利布局。

3.4.5.2　签名识别典型申请人及其典型专利

阿里巴巴集团控股有限公司于 1999 年在杭州市创立，基于阿里云计算机视觉与深度学习技术，对图像/视频中的文字进行检测识别，为用户提供个人卡证类、通用文字类、资产证件类、行业票据类等业务需求。

专利 CN111066286B，发明名称为"使用高可用性的可信执行环境检索区块链网络的公共数据"。该专利提供一种计算机实现的用于从位于区块链网络外部的数据源检索数据的方法，包括：在所述区块链网络内执行的中继系统智能合约从所述区块链网络内的客户端接收针对来自所述数据源的数据的请求；所述中继系统智能合约将所述请求发送至位于所述区块链网络外部的中继系统，所述中继系统包括多节点集群，所述多节点集群包括多个中继系统节点；所述中继系统智能合约接收从所述多节点集群的中继系统节点提供的结果，所述结果具有使用所述中继系统节点的私钥生成的数字签名，所述结果包括所请求的来自所述数据源的数据；所述中继系统智能合约验证所述中继系统节点被注册在所述中继系统智能合约上；响应于验证了所述中继系统节点被注册在所述中继系统智能合约上，所述中继系统智能合约基于所述中继系统节点的公钥和所述数字签名验证所述结果的完整性；以及响应于验证了所述结果的完整性，将所述结果发送至所述客户端；其中，中继系统控制器周期性地向所述多节点集群中的所述多个中继系统节点发送状态查询，并且从所述多个中继系统节点接收状态响应；如果在预定时间窗内从所述多节点集群中的中继系统节点接收到状态响应，则所述中继系统控制器将所述中继系统节点的状态记录为可用；如果在所述预定时间窗内没有从所述中继系统集群的中继系统节点接收到状态响应，则所述中继系统控制器将所述中继系统节点的状态记录为不可用；所述中继系统智能合约通过所述中继系统控制器将所述请求发送至所述多节点集群；所述中继系统控制器选择所述多节点集群中具有可用状态的中继系统节点，并且将所述请求发送到所述中继系统节点。该专利被引用次数为 16 次，同族为 23 个，分别在美国、澳大利亚、日本、欧洲、加拿大、印度、韩国和 WIPO 进行专利申请，例如US10805089B1、 US11080430B2、 US10803205B1、 US10790974B1、 US10824763B2、AU2019204708B2、JP6811339B2、CA3058236C、KR102136960B1 及 WO2019120318A2。

3.4.5.3　手势识别典型申请人及其典型专利

成都智慧数联信息技术有限公司于 2011 年 3 月 16 日在成都市成立，主营业务覆盖智慧养老、数字政府、智慧社区、智慧校园、金融等领域，提供完善的基于手势特征识别优势的智慧养老、智慧社区等高端服务方案。

专利 CN105354956B，发明名称为"基于数据挖掘和大数据分析的云计算平台及方法"。该专利提供一种基于数据挖掘和大数据分析的云计算平台及方法，基于数据挖掘和大数据分析的云计算平台，包括图像判决单元、声音判决单元、脉搏判决单元、总危险值计算单元、云计算服务器、联动控制器和前端联动设备，图像判决单元包括图像采集器、表情判决模块、违禁品判决模块和动作判决模块，总危险值计算单元用于根据表情危险值 A_1、违禁品危险值 A_2、动作危险值 A_3、声音危险值 A_4、脉搏危险值 A_5 进行加权求和计算得到总危险值 $A = a_1A_1 + a_2A_2 + a_3A_3 + a_4A_4 + a_5A_5$，其中，$a_1$、$a_2$、$a_3$、$a_4$、$a_5$ 分别为各危险值在总危险值中所占的权重；云计算服务器根据用户所反馈的总危险值计算准确度动态优化各权重值；联动控制器根据总危险值数据和预设的控制逻辑向前端联动设备输出控制信号。该发明在系统判决为发生危险后，能够根据不同危险程度启动适应性的联动措施，联动方式合理、响应快。支持向发生危险的被测区域的业务推送危险通知，同时在发生重大危险情况时支持联网公安报警系统自动向公安局报案。该专利被引用次数为 10 次，但没有在国外进行专利布局。

3.4.5.4 击键识别典型申请人及其典型专利

同济大学是国家"双一流"建设高校，国家"985 工程"和"211 工程"建设高校。面向机器人和人工智能国际科技前沿和国家科技重大需求，围绕机器人多模感知与自主导航，通过多模态感知与控制技术、机器学习、大数据等学科与技术交叉融合。

专利 CN105429937B，发明名称为"基于击键行为的身份认证方法和系统"。该专利提供了一种基于击键行为的身份认证方法，包括以下步骤：S1. 根据合法用户训练时的合法击键行为构建合法用户击键特征的用户模型；S2. 采集登录用户击键时的待估击键行为生成待估击键时间序列；S3. 根据所述待估击键时间序列生成待估极相邻字符序列；S4. 将所述待估极相邻字符序列与所述用户模型进行匹配，并根据匹配结果判断登录用户的所述待估击键行为是否合法；若不合法，则生成警报并使登录用户重新登录，若合法，则允许登录用户登录，同时存储所述待估击键行为并更新所述用户模型。仅提取了用户少量的有代表性的击键特征，在保证认证准确率的同时，提高了持续认证的响应能力；实时监控用户的击键行为，为用户提供持续性的账户安全保障。该专利同族为 3 个，被引用次数为 24 次，没有在国外布局。

3.5 基于融合识别技术概况及专利分析

3.5.1 融合识别技术概述

传统的生物识别技术均有自身的优劣之处：指纹识别属于近距离识别，准确率较高，然而需要人员高度配合才能顺利完成；人脸识别容易受到表情、光照等因素的干扰，进而致使识别结果存在显著差异；指纹、掌纹等部位暴露在外，如果遭到破坏，会给识别造成不利影响，并且极易被复制或者假冒；静脉识别所运用的静脉血管隐藏于手指内部，受干扰小，难以复制与盗取，识别准确率较高，但是在信息采集时对设备的依赖性较强等。❶ 鉴于此，如果采用单一的识别方式，识别的可靠性会存在诸多限制。为解决这类问题，融合生物识别技术应运而生。融合生物识别也被称作复合生物识别、多模态生物识别、多重认证生物识别❷，在此统一称为融合生物识别。所谓融合生物识别，指的是将指纹与指静脉、面部和指纹、面部和虹膜、掌纹和掌静脉等多种验证方式加以结合，进而进行身份判定的一项技术。❸ 融合生物特征识别技术复合了多种模态的特征，并通过信息融合技术提高了识别系统的安全性和抗攻击能力，同时降低了错误率，使多模生物特征识别技术能够有效弥补单模生物特征识别技术的不足，实现更出色的识别性能。复合识别并非单纯的 1＋1 组合，而是多种识别逻辑的复合。❹ 随着数字欺诈变得高频和复杂，融合多种生物识别技术、利用人工智能和机器学习来识别人类行为特质和可测量的模式的发展，身份验证水平也得以逐步提升。

采用多重生物特征整合识别技术，不但能够获取更优异的可靠性，还能增强整个系统的安全性，融合技术是多模态识别系统中的重要组成部分。在未来，"高科技、高智能、互联网＋"等新型科技对智能安防产品的影响将愈发显著，只有当下积极规划布局，才能够在竞争中抢占先机。

3.5.2　融合识别技术专利状况

融合生物特征识别技术将多种模态的特征加以融合，借由信息融合技术增强了识别系统的安全性与抗攻击能力，同时降低了错误率，造就更为出众的识别性能。多模态生物识别技术，结合了多种生物识别方式，例如人脸、指纹、虹膜、静脉，步态、手势、签名等，可以提供更加准确和安全的身份认证。随着大模型、AI 与多模态生物识别的深度融合和发展，申请人针对各种应用场景，设计训练出更灵活多种的生物识别算法，通过将多种模态数据进行融合，提高跨模态搜索和匹配的精度和效率，进一步优化用户体验，为人们带来更多的便利和创新。

❶ 安防知识网. 混合式生物识别技术及应用模式［EB/OL］.（2017－03－31）［2024－05－20］. https：//www. asmag. com. cn/tech/201703/75945. html.

❷ 林浩葵. 智能安防时代：中控智慧合生物识别引领新一代"人行、车行、物检"［EB/OL］.（2018－03－05）［2024－05－20］. https：//www. asmag. com. cn/news/201803/93475. html.

❸ 仲崇亮. 复合生物识别　引领行业发展新趋势［EB/OL］.（2015－09－07）［2024－05－20］. https：//www. asmag. com. cn/magazine/201509/875. html.

❹ 焦盛元. 刷卡和密码都 OUT 了　身体密码全面来袭［EB/OL］.（2015－09－06）［2024－05－20］. https：//www. asmag. com. cn/magazine/201509/870. html.

3.5.2.1 专利申请趋势

我们结合产业和专利相关资料，对智能安防融合识别技术进行专利分析。

智能安防融合识别技术全球专利申请趋势如图3－5－1所示。由图3－5－1可以看出，关于2013年前智能安防融合识别方面的专利申请量，每年维持50项以下的水平；2013年初持续起伏震荡，表明在此时间段内，传统的生物识别技术已开始出现进行组合、融合，由于技术瓶颈一直没有被突破，所以业界平淡、申请量涨跌不断，这可以视为融合识别技术的探索期；直到2012年，随着人工智能技术在计算机视觉领域取得成功应用，2014年的年申请量达到50项以上，又随着融合方法的算法得到改善，以及算力、大模型、视频结构化技术的突破性发展，特别是由于多模态融合生物识别算法和神经网络方法得到成功应用后，智能安防融合识别技术专利申请量开始迅速攀升。

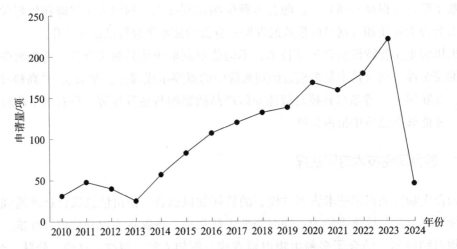

图3－5－1 智能安防融合识别技术全球专利申请趋势

3.5.2.2 申请的目标国家或地区分析

智能安防融合识别技术全球专利布局主要目标国家或地区分布情况如图3－5－2所示。从图3－5－2来看，中国是智能安防融合识别技术的最主要目标国家，占据了66%的比例，美国占比为14%，韩国和印度相当，占比均为5%，欧洲和日本的占比分别为3%和2%，WIPO占比为5%。

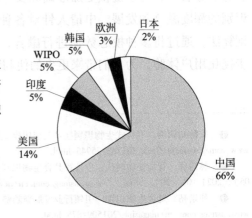

图3－5－2 融合识别技术全球专利布局
主要目标国家或地区分布

3.5.2.3　技术原创国家或地区分析

智能安防融合识别技术全球专利申请主要原创国家或地区占比如图 3-5-3 所示。由图可知，中国占据了第一的位置，占比达到 66%，表明中国注重智能安防行为特征识别技术的研发和专利布局，相对申请目标国家或地区占比基本持平，在技术上拥有一定的领先优势。其中，美国、印度、韩国的占比分别为 21%、5% 和 4%；欧洲和日本的占比相当，均为 1%；WIPO 的占比为 2%。特别是，美国由专利目标国家占比的 14% 上升到专利来源国家占比的 21%，说明美国仍然是国外技术主要来源国，一直比较注重自主研发，除了在本国布局，还有大量专利在国外布局，是主要的技术输出国。

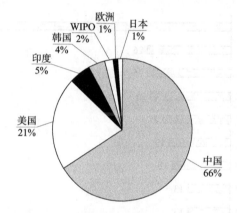

图 3-5-3　智能安防融合识别技术全球专利申请主要原创国家或地区分布

3.5.2.4　专利流向情况

智能安防融合识别技术全球主要国家或地区专利申请量流向分布如表 3-5-1 所示。

表 3-5-1　智能安防行为特征识别技术全球主要国家或地区专利申请量流向分布 单位：项

技术原创国家或地区	技术目标国家或地区						
	中国	美国	WIPO	印度	欧洲	韩国	日本
中国	1858	6	44	1	1	0	0
美国	18	96	15	1	17	7	6
印度	1	3	17	26	1	0	0
韩国	0	1	1	0	0	13	0
WIPO	1	3	0	0	2	0	2
欧洲	0	0	2	0	2	0	0
日本	0	0	0	0	0	0	2

从表 3－5－1 可以看出，美国在其他国家或地区均有一定规模的专利布局，说明美国的企业具有较强的专利布控市场的意识。中国的绝大多数专利申请均聚焦在本国国内，仅有极少量的专利进行了国外申请。其中，中国企业采用 PCT 申请的方式，通过 WIPO 向国外市场进行布局。

3.5.2.5 申请人分析

如图 3－5－4 所示，从智能安防融合识别技术全球主要专利申请人排名来看，国家电网在申请量方面优势较大，属于第一阵营；其他申请人申请量相对积累较少，为第二阵营。

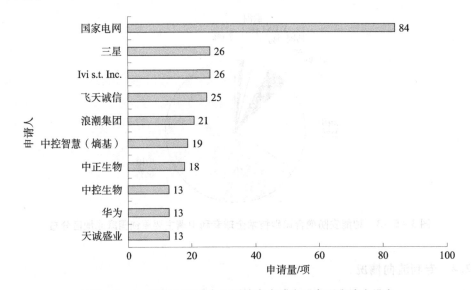

图 3－5－4 智能安防融合识别技术全球主要专利申请人排名

从图 3－5－4 的全球排名前十的申请人排名情况来看，来自中国的创新主体占据了 8 席，均为企业，包括飞天诚信、浪潮集团、中控智慧（熵基）等，这表明国内企业专利布局意识较强，在智能安防领域进行积极布局。在智能安防融合识别技术中，中国具有一定的优势，以谋求在智能安防产业中占据更大的市场份额。

3.5.3 重点技术路线

融合技术是多模态系统的重要组成部分，多模态融合生物识别算法是智能安防多模态识别技术的核心环节，算法和模型的好坏决定了融合的有效性，也决定了识别的准确率。在多模态生物特征识别系统中，并不是每一种特征的贡献率是相同的，如果提取的特征是相互独立的，需要将提取的不同生物特征融合成一个唯一的特征进行识别，匹配值的融合要比标准化更加重要和复杂。在智能安防的"智能化"时代，深度学习算法是目前的主流，极大地提高了多模态融合识别的精度，推动了这一识别技术真正走向实际运用。

早在 2001 年，Shakhnarovich 等❶提出了利用人脸特征和步态特征融合的识别技术。

2004 年，密歇根州立大学的杰出教授 Anil K. Jain 和 Ross A. 等在学术期刊上发表了多模态生物特征识别的融合方式❷，该融合方式引发了多模态生物特征融合识别的发展热潮。随后深度学习得到业内的关注，相比于传统的机器学习分类算法已有了相当出色的进步。

2010 年，北京智慧眼科技发展有限公司提出了基于人脸识别和活体检测的社保身份认证方法，并以此申请专利 CN101770613A。江南大学提出了基于多生物特征识别的智能门禁系统，以此申请专利 CN102034288A。

2011 年，汉王科技股份有限公司提出一种基于人脸和掌纹识别的智能门锁，以此申请专利 CN202431068U。

2012 年，深圳市中控生物识别技术有限公司提出一种指纹与静脉采集装置，并以此申请专利 CN102609694A。

2014 年，华南理工大学提出了指纹和指静脉联合识别的智能门禁系统，以此申请了专利 CN104217480A。

2015 年，日本公司 Rapiscan Systems Inc. 提出智能安防系统，并申请专利 JP2017528220A。

2016 年，商汤科技先后申请了专利 CN201610089315.7，结合了步态特征识别。Yuan 等❸提出一种基于多特征融合的模型，并将其应用于视觉跟踪的相关滤波框架中，该模型在提高跟踪器的跟踪性能和鲁棒性方面非常有效。王粉花等❹提出一种融合双流三维卷积神经网络和注意力机制的动态手势识别方法 CBAM – I3D，该方法有效提高了动态手势的正确率，识别率达到了 90.76%。

2019 年，清华大学提出一种生物识别与智能核验融合的系统，并以此申请专利 WO2019154384A1。

2021 年，上海大学提出人工神经网络算法和数据云平台，并以此申请发明名称为"基于多传感器及云平台算法的消防机器人"的专利 CN112947147A。

---

❶ SHAKHNAROVICH G, Lee L, Darrell T, et al. Integrated face and gait recognition from multiple views [C] // Proceedings of the 2001 IEEE Computer Society Conference on Computer Vision and Pattern Recognition. Kauai, HI, USA: IEEE, 2001: I – I.

❷ JAIN A K, ROSS A, PRABHAKAR S. An introduction to biometric recognition [J]. IEEE Transactions on Circuits and Systems for Video Technology (Special Issue on Image – and Video – Based Biometrics), 2004, 14 (1): 4 – 20; ROSS A, JAIN A K. Multimodal biometrics: An overview [C] //Proceedings of 2004 12th European Signal Processing Conference. Vienna, Austria: IEEE, 2004: 1221 – 1224.

❸ YUAN D, ZHANG X, LIU J, et al. A multiple feature fused model for visual object tracking via correlation filters [J]. Multimedia Tools and Applications, 2019, 78 (19): 27271 – 27290.

❹ 王粉花，张强，黄超，等. 融合双流三维卷积和注意力机制的动态手势识别 [J]. 电子与信息学报，2021，43 (5): 1389 – 1396.

2022 年，南京航空航天大学提出一种基于加密感知哈希识别算法的辐射安检系统，利用加密感知哈希识别算法对辐照图像进行处理，生成唯一特征哈希序列，作为被检项目的指纹，利用模板比对指纹，判断两指纹是否来自同一类型被检项目，并以此申请专利 CN115100448A。天津市国瑞数码安全系统股份有限公司提出基于 AI 的深度合成检测方法和系统，并以此申请专利 CN116150651A。

3.5.4 典型申请人及典型专利

①北京天诚盛业科技有限公司一直致力于生物识别（指纹、虹膜、人脸）认证技术、数据安全技术及相关产品的研发、生产、销售和服务，其生物识别统一身份认证平台（SmartBIOS）以指纹、人脸及虹膜等多种生物识别技术为核心，建立跨平台的、开放的、可扩展的统一身份认证云平台，实现用户身份的安全便捷、真实、准确的认证，适用于各领域计算机网络应用系统的安全风险防范。

专利 CN103841108B，发明名称为"用户生物特征的认证方法和系统"。该专利提供一种用户生物特征的认证方法和系统。其中，用户生物特征的认证方法包括：客户端发送认证请求至服务器；客户端接收来自服务器的语音密码；客户端采集待认证用户的语音信息，并采集待认证用户的人脸图像；客户端判断语音信息与语音密码是否相同，并判断人脸图像是否有效；客户端在判断结果均为是的情况下，将语音信息片段关联至人脸图像；客户端采用预设算法计算语音密码、语音信息、目标图像、关联信息和第一时刻的摘要值；客户端发送认证内容至服务器；以及客户端接收来自服务器的认证响应。解决了现有技术中对生物特征的识别认证方式比较单一的问题，进而达到了利用生物特征识别过程中，提高身份认证安全性的效果。该专利被引用次数为61 次，同族为 5 个，并获得美国专利 US10135818B2，同时向 WIPO 提出 PCT 申请 WO2015135406A1。

②华为技术有限公司成立于 1987 年，专注于 ICT 领域，为运营商客户、企业客户和消费者提供有竞争力的 ICT 解决方案、产品和服务，提供端边云协同方案，在线获取场景数据、在线调试，快速实现模型的迭代优化、实时下发至端侧实时应用，极大提升运维人员的 AI 模型迭代效率。

专利 CN104077516B，发明名称为"一种生物认证方法及终端"。该专利提供一种生物认证方法，包括：获取用户输入的针对应用对象的操作动作和用户输入的生物认证信息；查询所述针对应用对象的操作动作的生物认证级别；获取所述生物认证级别对应的认证阈值；将所述用户输入的生物认证信息与所述用户注册的生物认证信息进行匹配操作，获得匹配结果；将所述匹配结果与所述认证阈值进行比较以进行认证操作；其中，所述获取所述生物认证级别对应的认证阈值，包括：获取所述生物认证级别对应的认证准确率；以所述生物认证信息的类型为依据，获取与所述生物认证信息的类型匹配的认证拟合函数；其中，所述认证拟合函数用于表示所述认证准确率与所述生物认证级别对应的认证阈值之间的关系；将所述获取的认证准确率作为所述认证拟合函数的输入量，计算所述生物认证级别对应的认证阈值。该专利被引用次数为 26 次，同时向 WIPO 提出 PCT 申请 WO2015197008A1。

3.6　小　结

伴随着光电信息技术、微电子技术、微计算机技术以及视频图像处理技术等的急速发展，传统的安防系统正由数字化、网络化逐步朝着智能化迈进，进而形成了一个规模庞大的产业。

从技术应用的目标角度划分，智能安防可以分为知人、知意和知事三个过程，分别对应的是生物特征识别技术、信息特征识别技术、智能认知技术三种技术的应用。其中，知人是确定人的身份，主要是应用人脸识别、指纹识别、虹膜识别、声纹识别、步态识别、笔迹识别等生物特征识别技术，从茫茫人海中找到一个人，并且和他在现实生活中的身份信息进行关联，从而真正确定其身份。

当前，国内生物识别技术研究的总体水平与国际先进水平尚存在一定的差距，但研究的步伐与国际步伐大致同步，并且在虹膜识别、指掌纹识别、签名识别等领域独具特色，达到世界先进水平甚至领先水平。中国企业和科研院所的研究涵盖了生物识别技术的几个主要领域，未来几年将以产业化为核心，促使生物识别技术形成相当规模的产业。手执生命密钥，开启身份之锁。在以传感器、计算机技术、大数据、大模型、AI 和生物技术等为主流科技的知识经济崛起的"智能化"新时代，身份的鉴定拥有了来自生物体自身的密钥，横跨多个科技领域的生物特征识别技术正日益展现出其蓬勃的生命力和广阔的前景。

新科技的产业应用都需要一个综合的基础技术环境。在人工智能技术快速发展并在智能安防领域取得很多突破性应用的同时，以 5G、云计算、区块链为代表的新一代信息技术，以智能机器人为代表的、具有极强基础设施属性的技术也都取得了快速的发展，给智能安防的实践应用和技术创新、模式创新提供了坚实的基础。同时，也为生物识别技术的突破及其与其他领域的结合与应用带来了更加广阔的舞台。未来，人工智能还将以视频图像信息为基础，打通安防行业各种海量信息，并在此基础上，充分发挥机器学习、数据分析与挖掘等各种人工智能算法的优势，必将为生物识别技术的发展和应用注入新的血液和活力，为智能安防行业创造出更多的价值。

第4章　智能安防的智能决策技术

4.1　概　述

智能安防的智能决策技术是指利用先进的数据科学、机器学习、运筹优化和人工智能等技术，利用经过训练的大数据模型，对监控系统采集到来自不同渠道的不同类型数据进行数据融合和大数据分析，从而实现自动化和智能化的决策支持。这些技术可以帮助监控系统从简单的数据记录和回放，转变为能够主动识别异常情况、预测潜在风险、及时发出警告，并利用友好的用户界面给出相应决策建议。

智能决策技术在智能安防中的应用主要包括以下几个方面。

（1）多模态数据融合

智能安防中的多模态数据融合涉及将来自不同数据源的信息进行整合和分析，以提高监控系统决策的效率和准确性。这种技术不仅可应用图像数据，还包括红外雷达、毫米波雷达、激光雷达等其他类型传感器的产生数据。

（2）基于模式识别数据挖掘的智能决策

通过机器学习和深度学习技术，监控系统可以智能地识别安防系统中的异常情况。数据挖掘涉及从大量视频监控数据中提取有价值的信息。

（3）异常警报

系统能够实时监控受保护区域，一旦检测到异常活动或入侵，立即发出警告。智能安防系统警告的特点体现在其高度的自动化、智能化以及与信息化技术紧密结合。智能安防系统可以自动对检测到的威胁作出反应。

（4）辅助决策时的智能人机交互技术

结合自然语言处理和语音识别技术，智能监控系统可以提供智能交互界面，提高用户体验，为用户决策提供支持。安防人员可以通过虚拟现实（VR）和增强现实（AR）技术进行虚拟巡逻，实时查看监控画面，并迅速响应异常情况。

4.2　智能决策专利状况

4.2.1　专利申请趋势

图4-2-1展示的是智能决策技术相关专利申请量变化的趋势。增长较快的节点

有 2015 年和 2020 年。2011 年智慧城市建设被开启，随后推进了多个重点安防项目，AI 技术也促进了安防产品的升级。《中国安防行业"十三五"（2016—2020 年）发展规划》指明了"十三五"阶段的发展趋势。2015 年发布的文件《关于加强公共安全视频监控建设联网应用工作的若干意见》指明了 2020 年之前智能公共监控系统的整体方向。2019 年的"雪亮工程"则以在农村地区建立智能监控体系为建设目标。同样是在 2019 年通过的《全国公安机关加快社会治安防控体系建设行动计划》，也推动了中小学校园的智能安防系统的建设。2024 年出台了《公共安全视频图像信息系统管理条例》。以上政策对相关年份的安防行业的发展均起到了推动作用。相关年份的申请量增长也是这种快速发展态势在专利领域的体现。

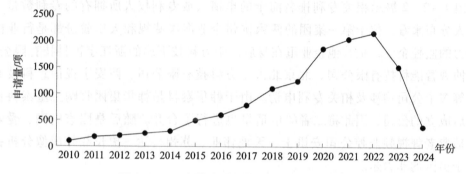

图 4 - 2 - 1　智能安防智能决策专利申请趋势

在技术层面，人工智能、物联网、5G 和大数据等新兴技术的应用推动了安防行业的快速发展。这些技术不仅提高了安防系统的效率和效果，也为智慧城市和智能建筑的建设提供了重要支撑。

申请较早的专利为 US7868912B2，该专利申请日为 2005 年 4 月 5 日，发明名称为"采用视频原语的视频监控系统"。其在欧洲的同族专利 EP1872583B1 也被授权，在中国、日本、韩国等局也进行了申请但未获授权。该专利从视频监视数据自动检测事件来产生实时警报，集成来自不同于视频的监视传感器的数据，以提高事件检测能力。当检测到活动时，可以以较高质量（较高的帧率和/或比特率）存储或传输视频，而在其他时间以较低质量存储或传输视频；仅当检测到所关注的活动时，才需要通过 IP 视频网络传输高质量视频（高比特率或帧率）；视频监视系统能够区分人和宠物的运动，从而消除大多数错误警报；可检测是否有人在商店或停车场中滑倒；检测停车场中的汽车是否行驶得太快；当车站没有列车时，检测是否有人过于靠近列车或地铁站的站台边缘；检测轨道上是否有人；当火车开始移动时，检测是否有人被困在火车的车门中；或者对进出设施的人数进行计数，从而保持精确的人数计数；可以对病人和老年人的护理，在家中检测人是否摔倒。该视频监控系统可以为市场分析提供报告。如在零售商品周围的人数、停留在零售商品周围的人数；对零售商品感兴趣的人作为时间的函数，例如有多少人在每周都感兴趣，有多少人在晚上感兴趣；以及对零售商品感兴趣的人的视频快照。从视频监视系统获得的市场调查信息可以与来自商店的销售信息和来自商店的顾客记录相结合，以提高分析人员对商品陈列的功效的理解。该申请虽然时间较早，但是内容已经非常丰富，包括动作检测、远程存储、视频编码、隐私保护、多传感器数据融合等智能安防的基础技术均有涉及。由于其公开日较早为 2005 年 8 月 4 日，因此该文献非常适合作为后续专利申请的现有技术。另外，该专利的权利要求保护范围较大，因此在美国市场对后续的相关厂商均可造成侵权风险。

4.2.2　主要申请人及其重点专利

图 4 - 2 - 2 展示相关专利排名前十的申请人或专利权人所拥有的专利数量。从申请人分布来看，位于第一集团的两家杭州企业海康威视和大华股份都是行业内极具实力的监控企业，把其他企业甩在身后。千方科技下属的浙江宇视科技有限公司、济南博观智能科技有限公司、北京北大千方科技有限公司、西安宇视信息科技有限公司等多个公司均涉及相关专利申请。由于韩华泰科是韩华集团收购三星泰科株式会社后成立的公司，因此将二者的申请量也进行了合并。随后是国家电网、爱峰公司、瑞典老牌视频监控公司安讯士、天地伟业、苏州科达、擅长红外成像分析技术的位于美国的菲力尔。

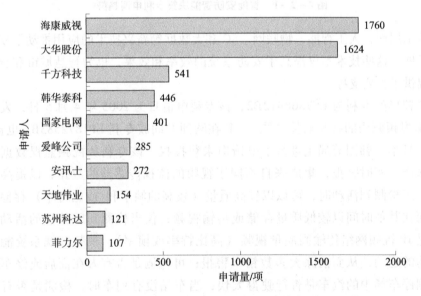

图 4 - 2 - 2　智能安防智能决策专利主要申请人申请量排名

下面主要介绍排名前五的申请人在智能决策方面的创新和应用。

海康威视提供包括智能监控在内的软件、硬件产品和开放人工智能平台，在安防系统智能决策技术领域中扮演着重要角色，利用其嵌入式开放平台（HEOP）和人工智能平台，整合多种类型的安防产品，提供能源、医疗、建筑等多领域的经典应用模型，利用大数据技术提升智能决策的效率和准确性。

大华股份在安防系统智能决策中发挥着重要作用。大华股份推出了"星汉"多模态融合行业大模型，该模型能够提升人工智能算法的准确性和泛化性，全场景自主解析，高效满足海量碎片化需求。

宇视科技是千方科技控股的子公司，其智能安防产品和服务广泛应用于智慧城市、智能交通等多个领域，还参与了众多全球、国家级、地方级、行业级和团体标准草案的起草和制定，是开放式网络视频接口论坛（ONVIF）组织最高级别的成员。

韩华泰科是韩国的一家大型防务和电子公司，提供包括视频监控、门禁系统、对讲系统等在内的广泛安防产品和解决方案。韩华集团在 2015 年收购了三星泰科株式会社，也得到了其数量众多的专利。❶ 国家电网致力于智能视频分析技术在电网中的应用，通过人脸识别算法发现非法入侵人员，或从视频监控直接读取并分析变电站设备状态。

从申请量变化数据来看，海康威视的申请量在 2018—2019 年遥遥领先，但是大华股份在 2020 年后来居上。千方科技则保持相对平稳。爱峰公司的申请量逐渐下降，安讯士除了 2019 年申请量较小，其他时间均稳步增长。韩华泰科的申请量比较稳定，苏州科达在 2020—2021 年申请量较大。

4.2.3　申请的目标国家或地区分析

表 4 - 2 - 1 列出的是相关专利申请在全球不同国家或地区的专利申请量，以此分析相关技术的主要目标市场。

表 4 - 2 - 1　智能决策全球专利申请量分布　　　　　单位：项

国家或地区	申请量	国家或地区	申请量
中国	10012	日本	326
美国	1142	欧洲	251
韩国	796	加拿大	44
WIPO	419	澳大利亚	20
印度	362		

从表 4 - 2 - 1 可以看到，中国在申请数量级上明显超过其他国家或地区的申请，

---

❶ Lee Hyo - sik. Samsung Techwin merged into Hanwha [EB/OL]. (2015 - 06 - 29) [2024 - 04 - 30]. https：//www. koreatimes. co. kr/www/tech/2023/11/129_181858. html.

其次是美国、韩国等,值得注意的是印度的申请量也排在前列。

在中国的申请中,申请量排名在前的申请人为海康威视、大华股份、宇视科技、科达科技,以上均为中国本土企业,外国企业主要有安讯士。

在美国的申请中,申请量排名在前的申请人为瑞典的安讯士、韩国的韩华泰科、总部位于加拿大温哥华,后被摩托罗拉收购的 Avigilon 公司、中国的大华股份、瑞典和芬兰的亚萨合莱、中国的海康威视,以及美国的菲力尔。可见美国安防智能决策市场是全球多家顶级企业的竞技场。

在韩国的申请中,申请人则相对集中,主要为韩华泰科和三星。另外安讯士在韩国也有部分申请。

在印度的申请中,申请量排名在前的申请人都是位于印度的大学,如耆那大学 [JAIN(Deemed To Be University)]、马哈维尔大学(Teerthanker Mahaveer University)、Sanskriti 大学、昌迪加尔大学(Chandigarh University) 等。

在日本的申请中,申请量排名在前的申请人为爱峰公司和安讯士。

在欧洲的申请中,申请量排名在前的申请人为安讯士,也有部分海康威视和大华股份的申请。

综上所述,在全球都积极布局的公司为安讯士,而从中国出海最为积极的企业为大华股份和海康威视,尽管它们目前还难以进入韩国、日本。美国的 Avigilon 公司和菲力尔主要在本土深耕。韩国的韩华泰科打入美国市场的同时,也难以进入广阔的中国市场和欧洲市场。

随着美国政府对海康威视和大华股份的多项禁令出台,对它们在美国安防市场和专利布局产生严重的影响。2019 年,美国商务部将大华股份与海康威视等企业列入了"实体清单"。根据 2019 年通过的《国防授权法案》(NDAA),美国政府禁止联邦机构使用包括海康威视和大华股份在内的中国公司提供的产品和服务。美国联邦通信委员会在 2021 年因《安全设备法》禁止授权新设备牌照。2022 年,美国国防部将大华股份列入"涉军"名单。由于这些政策和法规的实施,大华股份最终选择出售其在美国的子公司,并彻底撤出美国市场。

从图 4-2-3 专利申请量变化可见,2019 年新冠疫情对美国市场的主要公司都产生了较大的影响,只有韩华泰科受到影响最小,但随后其申请量也明显减少。安讯士在美国的专利申请随着疫情的结束也开始迅速恢复。大华股份自从 2019 年开始在美国市场大量申请,但自从在美国连续遭受制裁,其在美国的申请量也受到严重影响。亚萨合莱的申请则基本保持平稳。相比大华股份,海康威视对美国禁令反应更快,这使得海康威视在 2021 年即已经开始大幅度减小在美国的专利申请量。

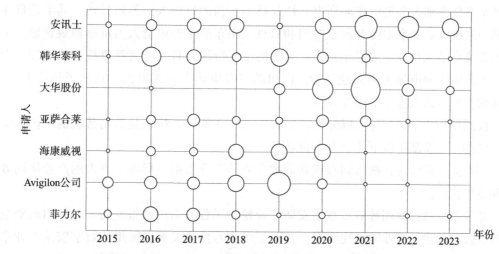

图 4-2-3 智能安防智能决策专利申请人在美申请量变化

注：图中圆形大小对应申请量多少。

4.2.4 中国申请人地域分布

表 4-2-2 为智能安防智能决策技术的中国专利申请主要省份分布情况，其中最突出的是浙江、广东、江苏，其次是北京、上海和山东。这几个省份都有相关视频监控的龙头企业。

表 4-2-2 智能决策中国专利申请量主要省份分布
单位：项

省份	申请量
浙江	3740
广东	1136
江苏	863
北京	621
山东	413
上海	402
安徽	363
四川	348
天津	306
湖北	228

浙江有大华股份、海康威视两大行业龙头，以及宇视科技、萤石网络、华橙软件。广东专利申请量排名第二，主要公司有英飞拓、平安科技、腾讯。广东申请人的一大

特征是其住所地大多集中在深圳市。江苏排名在前的申请人为苏州科达，其申请量在江苏一家独大。北京主要有国家电网和百度。山东的主要申请人为济南博观智能。上海的主要申请人是高德威智能交通。安徽的主要申请人有合肥阅辞科技和安徽理工大学。天津的主要申请人为天地伟业。四川的主要申请人为四川大学和电子科技大学。湖北的主要申请人为华中科技大学。

按照城市为单位进行地域分析，如表4-2-3所示，杭州是名副其实的中国安防产业之都，主要基于以下几个方面的原因。

①产业集群效应：杭州拥有成熟的数字安防产业集群，形成了强大的产业协同效应和竞争优势。

②政策支持：杭州政府对数字安防产业给予了强有力的政策支持，包括财政资金扶持、税收优惠、产业园区建设等，推动了产业的快速发展。杭州的数字安防产业集群被工信部评为先进制造业集群。

③创新能力：杭州在数字安防领域拥有强大的创新能力，发明专利申请量在全国名列前茅，特别是在滨江区，显示出其强大的技术创新实力。

④产业链完善：杭州数字安防产业链条完整，从上游的芯片、算法、器件，到中游的摄像设备、存储设备，再到下游的系统集成和运营服务，形成了完整的产业链。其致力于突破高端芯片制造和关键器件的发展瓶颈，延伸和完善产业链条，推动产业向高端制造领域跃升。

⑤数字经济领先：杭州作为中国数字经济的先行城市，数字安防产业是其数字经济的重要组成部分。其以视觉智能产业为核心，努力打造"中国视谷"产业链集群。产业核心产业营业收入和泛安防产业整体规模均达到了千亿元级别，市场占有率高。

⑥人才培养：杭州拥有良好的人才培养和引进机制，为安防产业的发展提供了充足的人才储备和智力支持。

表4-2-3　智能决策技术中国专利申请量主要城市分布　　　　单位：项

城市	申请量
杭州	3473
深圳	652
北京	621
上海	402

4.2.5　专利转让

本节分析涉及相关专利申请转让数量较多的申请人，如表4-2-4所示，这些申请人属于在该领域知识产权运作较为活跃的群体。

表 4 - 2 - 4　智能决策技术主要专利转让人排名　　　单位：项

转让人	转让数量
Avigilon 公司	221
韩华泰科	157
汇丰银行	136
菲力尔	57
ObjectVideo 公司	52
Firework 公司	51
行为识别系统公司	32
富国银行	31
Zoom 视频通信	31
派尔高公司	31

　　从表 4 - 2 - 4 可以看到，转让数排名靠前的转让人基本上都是美国、加拿大的公司。除了被摩托罗拉收购的 Avigilon 公司、韩华泰科、菲力尔，还有曾经与海康威视合作过的智能视频行业公司 ObjectVideo 公司。该公司业务涉及无线视频、机器学习以及视频消费和商业标引等多个领域，并将相关专利授权全球的 IP 视频制造商使用。Firework 公司是欧美视频电商技术提供商。行为识别系统公司是一家视频安全软件开发公司。该公司的视频分析工具可以分析视频内容，学习正常的行为模式，并对异常活动实时发出警报。派尔高公司涉及预测性视频安全解决方案设计、开发和制造领域，包括视频监控摄像头视频管理和录制系统、安全软件和协调服务。Zoom 视频通信主要业务包括视频会议在内的视频通信，将研发大部分放在中国，以降低成本，同时在美国硅谷招聘高薪软件工程师。除上述这些专注于视频分析的公司外，还有两家银行即加拿大汇丰银行和美国富国银行，说明部分金融机构对智能安防智能决策技术的专利也很有信心，愿意持有并转让获利。

　　表 4 - 2 - 5 展示的是相关技术主要专利受让人排名情况。加拿大 Avigilon 公司同时位居受让人和转让人的首位，与转让人相比可见，安讯士、亚萨合莱、博世集团、大华股份更多作为受让人出现，可见这些公司在技术积累和专利风险规避方面投入较大。其中博世集团的安防通信系统涵盖了摄像头监控、门禁视频对讲、智能电器、自然灾害报警、防盗防火报警等多个方面。

表 4 – 2 – 5　智能决策技术主要专利受让人排名　　　　　单位：项

受让人	被转让数量
Avigilon 公司	226
韩华泰科	211
菲力尔	133
安讯士	102
汇丰银行	99
亚萨合莱	61
博世集团	49
派尔高公司	49
ObjectVideo 公司	43
大华股份	40

4.2.6　智能决策技术方向

　　经过检索和分析，我们将智能决策技术分为四个技术方向，分别是模式识别和数据挖掘、报警装置、数据融合和智能人机交互。下面从不同技术方向分别统计智能决策技术的相关专利数量（参见图 4 – 2 – 4）。

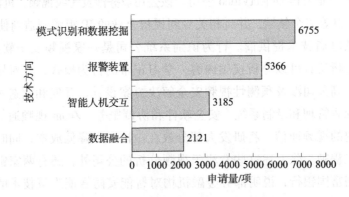

图 4 – 2 – 4　智能决策技术方向申请量分布

　　经检索发现，模式识别和数据挖掘技术依然是智能安防领域的核心技术，相应报警装置的文献量也不小。下面分别对不同技术分支进行分析。

4.3　智能决策中的模式识别和数据挖掘

　　模式识别和数据挖掘技术涉及图像处理、机器学习、统计分析等多个领域的知识，主要用于从数据中识别出有用的模式或规律。在智能安防领域，模式识别和数据挖掘技术的应用主要体现在以下几个方面。

①视频监控分析：通过模式识别和数据挖掘技术，可以从视频流中自动检测和识别出异常行为，如入侵、打斗、遗留物品等。

②人脸识别：利用模式识别和数据挖掘技术，安防系统可以快速识别出视频中的人脸，并与数据库中的人脸进行比对，以确认身份。

③车牌识别：在交通监控系统中，模式识别和数据挖掘技术可以用于自动识别车牌号码，从而进行车辆的跟踪和管理。

④行为分析：通过对人的行为模式进行学习，安防系统可以预测和识别潜在的威胁行为。

⑤异常检测：模式识别技术可以帮助系统发现环境中的异常情况，如火灾、烟雾等。

4.3.1　专利申请趋势

图 4 - 3 - 1 展示的是智能安防模式识别和数据挖掘相关专利申请量的变化趋势。

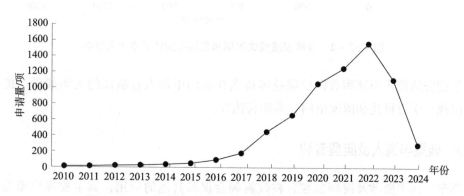

图 4 - 3 - 1　智能安防模式识别和数据挖掘专利申请趋势

2017 年，智能安防模式识别和数据挖掘专利申请量才开始大规模增长，这比智能决策技术专利申请量整体大规模数量增长的时间要晚。这是由模式识别和数据挖掘技术在安防领域的发展节奏决定的。人们通常说的"安防 AI 元年"是 2017 年，深度学习技术的突破性进展，特别是卷积神经网络（CNN）在图像识别领域的成功应用，极大地推动了模式识别和数据挖掘技术在安防领域的应用。这一年，许多企业推出了基于人工智能的安防产品，如人脸识别系统、车辆识别系统等，这些产品开始从概念走向实际应用。中国政府在 2017 年密集发布了多项政策和规划来支持人工智能技术的研究和应用，包括在安防领域的应用。2017 年，中国安防行业的市场规模和专利申请量增长率均达到了近年来的高点。

4.3.2 申请人分析

图4-3-2是智能安防模式识别和数据挖掘技术专利申请量较大的相关专利申请人排名。

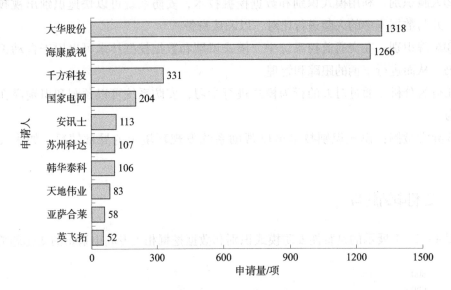

图4-3-2 智能安防模式识别和数据挖掘技术申请人排名

智能安防模式识别和数据挖掘技术排名在前的申请人有浙江的大华股份、杭州的海康威视、千方科技和国家电网、苏州科达等。

4.3.3 典型申请人及典型专利

苏州科达主要涉及视频监控、在线视频会议和其他的应用,其主要客户涵盖各类政府及企业客户。❶

发明名称为"一种交通监控复眼动态识别交通事故自我进化系统"的中国发明专利CN112053556B在2023年获得国家知识产权局颁发的第二十四届中国专利优秀奖。专利权人是青岛海信,申请日为2020年8月17日,授权公告日为2021年9月21日。

该专利提供一种交通监控复眼动态识别交通事故自我进化系统,用以提高交通事故发现的效率,以便及时处理交通事故,避免造成交通拥堵或二次事故。该系统通过单眼交通事故甄别检测系统先检查出疑似交通事故的异常车辆,然后再由区域自组织复眼精准识别系统结合先验交通知识来准确判别交通事故发生的可信度,从而可以精确地识别出交通事故,提高了交通事故识别的效率和准确率。该专利既考虑深度学习

---

❶ 参见苏州科达官网:https://www.kedacom.com/cn/gongsigk/648.jhtml。

神经网络在识别分析交通事故方面的强大特征提取能力，又考虑到训练尝试学习神经网络需要解决的样本问题，同时结合了交通实际场景中监控的安装布设的特点，以及区域监控群控制协调检测交通事故。综合性自我演进的方案，将不断提升对交通事故的检测能力，对降低交通事件造成的损失，具有积极意义。

发明名称为"一种基于人脸图像的眼镜框去除方法及装置"的中国专利CN108182390B 的同族专利在美国获得授权，同族数量为 9 个，可见申请人对其重要性的认可。该专利有 10 项权利要求，申请人为大华股份。该专利在 2019 年 9 月 17 日授权公告。在该专利的背景技术中提到，眼镜（特别是深色粗框眼镜）作为一种常见的面部装饰物，影响着人脸识别的准确率，将戴眼镜的人脸图像进行眼镜去除和修复，能够有效地减弱或消除眼镜对人脸识别效果的影响。该专利以戴眼镜的人脸图像为输入，以与戴眼镜的人脸图像相对应的不戴眼镜的人脸图像为输出（监督），使用反向传播（Backpropagation，BP）算法进行微调，从而建立戴眼镜的人脸图像与不戴眼镜的人脸图像之间的非线性映射关系。与单神经网络相比，深层神经网络具有更深的网络层数和更强的非线性，能够更好地对眼镜框区域的图像进行重构，使修复后的图像更加自然，实现更高质量的眼镜框去除。

专利 CN101965729B 的发明名称为"动态物件分类"，该专利申请日 2009 年 3 月 3日，其同族专利数量为 47 个，分布在 7 个国家和地区。该专利多次转让，大多涉及视频监控公司，包括 AVO 美国第二控股公司、艾威吉隆专利第二控股公司、Avigilon 公司，最终专利权人为摩托罗拉。该专利认为对于侦测移动通过环境的诸如人类、载具、动物等的物件，不同的物件是可能加诸不同的威胁或警报的程度。举例而言，于场景 A 中的动物是可能为正常，但是于场景 B 中的人类或载具可能为警报的原因，且可能需要保全人员的立即注意。该专利中可通过人走路的步伐对人进行分类，或通过分析人腿部的动作对骑车人进行分类。由物件分类模块所确定的分类信赖值可基于物件的轨迹的平滑度而作调整。

4.4　智能决策中的报警装置

报警装置是智能安防系统中的一个关键组件，它负责在检测到异常情况时给出警示。以下是智能安防决策中报警装置的一些特点和作用。

（1）即时响应

报警装置能够在检测到异常行为或事件时立即发出警报，如入侵、火灾、煤气泄漏等。这些报警装置对潜在的不法分子起到一定的震慑效果，同时让相关人员迅速进入戒备状态，采取应对措施。

（2）集成通信

报警装置通常具备与中央监控系统或其他安防组件通信的能力，能够将警报信息传递给用户或其他安全设备。

（3）远程通知

报警装置可以与用户的智能手机或其他移动设备连接，通过应用程序、短信或电话通知用户。

（4）可编程和自定义用户可以根据需要设置报警装置的灵敏度和响应方式，如仅在特定时间段内激活某些传感器。

（5）紧急求助功能

某些报警装置具备紧急求助按钮，允许用户在紧急情况下快速求助。

在智能安防决策中，报警装置是第一道防线，它通过及时的警报和通知，帮助用户和安全机构迅速响应潜在的安全威胁。

4.4.1　专利申请趋势

从图4-4-1所示的专利申请趋势可见，智能安防决策中报警装置整体专利申请数量趋势为增长，在2011年、2015年、2020年有三个明显的阶梯形飞跃。

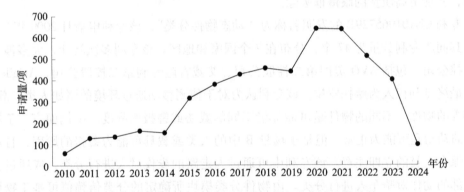

图4-4-1　智能安防决策中报警装置相关专利申请趋势

2020年，智能安防报警技术在多个层面实现了飞跃，为提高社会安全和效率作出了重要贡献。中国政府提出的"新基建"政策，包括5G、人工智能、云计算等，为智能安防行业提供了技术支撑。同年，"人工智能＋安防"市场规模达到453亿元人民币，显示出该领域的快速发展。

4.4.2　申请人分析

图4-4-2展示了智能决策中报警装置的专利申请量较多的申请人排名。

相关报警装置排名在前的申请人有爱峰公司、海康威视、大华股份、韩华泰科、安讯士、国家电网、千方科技、摩托罗拉旗下的加拿大Avigilon公司、天地伟业和英飞拓等。

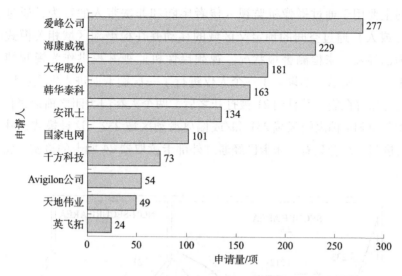

图 4 – 4 – 2 智能安防决策中报警装置相关专利主要申请人排名

4.4.3 典型申请人及典型专利

安讯士，英文名 Axis Communications，是网络视频解决方案提供商公司，成立于 1984 年，总部位于瑞典隆德，其产品线涵盖了网络摄像机、视频编码器、视频管理软件。全球第一台网络摄像机、第一台 HDTV 网络摄像机、第一台热成像网络摄像机均由安讯士公司推出。安讯士也是开放型网络视频接口论坛（ONVIF）的元老成员。

Avigilon 公司是一家提供监控安防解决方案的公司。Avigilon 公司的产品线包括高清网络摄像机、网络视频管理软件平台等，其中 Avigilon Control Center 是世界上第一个开放式的高清网络视频管理软件平台，提供了可操作的图像细节和全方位的态势感知，有助于提高安全监控的效率和响应速度。2018 年，Avigilon 公司加入摩托罗拉，成为其旗下的一部分。Avigilon 公司的固定视频、高级分析和智能访问控制系统与摩托罗拉的其他技术产品相结合，为公共安全和企业安全提供了全面的解决方案。

发明名称为"基于预定的通过区域的移动模式检测预定行为的视频监视系统"的美国专利 US7088846B2，申请日为 2004 年 8 月 12 日，当前权利人是安讯士，该专利于 2006 年 8 月 8 日在美国授权公告。授权前后进行过多达十几次的转让和担保：涉及美国加利福尼亚州的 Vidient 公司、新泽西州的 Agilence 公司、加拿大多伦多的投资公司 MMV 资本合作公司、美国密歇根州的金融控股公司联信银行（Comerica Bank）、加拿大的 WF 基金有限合伙企业、加拿大皇家商业银行、美国加利福尼亚州的信用合作公司 ACCEL – KKR、美国宾夕法尼亚州的 PNC 银行全国协会，直到 2022 年 12 月 2 日，该专利被转让给安讯士。可见众多企业、投资机构和银行都对该专利的价值表示认可，该专利主要用于通过摄像机监视人侵者尾随和非法带入的行为，通过在监视下观察物体（或人）通过空间的预定义区域的移动并在检测到区域相关模式时将警报状况识别为已经发生来检测警报状况。视频摄像机监视并提供作为视频帧序列的图像。如图 4 - 4 - 3 所示，如果多于一个人仅进行了一次刷卡而进入安全区域 23，则发生尾随。这意味着在刷卡并且门 21 被打开之后，两个人在门关闭之前通过门。观察到两个轨迹 212 和 214 偏离门区域 231 和/或偏离滑动区域 232。这种模式意味着两个人基本上同时进门。结合只有一张卡已经通过外部卡读取器 24 刷卡的事实，将引起发生尾随的推断。

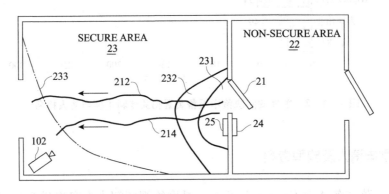

图 4 - 4 - 3　US7088846B2 中的非法尾随识别示意

发明名称为"一种发送报警消息的方法和装置"的中国专利 CN108345819B，专利权人为海康威视，公告日为 2020 年 9 月 15 日。该申请的专利同族在欧洲专利局（EP3572974B1）和美国专利商标局（US11386698B2）均被授权，足见其价值和权利稳定程度。该专利公开了一种发送报警消息的方法和装置。该专利中的摄像设备可以安装在用于办理资金业务的设备（如 ATM）上或其周围；将拍摄到的图像（即检测图像）实时发送给终端，终端接收到检测图像后，可以对检测图像进行分析，从而识别检测图像中的人物是否在打电话，如果是，则可以向服务器发送报警消息。服务器则在接收到报警消息后，向安保人员的终端（如监控终端）发送警报提示信息，以提示安保人员进行处理，避免用户的财产受到损失。如果终端通过语音识别算法，识别出语音信息中包含预设的关键词，则向服务器发送报警消息（可称为第二报警消息）。服务器接收到该第二报警消息后，可以向安保人员的终端发送携带有目标设备标识的第二警报通知消息，用于提醒安保人员对正在使用目标设备的用户进行交易干涉，以及时阻止用户向诈骗分子转账。

美国专利 US7868912B2 发明名称为"采用视频原语的视频监视系统"，涉及安讯士、佳能公司等与 Avigilon 公司之间在 2018—2019 年的多项侵权及无效诉讼。该专利也涉及过多项专利转让，最初的权利人是 ObjectVideo 公司，最新专利权人是摩托罗拉系统公司。该专利的中国同族、韩国同族和日本同族并未被授权，而在西班牙等多地被授权，在欧洲专利局的同族 EP1872583B1 被宣告无效。该专利的申请日为 2005 年 4 月 5 日。该专利提供一种视频监视系统，在当后端处理器上的事件推理模块产生警报时，提高存储在板上存储设备中的视频的质量、比特率、帧频、分辨率。可在反恐领域检测是否有物体被留在机场，是否有物体被扔过围墙，或者是否有物体被留在铁轨上；检测围绕关键基础设施移动的人或车辆；或者检测向港口或开放水域的轮船快速接近的小船。在系统显示器上激活视觉和/或听觉警报；现场激活视觉和/或听觉警报系统；激活静音警报；激活快速响应机制；锁门；联系保安服务；通过网络（例如但不局限于互联网）向另一计算机系统转发或流传输数据（例如图像数据、视频数据、视频基元和/或分析数据）。该视频监视系统能够区分人和宠物的动作，因此消除大多数错误的警报。可在本地执行视频处理，并且仅在需要时（例如但不局限于对动物活动或其他危险情况的检测）才将可选视频或镜头发送到一个或多个远程监控站。

4.5　智能决策中的智能人机交互

智能安防系统中的智能人机交互涉及用户与安防系统之间的直接互动。这种交互可以提高系统的易用性、响应性和智能化水平。人机协同理念强调智能人机交互、人机融合和人机共创，以实现更高效的安全监控和管理。以下是一些关于智能安防中智能人机交互的主要特点。

（1）用户界面

这些界面可能包括触摸屏、移动应用程序或网页界面。用户可以根据自己的需求定制智能人机交互界面和功能，以满足个性化的安全需求。用户可以根据自己的需求定制图形用户界面（GUI）视图，如选择显示特定区域的摄像头视图，或者根据时间线筛选事件记录。GUI 能够通过图形化的方式实时展示摄像头的实时视频流、系统状态等，让用户快速把握安全状况。GUI 通常会包含事件记录功能，记录安全事件的发生时间、类型和处理结果，便于事后分析和审计。

（2）实时反馈和远程控制

当安防系统检测到异常活动时，可以通过短信、邮件或应用通知等方式向用户提供实时反馈。现代智能安防系统通常支持通过互联网远程访问 GUI，用户可以在任何地方通过智能手机、平板电脑或电脑查看和管理安全系统。在紧急情况下，用户可以通过安防系统中的紧急按钮快速求助。

（3）语音、动作识别

一些先进的智能安防系统集成了语音识别技术，允许用户通过语音命令来控制安防设备，如解锁门禁或关闭报警系统。通过集成动作或行为识别技术，智能安防系统能够识别特定的人体动作，从而触发相应的安全措施。

（4）VR 和 AR 技术

VR 技术可以通过前端的全景摄像头监控及拼接合成，让用户能够不仅仅进行传统的 PTZ［全方位（左右/上下）移动及镜头变倍、变焦控制］操控，而是能够变换角度，即改变视角 POV（Point of View）。VR 技术用于智能安防管控系统，可以通过 VR 三维建模技术和视频点位上图，实现虚实融合，以应对各类突发事件。AR 眼镜可以作为新型穿戴式安防产品，应用于人脸抓拍、人脸识别、车牌识别等场景。将实时视频的"现实"与数字化标签"增强"信息结合起来，使监控用户在监控实时视频画面时，就能第一时间获得目标对象的信息。

4.5.1 专利申请趋势

图 4-5-1 展示了智能安防决策中智能人机交互技术相关专利申请趋势，其中可见相关专利申请量增长较为稳定，没有明显的阶梯，但是在 2019 年之后增长速度明显放缓。

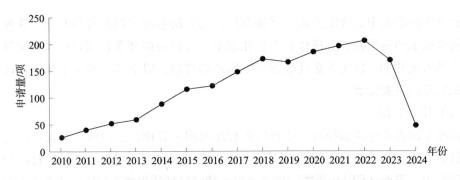

图 4-5-1 智能安防决策中智能人机交互技术相关专利申请趋势

智能安防决策中的智能人机交互技术是一个不断发展的领域，它结合了人工智能、机器学习、数据分析等技术来增强安全监控系统的能力。2019 年之后，虽然整体技术仍在进步，但发展速度可能受到多种因素的影响，包括技术成熟度、市场需求、成本效益分析等。语音交互技术的进步、多通道融合交互的兴起、智能体人设的发展、情感计算技术的应用等，都是人机交互技术不断演进的证明。

此外，智能人机交互技术在特定应用场景下，如智能家居、车载系统、智能穿戴设备等领域仍在快速发展，并且随着技术的成熟和成本的降低，预计这些技术将更广泛地应用于安防领域。尽管该技术相关专利申请量可能会有短期的波动或在特定情况下的增长放缓，但从目前的趋势来看，智能决策中的智能人机交互技术整体上仍在持续发展。

4.5.2　申请人分析

下面分析智能安防决策中智能人机交互技术专利申请量排名靠前的主要专利申请人。从图 4 - 5 - 2 中可见，在智能交互技术方面，排名在前的申请人为海康威视、韩华泰科、千方科技、大华股份、菲力尔、国家电网、安讯士等。

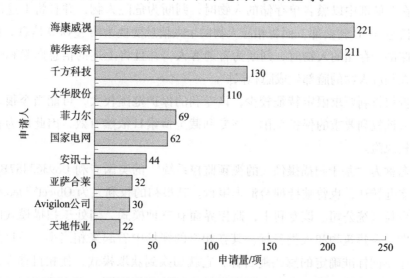

图 4 - 5 - 2　智能安防决策中智能人机交互技术主要申请人排名

4.5.3　典型申请人及典型专利

韩华泰科的安防系统界面提供清晰的图像质量，确保监控画面的细节清晰可见，集成了基于人工智能的分析工具，可以对视频内容进行实时分析，以检测异常行为或特定事件；能够同时管理和控制多个摄像头，方便用户从单一界面监控不同区域；界面设计简洁，易于导航，确保用户可以快速访问所需功能。用户可以根据需要定制界面视图，以优化监控体验。安防系统界面支持与其他安全系统（如访问控制、报警系统等）集成，提供综合的安全解决方案。

摩托罗拉通过一系列的并购和技术创新，拥有多个视频监控品牌，包括 Avigilon 公司、Pelco、IndigoVision 等，提供从高端的网络摄像机到视频管理软件的全方位视频监控解决方案。摩托罗拉系统公司（Motorola Solutions inc.）的指挥中心软件能够集成和管理来自不同来源的数据，提高应急响应的效率和效果。公司提供的固定视频监控系统支持全程智能分析，帮助用户实时识别并响应潜在的安全事件。

发明名称为"OSD 信息生成摄像机、OSD 信息合成终端设备 20 及由其构成的 OSD 信息共享系统"的中国专利 CN108141568B 的专利权人为韩华泰科株式会社，后被转让给韩华视觉株式会社，公告日为 2020 年 11 月 13 日，其专利同族在欧洲专利局、美国专利商标局、韩国特许厅均被授权。

该专利中 OSD（On Screen Display）是指在显示器等显示设备上与画面上显示的影像区别单独地直接向用户显示各种信息的功能。动态目标提取部是首先从拍摄部获取的影像推定背景区域。将在影像中特定时间期间持续地无移动的区域推定为背景区域。推定背景区域后，从影像去除所述背景区域。由此，能够提取运动目标。人物的脸部被识别为在存储部中以黑名单存储的人物时，判断为危险人物，并且将上述的信息传送至个人信息/OSD 转换部，而将相应人物的个人信息变换为第一 OSD 信息。相反，识别为在存储部未存储的人物时，判断为普通客人，并且将上述的信息向隐私保护生成部传送，在相应人物的脸部生成隐私保护。

由于授权权利要求限定特征较少，该专利的保护范围较大，可能当今很多监控系统都会落入该权利要求的保护范围。该专利截至检索日依然有效，因此成为相关企业潜在的侵权风险。

发明名称为"基于扫描摄像头的视频监控系统"的美国专利 US9363487B2 涉及行政诉讼和多起转让，也曾被抵押给汇丰银行。其最初的权利人为 ObjectVideo 公司，最终为摩托罗拉系统公司。该专利中，监控界面有三种模式，当处于扫描模式时，移动相机的视图包含建筑物和人类目标，其在相机的视场中看起来相当小。一旦扫描相机看到由多个不同标准确定的感兴趣目标，它就切换到获取模式，使相机移动，以便使用其摇摄、倾斜和缩放控制来产生检测到的目标的更好视图。产生检测到的目标的更好视图可以例如包括放大以获得目标的更高分辨率视图。一旦相机获得了检测到的目标的这种更好的视图，它就可以进入询问模式，其中进一步分析目标的外观和活动。在该模式中，相机可以保持静止，并且简单地观看目标的更好视图一段时间。相机也可以主动地继续移动，以便例如通过补偿目标运动来保持目标的更好视图，相机可以继续主动跟踪目标一段时间。该模块可以生成的响应可以包括电子邮件通知、视觉警报或其他响应。视觉警报可以包括场景或目标的帧图像，或者它们可以包含其他视觉表示，例如，目标在系统的场景模型上的位置。可能尝试经由一些非视觉手段获取该目标或者可能想要生成该目标的活动的实时视频标记的响应。

4.6 智能决策中的数据融合

智能安防决策中的数据融合是一个关键技术，它涉及将来自不同来源的数据整合起来，以提高安防系统的性能和效率。以下是数据融合在智能安防中的一些应用和重要性。

（1）多源数据整合

数据融合技术能够整合来自摄像头、传感器、门禁系统、通信网络等不同安防设备的数据，形成一个全面的安全监控视图。数据融合是构建全息态势感知防控体系的基础，通过多维数据的深度应用，实现对安全态势的全面感知和实时反应。

（2）提高准确性和响应速度

通过融合多种数据源，智能安防系统能够更准确地识别和响应潜在的安全威胁，如入侵检测、车牌识别等。

（3）优化资源分配

数据融合可以帮助安防系统更有效地分配监控资源，比如通过分析人员流动模式来调整摄像头的焦点区域。

（4）知识图谱构建

知识图谱的构建依赖于数据融合技术，以支持智能化的安防服务。数据融合技术推动智能安防系统向更多行业领域拓展，如智慧交通、智慧社区等，通过整合行业特定数据，提供定制化的安防解决方案。

（5）降低成本和提高效率

数据融合有助于减少冗余数据的存储和处理，从而降低成本并提高整体的安防效率。

4.6.1　专利申请趋势

从图 4-6-1 所示的智能安防决策中数据融合技术相关专利申请趋势可见，专利申请整体数量趋势为增长，自 2017 年起有明显的飞跃。

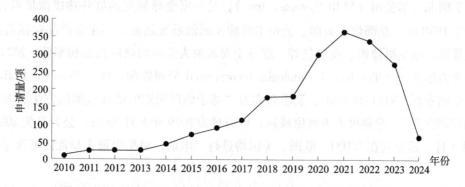

图 4-6-1　智能安防决策中数据融合技术相关专利申请趋势分析

2017 年起，多维数据融合的发展从初步的数据融合到复杂的多维数据融合，将不同维度的物联网信息关联起来，融合得到高价值的信息。深度学习技术在安防应用领域的演进推动了多模态数据融合技术的发展。例如，2017—2018 年，国家"雪亮工程"建设的推动，使得深度学习技术将视频解析能力迈上一个新台阶。

4.6.2　申请人分析

下面对智能安防决策中数据融合技术专利申请量排名靠前的申请人进行统计。如

图 4-6-2 所示，在数据融合方面，排在前列的有大华股份、海康威视、国家电网、菲力尔、千方科技、韩华泰科及安讯士等。

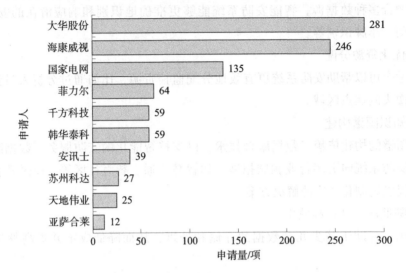

图 4-6-2　智能安防决策中数据融合技术相关专利申请人排名

4.6.3　典型申请人及典型专利

美国菲力尔公司（FLIR Systems，Inc.），是一家全球领先的红外热成像技术公司，成立于 1978 年，总部位于美国。公司主要涉及成像系统制造，其主要产品包括机红外热成像器、航空摄像机、夜视仪等。服务主要对象为美国的政府机关和军队。2021 年，美国菲力尔公司被 Teledyne Technologies Incorporated 公司收购，成为 Teledyne FLIR。

中国专利 CN111488756B，发明名称为"基于面部识别的活体检测的方法、电子设备和存储介质"，专利权人为海康威视，申请日为 2019 年 1 月 25 日，公开日为 2023 年 10 月 3 日。该专利在 WIPO、欧洲、美国均进行了申请，可见申请人非常认可该专利的价值。

目前，人脸识别主要面临的攻击方式包括：①打印出高清逼真的照片（包括黑白和彩印照片）、挖取人脸重要区域的照片攻击（比如鼻子、眼睛、嘴巴等）；②录制一段真实人脸预先采集好的视频并进行回放攻击（如社交网站获得一段真实人脸视频或者公共场合摄像头录制视频）；③通过高精准的 3D 打印机制作出一张逼真的人脸模型等。边纹理是一种反映图像中同质现象的视觉特征，在平板电子产品攻击中存在大量的摩尔纹，它体现了成像表面的变化特征。这种特征能更加快速地区分真实人脸和非真实人脸。该技术通过成像像素之间内在关系提取相应的纹理特征，通过分别获取待测红外图像和待测可见光图像，对所述待测红外图像进行边缘检测和纹理特征提取，对所述待测可见光图像通过卷积神经网络进行特征提取，基于对所述待测红外图像进行边缘检测的结果、所述纹理特征提取的结果和通过卷积神经网络对所述待测可见光图像进行特征提取的结果，判断所述待测红外图像和待测可见光图像是否通过活体检测，能够结合边缘检测、纹理特征提取和卷积神经网络三种技术的优势，有效地进行活体检测，高效地判别图像中的人脸是否属于活体，提升了判别准确率。

发明名称为"具有基于定位的意图检测的物理访问控制系统"的中国专利 CN113614797B 有 25 项权利要求，在 11 个国家、地区或组织申请专利布局，申请人为来自瑞典和芬兰的亚萨合莱。该专利在 2024 年 4 月 19 日授权公告。

该专利通过在不需要用户主动呈现包含凭证的设备（例如卡或移动设备）的情况下从用户获得或接收凭证而允许无缝体验，可以使用摄像装置来帮助识别用户意图进入哪个旋转门。室外的温度可能影响用户的路径或习惯。例如如果两个门口彼此靠近，但一个通向外面，则电子物理访问控制系统 PACS 可以确定，在外面正在结冰的情况下外面的门口很可能是意图的门口。为了解决识别意图的问题，定位技术（例如使用安全 UWB 测距）可以与 PAN 发现和密钥交换组合。密钥设备和读取器可以使用 PAN 技术协调安全测距。利用 UWB 识别密钥设备的物理位置更准确，并且可以精确到几十厘米。如果所确定的意图的概率超过预定阈值，则 PACS 可以解锁门，使得用户可以无缝地进入门口。阈值可以根据概率确定的精确程度以及门口可能需要的安全程度而变化。

美国专利 US10244190B2 发明名称为"具有融合的紧凑多光谱成像"，其申请日为 2013 年 12 月 21 日，最初的专利权人是菲力尔系统公司，后在 2021 年被转让给美国菲力尔公司。该专利使用小形状因子红外成像模块的技术。光谱相机通常用于白天或其他应用，红外相机可以用于夜间或其他应用。该专利中可见光光谱成像模块和红外成像模块可以被定位在将被监控的场景附近，在不同的时间捕获场景的图像。图像分析和处理可用于产生具有红外成像特征和增加的细节与对比度的组合图像。可以对所捕获的图像执行非均匀性校正处理、真彩色处理和高对比度处理。热图像和非热图像生成的组合图像被称为真彩色红外图像。在白天成像中，混合图像可以包括非热彩色图像，其包括亮度分量和色度分量，其中其亮度值被来自热图像的亮度值替换。使用来自热图像的亮度数据使得真实非热彩色图像的强度基于对象的温度变亮或变暗。

4.7　小　结

未来智能安防系统决策技术的发展方向可以从以下五个方面进行预测。

（1）深度学习与机器学习的结合

随着 5G、智能设备硬件、AI 的飞速发展，深度学习技术在图像和视频内容分析理解方面展现出强大的潜力，因此，未来的模式识别算法将更多地依赖于深度学习和机器学习技术，以提高对视频序列中多目标动态跟踪与准入报警的可靠性。未来的模式识别算法将继续优化以提高实时性和准确性。例如，LC - YOLO 算法结合了 YOLO 目标检测的实时性和 LSTM 建模处理时间序列的能力，提高了行为识别的速度和准确性。

（2）抗噪性能的增强

在智能视频监控中，图像特征的选择、目标检测、跟踪与识别等环节面临着复杂背景和噪声干扰的问题。因此，未来的模式识别算法需要进一步增强抗噪性能，如通过粗糙集近似约简算法实现对噪声的抑制，提高基于 SIFT 特征匹配算法的效率和精度。

（3）多目标跟踪与行为识别

智能视频监控系统需要能够同时跟踪多个目标并对其行为进行准确识别。未来的模式识别算法将更加注重多目标跟踪与行为识别的能力，如 Omega Model 通过四种不同的描述符识别人体的头部、颈部和肩部区域，提高了在部分遮挡、动态变化背景和不同照明条件下的鲁棒性。

（4）自适应性和灵活性的增强

为了适应不同场景下的监控需求，未来的模式识别算法需要具备更好的自适应性和灵活性。这包括能够根据实际应用场景自动调整算法参数，以及能够快速适应新出现的目标或行为模式。未来的 GUI 技术需要能够有效地集成和管理不同的组件，确保它们之间的良好协作和信息共享。此外，GUI 还应具备良好的兼容性，以支持各种硬件平台和操作系统。

（5）用户交互体验的提升

随着安防行业的发展，用户对监控软件的可操作性、舒适性和美观性提出了更高的要求。为了满足这些需求，未来的 GUI 设计需要更加注重联系性、一致性、简洁性、可预见性和及时性，以帮助用户快速理解当前情况并作出决策。用机器学习算法来优化用户界面布局和交互方式，以及通过计算机视觉和密码学方法来增强 GUI 的安全性和测试能力。同时，GUI 设计应遵循无障碍原则，确保所有用户都能轻松访问和使用系统。为了满足所有用户的需求，包括视力受损者，未来的 GUI 技术需要包含辅助功能，如屏幕放大、颜色对比度调整等。

第 5 章　智能安防网络技术

5.1　概述及专利状况

5.1.1　智能安防网络技术介绍

传统的安防系统需要解决的问题是如何看得见、怎么看得清。取而代之，今天的智能安防系统要解决的问题变成了，能否看得懂，怎样管得着。要实现对于监控内容看得懂，并且作出快速的处置，除了精确的数据采集，庞大的数据存储，快速的数据分析以及实时的网络响应，都是解决这个问题的关键因素。这也决定了网络技术成为了智能安防系统发展过程中必不可少的一部分。

随着新技术的快速发展，5G、人工智能、IoT、大数据、云计算、边缘计算等新兴技术在越来越多的领域中得到应用，并助力传统领域飞速发展。安防领域就是其中之一，受益于上述新兴技术并与之高度融合形成的智能安防领域。AIoT 包括两个重要的概念，其中"端端融合"是将端与传感器融合为一体，通过直接实现的智能协同操作，确保响应的实时性；另一个是"物即服务"，就是将数据、人工智能、模型共同封装形成一个服务，服务之间可进行协调，并且服务还可以在端、边缘、云等各个层级之间进行移动。边缘计算作为 AIoT 新一轮迅速增长的关键性技术之一，通过在边缘侧实时采集、感知和处理数据，能大大降低传输的数据量，同时缩短延迟并增加对于数据隐私的保护。❶

云计算主要包括海量的存储空间和数据处理。对于智能安防而言，云存储能有效实现视频数据从标清到高清的存储，云计算平台能对海量的数据进行深入的分析。将云计算融入智能安防当中，已经成为安防行业快速发展的指南针，不仅在安防各领域成功落地应用，也为安防行业带来新的机遇和挑战。❷

安防系统的核心终端设备就是摄像头，摄像头采集前端视频数据传输给后端的设

❶ 施清平，周大良. 探讨 AIoT 技术在安防行业的发展 [J]. 中国安防，2020，(8)：45－49；吴明，潘亚宾. AIoT 技术在城市安防系统中的应用探析 [J]. 科技创新与应用，2022，12 (2)：180－182.

❷ 焦盛元. 云计算给安防带来了什么？ [EB/OL].（2015－06－05）[2024－04－30]. http：//www. asmag. com. cn/tech/201503/72598. html.

备进行处理、分析、存储，整套系统因为数据存储和传输而导致成本昂贵，使得安防系统只在特定场景使用。边缘计算的诞生，解决了这一问题，其使对采集的现场数据进行就近计算、处理、存储成为可能，极大提升了智能安防的处理速度，同时还为前端设备提供就近存储的服务，大大改善了用户体验。❶

物联网实现了万物互联，智能安防系统中，各种前端设备都以"物"的方式存在。物联网出现之前的安防系统，仅仅提供视频监控功能，而融合了物联网的安防系统真正成为智能安防，摄像头、门锁、各种传感器等等，都以"物"的方式加入进来，物联网将不同安防功能的子系统关联起来，建立智能安防平台，实现安防子系统互联互通，信息存储、提取、共享和处理的统一化和智能化。❷

可以看出，AIoT 技术在智能安防领域中应用较为广泛的网络技术主要包括云计算、边缘计算和物联网三个方面，这三个方面也是各大传统安防企业未来投入研发力量的重点，同时也是跨界进军智能安防的各大企业的主要切入点。

5.1.2 智能安防网络技术专利状况

5.1.2.1 专利申请趋势

智能安防领域的网络技术相关申请的申请量总体上呈现先升后降的趋势。图 5 - 1 - 1 涉及智能安防领域中网络技术相关专利历年申请量的年代分布趋势，该图显示了该领域申请量自 2010 年以来随时间变化的趋势。

2010 年开始，申请量逐渐缓慢爬升，到 2014 年迎来了一个显著的增长趋势，这个增长趋势一直持续到 2017 年。2014—2017 年，年申请增长量都保持在 300—550 件之间。2017—2019 年，年申请量的增长速度放缓，基本维持在 150—200 件。2019—2020 年，智能安防网络技术又迎来了一次爆发式快速拉升的增长阶段，2020—2021 年，增长速度再次趋于平缓。到 2021 年，智能安防网络技术的年申请量达到历史最高值，接近 3000 件。自 2021 年达到顶峰后，智能安防的网络计算的年申请量呈下降趋势。由图 5 - 1 - 1 可以看出，智能安防网络计算从 2010 年开始发展，到 2014 年进入爆发式发展阶段，到 2017 年进入一个稳定的平台期，随后在 2019 年再次迎来拉升期，直至 2021 年之后，该技术进入成熟稳定期。

---

❶ 七牛云. 边缘计算的爆发为安防全产业带来了怎样的变化？[EB/OL]. (2019 - 10 - 09) [2024 - 04 - 30]. https：//www. infoq. cn/article/xS0DErB6bCBPsR9FdSPM.

❷ 魏一. 物联网技术在安防行业发展的契机与作用 [EB/OL]. (2017 - 11 - 01) [2024 - 04 - 30]. https：//www. rfidworld. com. cn/news/2017_11_9bccc8d91e376a90. html.

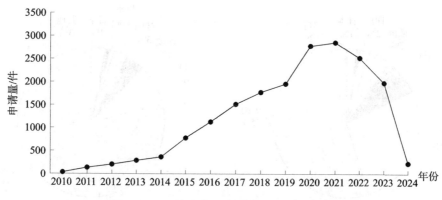

图 5 - 1 - 1　智能安防领域网络计算申请趋势

5.1.2.2　技术原创国家或地区分析

图 5 - 1 - 2 是智能安防领域网络技术相关专利的原创专利申请在全球主要国家或地区的区域分布情况，通过该分析可以发现智能安防网络技术主要的技术创新来源国或地区。美国的原创专利申请约占全球的 55%，占据了全球申请量的五成多，可见美国在智能安防领域网络技术具有绝对领先优势。中国紧随其后，位列第二，占全球约27%的申请量，约占美国原创申请数量的一半，可见中国与美国在智能安防网络技术的原创申请上仍然存在一定差距。韩国紧跟中国，位列第三，占全球8%，可见其仍具备一定的技术储备实力。紧随其后的是欧洲、印度和日本。

5.1.2.3　申请的目标国家或地区分析

图 5 - 1 - 3 是智能安防领域网络技术目标专利申请在全球主要国家或地区的分布情况，通过该分析可以发现智能安防网络技术主要技术创新的重要目标市场。中国的目标专利申请占全球的79%，占据全球申请量接近八成，可见在智能安防网络技术方面，中国市场已经成为众多企业技术转移过程中不可忽视的目标，也是各大企业争夺市场份额的所在地。作为原创申请排名第一的美国，在目标国排名中位列第二，占全球的9%，占据全球申请量接近一成，可见其市场规模仍然很大。印度在目标申请排名中位列第三，占全球的4%，紧随其后的分别是韩国、欧洲和日本。

鉴于上述分析，我们在本章节希望从应用 AIoT 的智能安防系统中的网络技术入手，主要选择在智能安防中应用较为广泛的云计算、边缘计算和物联网三个方面，对其专利申请进行检索和分析，分析项目主要包括专利申请及布局的趋势，主要技术发展方向，主要申请人，典型专利内容，尝试探讨安防系统中的网络技术的发展水平和趋势，推动相关技术在实际中的广泛应用，找出现有技术存在的不足和缺陷，以便进一步改进，促进相关技术的研发和应用。

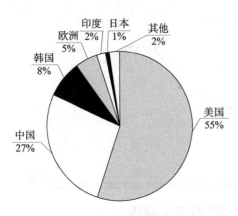

图 5-1-2 智能安防领域网络技术
全球专利申请原创国家或地区分布

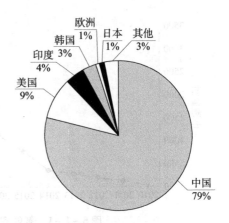

图 5-1-3 智能安防领域网络技术
全球专利申请目标国家或地区分布

5.2 云计算

5.2.1 云计算概述

5.2.1.1 云计算的基本原理、发展历史和架构

1. 云计算的基本原理

云计算（Cloud Computing）是通过网络"云"将运行的巨大的数据计算处理程序分解成成千上万个小程序，再将这些小程序交给计算资源共享池，进行搜寻、计算、分析，然后将处理得到的结果回传给用户。❶ 这个"云"实际上是一个由服务器、网络设备、存储设备、安全设备等多个设备组成的规模庞大的资源池，通过虚拟化技术，实现对于这个资源池中庞大的资源进行统一管理和调度。❷

云计算是一种分布式计算技术，它将计算资源、网络资源以及存储资源等，都通过虚拟化整合为统一的资源池，利用该资源池，为用户提供按需获取的弹性资源和架构。用户通过网络随时随地访问这些资源，并根据自己的需求进行扩展或缩减。云计算的本质是从资源到架构的全面弹性，这种具有创新性和灵活性的资源使用方式，不仅大大降低了运营成本，而且更加契合了业务需求的实时改变。

2. 云计算的发展历史

云计算的发展历史最早可以追溯到 1959 年 6 月，克里斯托弗·斯特雷奇（Christo-

---

❶ 百度百科. 云计算［EB/OL］.［2024-04-30］. https：//baike. baidu. com/item/云计算/9969353.
❷ 王博. 云计算及其关键技术研究综述［J］. 电子技术与软件工程，2015（15）：179.

pher Strachey）发表了一篇有关虚拟化的论文，正式提出了虚拟化的概念，而今天广泛使用的云计算的基础架构的核心技术，正是"虚拟化"。1996 年，美国康柏（Compaq）公司的一份内部文件中，首次出现了"云计算"（Cloud Computing）这个词，尽管当时它并没有引起广泛的关注，但并不妨碍其成为云计算发展史上里程碑式的存在。到了21 世纪初，随着互联网和计算机技术的迅猛发展，如何让更多的用户方便、快捷地使用网络服务，成为互联网发展亟待解决的问题。2006 年，亚马逊正式推出了"亚马逊网络服务"（Amazon Web Services，AWS），作为"基础设施即服务"（Infrastrcture as a Service，IaaS）的云平台，AWS 的核心组成部分是亚马逊弹性云计算（Elastic Compute Cloud，EC2），对象存储服务是亚马逊简易存储服务（Simple Storage Service，S3），AWS 的推出标志着云计算向商业化方向发展的开始。同年 8 月 9 日，谷歌首席执行官埃里克·埃墨森·施密特（Eric Emerson Schmidt）在搜索引擎大会（SES San Jose 2006）的演讲上，将"云计算"定义为一种基于互联网的计算方式，通过这种计算方式，共享的软硬件资源和信息可以按需求提供给计算机各种终端和其他设备。这次演讲，让云计算成为家喻户晓的概念。在 2008 年，谷歌公司将其内部基础设施作为一种服务对外开放，并推出了 APP Engine，作为"平台即服务"（Platform as a Service，PaaS）的产品，其允许开发者构建和托管网页应用程序。这个产品的推出，不仅标志着谷歌公司正式加入云计算服务，也提供了一个完全托管的平台，使开发者能够专注于代码编写而不需担心底层基础设施。同样在 2008 年，微软公司在其专业开发者大会（Professional Developers Conference，PDC）上公布了 Windows Azure，并于 2010 年正式上线该产品，这标志着微软公司也正式加入了云计算的市场竞争。2014 年，微软公司将 Windows Azure 重新命名为 Microsoft Azure。随后，Microsoft Azure 迅速扩展了其业务范围，包括基础设施即服务、平台即服务和软件即服务等服务类型。此外，在特定地区或行业领域具有显著影响力的重要公司，如 IBM、甲骨文等，也纷纷加入了云计算的市场竞争中。❶

伴随着云计算在国际上的蓬勃发展，中国云计算也迎来了高速发展阶段。2007 年3 月，中国移动通信研究院正式启动了云计算技术研究计划——"大云"（Big Cloud）。"大云"是一项包括技术研究、产品开发、应用试点、规范体制、标准化和开源等各方面研究内容的综合云计算计划。中国云计算的标杆——阿里云，也在 2008 年开始筹备和起步。2009 年 1 月，阿里软件在江苏南京建立了首个"电子商务云计算中心"，同年

❶ Skye_Zheng. 云计算简介：云计算定义、云计算优势、云计算分类、云计算历史［EB/OL］.（2020 - 02 -27）［2024 - 04 - 30］. https：//blog. csdn. net/qq_46254436/article/details/104537927；苗晶良，邓元慧，王国强.云端旅程：追溯云计算的发展历程［J］. 张江科技评论，2023（6）：40 - 45；过往记忆. 一文读懂云计算：发展历程、概念技术与现状分析［EB/OL］.（2019 - 12 - 21）［2024 - 04 - 30］. https：//blog. csdn. net/wypblog/article/details/103650321；佚名. 云计算：20 年发展简史［EB/OL］.（2020 - 09 - 29）［2024 - 04 - 30］. https：//www. 51cto. com/article/627606. html；Yueson Lu. 中国云计算的发展历史［EB/OL］.（2020 - 04 - 12）［2024 - 04 -30］. https：//blog. csdn. net/perEAson/article/details/105468049.

9月，阿里云计算有限公司正式成立。从此，阿里云开始为制造、金融、政务、交通、医疗、电信、能源等众多领域的企业提供服务，其中不乏中国联通、12306、中国石化、中国石油、飞利浦、华大基因等大型企业客户，以及微博、知乎等明星互联网公司。在天猫双11全球狂欢节、12306春运购票等极富挑战性的应用场景中，阿里云始终保持着良好的运行记录。根据中国信息通信研究院发布的《云计算白皮书（2023年）》显示，2022年中国云计算市场规模已达到4550亿元人民币，同比增长40.9%。其中，公有云市场规模增长至3256亿元，私有云市场规模则为1294亿元。预计到2025年，我国云计算整体市场规模将超过万亿元人民币。这些数据表明，我国云计算市场正处于快速发展期，市场规模不断扩大，预计未来几年将继续保持这一增长势头。

3. 云计算的架构

云计算的架构通常包括以下几个层次，分别为：基础设施即服务、平台即服务和软件即服务。这三种云计算服务有时又被称为"云计算堆栈"，因为它们构建堆栈，相互于彼此之上。❶

①基础设施即服务是云计算的最底层，其主要提供基础的计算、存储和网络资源。用户通过网络访问这些资源，并根据自己的需求进行配置和管理。

②平台即服务在基础设施即服务的基础上，为用户提供了开发应用程序所需的中间件、数据库、开发工具等。用户不需要关心底层硬件和操作系统的细节，只需要专注于应用程序的开发和部署。

③软件即服务是云计算最上层，直接为用户提供应用程序服务。用户通过网络访问应用程序，无须在本地安装软件。软件即服务提供商负责应用程序的部署、管理及维护，用户只需要按需付费。

5.2.1.2 云计算的关键技术

云计算是一种以数据和处理能力为中心的密集型计算模式，它融合了多项互联网通信技术（Internet Communication Technology，ICT），是传统技术"平滑演进"的产物。云计算的关键技术包括：虚拟化、分布式数据存储、编程模型、大规模数据管理、分布式资源管理、信息安全、云计算平台管理、绿色节能。❷

1. 虚拟化

虚拟化是云计算最关键的核心技术之一，它为云计算服务提供了基础架构层面的支撑，是ICT服务快速走向云计算的最主要驱动力。

---

❶ Dave888Zhou. 云计算架构［EB/OL］.（2013 - 10 - 13）［2024 - 04 - 30］. https：//blog. csdn. net/zhoudax-ia/article/details/9021693；纸短情长. 云计算架构中的 Iaas、Paas、SaaS 详解［EB/OL］.（2021 - 03 - 21）［2024 - 04 - 30］. https：//blog. csdn. net/l_liangkk/article/details/115058193.

❷ 肉肉的小肉.【技术分享】云计算的核心技术全解读［EB/OL］.（2021 - 09 - 23）［2024 - 04 - 30］. https：//forum. huawei. com/enterprise/zh/thread/580933226761961472.

虚拟化技术是将物理计算资源抽象化，以创建和管理虚拟资源的核心技术。通过虚拟化，可以将一台物理服务器分割成多个独立存在的虚拟机（VMs），并且每个虚拟机都拥有自己的操作系统和应用程序，从而实现资源的高效利用和隔离。虚拟化技术的核心优势在于其能够提高资源的利用率，通过在一台物理服务器上运行多个独立的虚拟机，能够有效减少对硬件的重复投资，降低了使用成本。虚拟化技术还能够实现架构的动态变化、物理资源的集中管理、配置及使用，由此，系统的灵活性和可扩展性得到了有效增强，使得整个系统对业务需求的变化做到快速响应的同时，还能降低成本、改进服务、提高资源利用效率。

在表现形式上，虚拟化技术包括两种应用模式。其一，是将一台性能强大的物理服务器，通过虚拟化生成多个独立的小服务器，为不同的用户提供服务。其二，是将多个物理服务器，通过虚拟化形成一个性能强大的服务器，由此能够完成特定的功能。这两种应用模式的核心，都是对资源的统一管理以及动态分配，以有效提高资源利用率。上述两种应用模式，在云计算中都有比较多的使用场景。

从使用对象划分上，虚拟化技术包括 CPU 虚拟化、内存虚拟化和 IO 虚拟化。CPU虚拟化，顾名思义是允许多个虚拟机共享一个物理 CPU 资源；内存虚拟化，则为每个虚拟机提供独立的内存空间；IO 虚拟化，使多个虚拟机共享物理 IO 设备。此外，还包括存储虚拟化和网络虚拟化。存储虚拟化通过整合存储资源，形成统一的存储资源池，提升了存储的管理和使用效率。网络虚拟化则解决了虚拟机之间的网络通信和隔离问题，支持虚拟机迁移后的网络配置快速恢复。

总体而言，虚拟化技术是云计算的基石，它不仅提升了资源的利用效率，也极大地增强了云计算的灵活性和可扩展性，为云计算的广泛应用提供了技术支撑。

2. 分布式数据存储

云计算采用分布式存储技术，将数据分别存储在不同的物理设备中，以满足能快速、高效、可靠地处理海量的数据的需求。分布式存储与传统的网络存储的区别主要在于，传统的网络存储系统采用集中的存储服务器存放所有数据，在这种模式下，存储服务器成为系统性能的瓶颈，从而对于大规模的存储应用需求，往往显得力不从心。分布式网络存储系统采用可扩展的系统结构，利用多台存储服务器分别存储数据，从而分担存储的负荷，利用位置服务器定位存储信息，这种存储模式不仅提高了系统的可靠性、可用性和存取效率，同时还增强了系统的可扩展性。

分布式存储通过在多个节点上存储数据的副本来提高数据的可靠性，即使某个节点发生故障，数据仍然可以从其他节点上的副本中恢复，从而减少了数据丢失的风险。采用数据跨多个地理位置分布存储的方式，即使某个地区的服务不可用，其他地区的节点仍然可以提供数据访问服务，确保了业务的连续性。分布式存储还可以根据数据量的增长和性能需求，动态地添加更多的存储节点，而不会中断服务，以此实现良好的扩展性。在多个节点间复制或更新数据时，分布式存储通过复杂的一致性协议和算法，使得存储的所有副本都保持同步，以此保证数据处理的一致性。将数据和处理请求分散到多个节点，还能有效实现负载均衡，大大提升整个系统的存储以及处理性能，并且通过冗余和故障转移机制增强系统的容错能力，即使部分节点发生故障，系统也能继续运行，而不会影响整体的服务。通过高效的数据索引和查询机制，能够有效提高在多个节点中数据访问的速度和性能。将数据分布式存储，能够降低对高端存储设备的需求，从而降低了成本，并且分布式存储系统支持多种数据类型和格式的存储，适用于不同的应用场景，例如对象存储、块存储以及文件存储。

云计算的分布式存储技术是构建大规模、高性能和高可用云服务的基础。随着数据量的爆炸性增长和对实时数据处理的需求增加，分布式存储技术将继续发展和完善，以满足云计算不断变化的需求。在当前的云计算领域，Google 的 GFS（Google File System）和 Hadoop 开发的开源系统 HDFS（Hadoop Distributed File System）是比较流行的两种云计算分布式存储系统。谷歌的非开源的 GFS 云计算平台能够满足大量用户的需求，并行地为广大用户提供服务，使得云计算的数据存储技术具有了高吞吐率和高传输率的特点。大部分 ICT 厂商，包括 Yahoo、Intel 的"云"计算采用的都是 HDFS 的数据存储技术。未来的发展也将集中在超大规模的数据存储、数据加密和安全性保证以及提高 I/O 速率等方面。

3. 编程模式

云计算是一个包括多用户、多任务，并且支持并发处理的系统。云计算的核心理念是高效、简捷、快速地进行数据处理，其目标在于通过网络传输将强大的服务器计算资源，快速便捷地分配给终端用户，同时保证低成本和良好的用户体验。在这个过程中，选择合适的编程模式，成为至关重要的一环。云计算项目中，应用最为广泛的编程模式是分布式并行编程模式。最初，分布式并行编程模式的创立是为了更高效地利用软、硬件资源，让用户更快速、更便捷地使用应用或服务。对于用户而言，后台复杂的任务处理和资源调度，在分布式并行编程模式中是透明的，这样可以使得用户体验度大大提升。MapReduce 是当前云计算主流的分布式编程模式之一。MapReduce 是 Google 开发的 java、Python、C++ 编程模型，主要用于大规模数据集。MapReduce 模式包括 Map（映射）和 Reduce（化简）两个步骤，先通过 Map 程序将任务分解成若干个不相关的子任务，将其分配给大量的计算节点进行分布式处理，再通过 Reduce 程序将各个计算节点的处理结果汇整输出，由此实现任务在大规模计算节点中的高度适配。

4. 大规模数据管理

云计算的一大优势，是能够处理海量的数据。对于云计算来说，如何管理海量的数据，是一项巨大的挑战。云计算不仅要保证数据的存储和访问的有效执行，同时还要对海量数据进行特定的检索、分析以及处理，因此，数据管理技术必须能够高效地实现对于大规模数据的管理，是云计算不可或缺的核心技术之一。

云计算中，比较典型的大规模数据管理技术，是 Google 的 BT（Big Table）数据管理技术和 Hadoop 团队开发的开源数据管理模块 HBase。BT 是非关系的数据库，它将一个分布式的、持久化存储的多维度排序 Map. BigTable 建立在 GFS、Scheduler、Lock Service 和 MapReduce 之上。BT 设计的目的是可靠地处理 PB 级别的数据，并且能够部署到上千台机器上。BT 与传统的关系数据库不同之处在于，它把所有数据都作为对象进行处理，由此形成一个巨大的表格，采用分布式的方式存储大规模结构化数据。开源数据管理模块 HBase 是 Apache 的 Hadoop 项目的一个子项目，其定位是分布式、面向列的开源数据库。HBase 与一般的关系数据库存在两个不同之处，其一是 HBase 是一个适用于非结构化数据存储的数据库，其二是 HBase 采用基于列的模式，而不是基于行的模式。作为高可靠性分布式存储系统，HBase 在性能和可扩展性方面都有良好的表现。利用 HBase 技术可以在廉价的 PC Server 上搭建起大规模结构化存储集群。

5. 分布式资源管理

云计算采用了分布式存储技术来存储数据，需要引入分布式资源管理技术。在多个计算节点并发执行的环境中，为了保证数据处理的有效执行，各个节点的状态需要同步，并在单个节点出现故障时，系统能采取有效机制保证其他节点不受故障节点的影响。分布式资源管理技术正是保证系统状态有效运行的关键所在。另外，云计算系统所整合的计算资源非常庞大，构成这些计算的服务器数量少则几百台，多则上万台，与此同时，这些数量庞大的服务器所处的地理位置还可能跨越多个地理区域。云平台中运行的应用也是数以千计，如何有效地管理这样规模庞大的计算资源，保证它们能够提供正常的服务，需要强大的技术进行支撑。因此，分布式资源管理技术是保证云计算系统正常运行的关键技术之一。全球各大云计算方案/服务提供商们都在积极投入这项研究工作中，其中，Google 内部使用的 Borg 技术是普遍评价比较高的一项技术，另外，微软、IBM、Oracle、Sun 等云计算巨头都提出了相应解决方案。

6. 信息安全

云计算中，需要对海量的数据进行处理、分析、存储以及传输，这些数据涉及信息安全，要想保证云计算技术能够长期稳定、快速、平稳地健康发展，信息安全是首先需要解决的重要问题。事实上，云计算涉及的信息安全并非新出现的问题，传统互联网系统同样也面临信息安全的问题。只是在云计算出现以后，信息安全问题变得更加突出。在云计算体系中，信息安全涉及很多层面，主要包括网络安全、服务器安全、软件安全、系统安全，等等。因此，业内有理由相信，云计算信息安全产业的发展，将把传统网络信息安全技术带入一个全新的发展阶段。现在，不管是软件安全厂商还是硬件安全厂商，都在积极投入云计算安全产品和方案的研发工作，主要包括传统杀毒软件厂商、软硬防火墙厂商、IDS/IPS 厂商在内的各个层面的信息安全供应商们，都已加入云安全领域的研发中。相信在不久的将来，云计算的信息安全问题将得到很好的解决。

7. 云计算平台管理

前面已经提到了，云计算系统的计算资源规模非常庞大，组成这些计算资源的服务器数量众多，并在地理位置上分布在不同的地点，同时云计算系统还运行着数千种应用，如何有效地管理这些服务器组成的资源，以保证整个云计算系统能够有效并且不间断地提供服务，这对于云计算系统的平台管理而言，是一项巨大的挑战。云计算系统的平台管理技术，需要具有高效调度并且分配大量服务器计算资源，使其更好协同实现工作的能力。由此可知，快速便捷地部署以及开通新业务，实时发现并且恢复系统故障，以及通过自动化、智能化手段实现大规模系统的可靠运营，是云计算平台管理技术的关键。

对于云计算服务提供商而言，云计算主要包括三种部署模式，即公共云、私有云和混合云。三种模式对平台管理的要求大不相同。对于云计算的用户而言，由于企业对于 ICT 资源共享的控制、对系统效率的需求以及 ICT 成本投入预算的不同，企业用户所需要的云计算系统的规模以及可管理的性能也大不相同。因此，云计算平台管理方案考虑更多定制化的需求，由此满足不同场景的应用需求。

包括 Google、IBM、微软、Oracle、Sun 等在内的众多云计算服务提供商，都推出了云计算平台管理方案。这些方案能够帮助企业实现云计算基础架构整合以及企业软硬件资源的统一管理、分配、部署、监控和备份，以此打破单个应用对计算资源的独占，让企业云计算平台价值得以充分发挥。

5.2.2 智能安防云计算专利状况

5.2.2.1 专利申请趋势

智能安防领域的云计算相关申请的申请量总体上呈现先升后降的趋势。图 5-2-1 涉及智能安防领域中云计算相关专利历年申请量的年代分布趋势，该图显示了该领域申请量自 2010 年以来随时间变化的趋势。

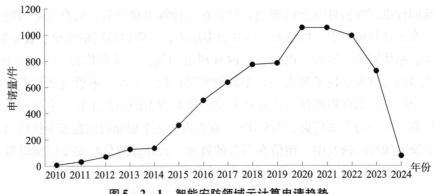

图 5-2-1　智能安防领域云计算申请趋势

2010 年开始，申请量稳定增长，2013—2014 年增幅变缓，2010—2014 年，年申请量一直在每年 150 件以下。2014 年之后年申请量又重新上涨，并迅速拉升，一直持续到 2018 年。2018—2019 年，年申请量的增长趋势基本持平。2019—2020 年，年申请量又有了一个爆发式增长，年申请量增长值达到历年最高。到 2020 年，年申请量达到峰值，超过 1000 件，并且在 2021 年维持了这个数值。随后，智能安防的云计算领域的年申请量呈下降趋势。由图 5 - 2 - 1 看出，智能安防的云计算领域从 2010 年开始发展，到 2014 年进入爆发式发展阶段，到 2018 年进入稳定的平台期，随后在 2019 年迎来拉升期，至 2021 年，该技术进入成熟稳定期。

5.2.2.2　技术原创国家或地区分析

图 5 - 2 - 2 是智能安防领域云计算相关专利的原创专利申请在全球主要国家或地区的区域分布情况，通过该分析可以发现智能安防云计算主要的技术创新来源国或地区。美国的原创专利申请占全球的 52%，占据了全球申请量的一半以上，可见美国在智能安防领域云计算中具有领先优势。中国紧随其后，位列第二，占全球的 34%，与美国在智能安防云计算的原创申请中成为两强。韩国位列第三，占全球 5%，虽然相较美国、中国的申请量有一定差距，但是第三的排位，可见其仍具备一定的技术储备实力。紧随其后的分别是欧洲、印度、日本。

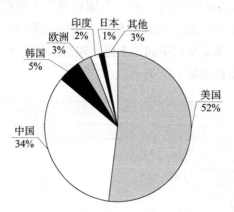

图 5 - 2 - 2　智能安防领域云计算全球专利申请原创国家或地区分布

5.2.2.3　申请的目标国家或地区分析

图 5 - 2 - 3 是智能安防领域中云计算相关专利的目标专利申请在全球主要国家或地区的区域分布情况，通过该分析可以发现智能安防云计算主要技术创新的重要目标市场。中国的目标专利申请占全球的 75%，占据了全球申请量的七成以上，可见在智能安防的云计算方面，中国市场已经成为众多企业技术转移过程中不可忽视的目标。作为原创申请排名第一的美国，在目标国家或地区排名中位列第二，占全球的 12%，占据全球申请量超过一成，可见其市场规模仍然很大。印度在目标申请排名中位列第

三，占全球的4%，紧随其后的分别是韩国、欧洲和日本。

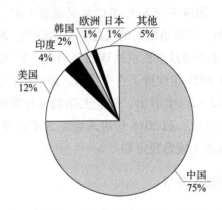

图5-2-3 智能安防领域云计算全球专利申请目标国家或地区分布

5.2.2.4 中国申请人地域分布

图5-2-4是智能安防领域中云计算在中国专利申请各省级行政区的分布情况，仅统计中国专利。通过该分析可以了解在中国申请专利保护较多的省份，以及各省份的创新活跃程度。在中国的智能安防领域云计算专利申请中，浙江以绝对优势，位列第一，这与国内智能安防领域领军企业——海康威视、大华股份，都位于浙江密不可分。广东紧随其后，位于第二位，与其聚集了大量的互联网、通信公司，存在着必然的联系。江苏位居第三，北京位居第四，上海、四川不相上下，分别位居第五和第六，山东、安徽、湖北和湖南位居第七至第十。

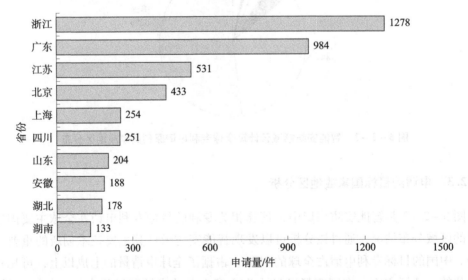

图5-2-4 智能安防领域云计算中国专利申请省份分布

5.2.2.5 申请人分析

图 5-2-5 是智能安防领域云计算按照在中国的专利申请量，申请人的排名情况。国内智能安防领域的两大领军企业大华股份、海康威视分别排第一、第二位，可以看出其对智能安防中云计算的关注以及专利布局策略。摩托罗拉作为国际通信大公司，位列第三，可见其非常重视在中国的专利布局。千方科技、国家电网、亚萨合莱、浪潮集团、南方电网、安讯士、韩华泰科分别位列第四至第十。

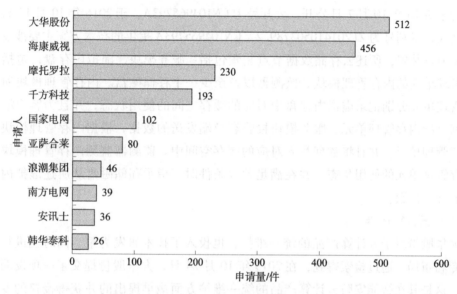

图 5-2-5 智能安防领域云计算申请人排名

5.2.2.6 典型申请人及典型专利

1. 大华股份云计算典型专利

（1）云服务

早在 2013 年，大华股份就在云计算方面进行了专利布局。通过检索得到，在 2013 年 9 月 23 日，大华股份提交了一项发明专利申请，这是其在智能安防云计算方面最早提出的并获得授权的专利申请，发明名称为"一种配置信息处理方法、装置及相关设备"。该发明专利申请于 2015 年 3 月 25 日公开，公开号为 CN104468671A，于 2018 年 12 月 7 日获得专利授权，专利号为 ZL201310436102.3。CN104468671A 的技术方案主要涉及云计算与物联网技术的结合，通过云端服务器自动检测物联网设备和控制终端的配置信息，及时对物联网设备和控制终端的配置信息进行处理，整个过程不需要人工操作控制终端到物联网设备厂商网站上查找该设备与控制终端相匹配的设备配置信息，使得物联网设备和控制终端的配置信息匹配处理操作更简单，更新速度更快。同时，由云端服务器在控制终端与物联网设备通信之前，提前确定两者之间配置信息是否匹配，在确定两者匹配后，才控制两者建立通信连接，由此有效避免了在开始进行通信之后，由于两者之间配置信息不匹配而无法进行有效的信息交互的情况，节省了网络通信资源。

（2）云存储

除了云端服务器方面的专利，大华股份在云存储方面也较早进行了专利布局。大华股份在2014年9月26日提交了一项发明专利申请，这是其在智能安防云存储方面最早提出的并获得授权的专利申请，发明名称为"一种云存储数据节点装置"。该发明专利申请于2015年10月7日公开，公开号为CN104965793A，于2016年10月12日获得专利授权，专利号为ZL201410503789.2。CN104965793A提供的技术方案主要涉及云存储数据节点装置，所述云存储数据节点装置包括：服务模块、虚拟内存盘，包括多个内存管理单元的内存管理模块、监测器以及至少一个存储磁盘。内存管理模块通过各内存管理单元分别记录虚拟内存盘中对应的缓存空间的使用状态，并且为客户端发送的数据分配内存管理单元。服务模块接收客户端发送的数据，根据内存管理模块分配的内存管理单元，并且将数据写入对应的缓存空间中。监测器监测内存管理模块中的各内存管理单元的使用状态，并在满足预设条件时，指示存储磁盘从所述虚拟内存盘中获取并存储数据。

（3）云计算运维

大华股份对于云计算产品的统一维护，也投入了技术研发力量，同时也进行了相关的专利布局。通过检索得到，在2019年10月24日，大华股份提交了一项发明专利申请，这是其在智能安防云计算产品的统一维护方面最早提出的并获得授权的专利申请，发明名称为"面向云计算产品的统一运维方法"。该发明专利申请于2020年2月18日公开，公开号为CN110808853A，于2022年9月6日获得专利授权，专利号为ZL201911018599.0。CN110808853A通过构建级联的多级运维平台，在当前层级的运维平台接收上一级的运维平台下发资源和/或服务的第一调用指令，以使得当前层级的运维平台根据第一调用指令操作其资源和/或服务，形成当前层级的目标运维平台。通过级联的多级运维平台能够方便、有效的管理资源和服务，并对其进行监控，将各区域运维平台整合，简单高效地搭建大数据集群环境，实现多级运维平台之间的数据共享。

（4）云计算安全

云计算将大量数据集中在云服务器中，其数据安全必然是技术研发的重点，大华股份在这个方面也投入了大量的研发力量，并且提交了相关专利申请。在2019年10月25日，大华股份提交了一项发明专利申请并获得授权，发明名称为"基于内核的云数据保护方法、云服务器、系统"，该发明专利申请于2020年4月10日公开，公开号为CN110990844A，于2022年4月8日获得专利授权，专利号为ZL201911022164.3。CN110990844A公开的技术方案主要涉及通过运行在内核层上的内核程序获取安全策略并且接管云服务器的文件操作功能。其中，安全策略中的权限数组是进程与文件夹的权限对应关系，由于内核层的程序的执行路径是与执行该程序的用户相关，程序对应的进程 ID 与文件夹的权限对应关系也指定了执行该程序的用户与文件夹的权限对应关系；因此，根据第一进程标识号和权限数组，可以判断第一进程是否可以对第一文件夹进行操作。根据上述方法，可以将文件操作权限与管理员权限剥离，只与使用者关联，增强了对云上数据的保护，提高了云上数据的安全性。

（5）云计算数据恢复

此外，大华股份还就云计算中确定损坏的存储节点执行数据恢复的技术进行了研究，并就研究成果申请了专利保护。2021 年 11 月 30 日，大华股份提交了一项发明专利申请并获得授权，发明名称为"基于 SMR 盘的云存储数据恢复方法及装置、电子设备"。该发明专利申请于 2022 年 3 月 22 日公开，公开号为 CN114221975A，于 2024 年 1 月 30 日获得专利授权，专利号为 ZL202111442600. X。CN114221975A 根据写入的对象划分的数据块的数量 N + M，从预先分配的至少一个区域组 ZG 中选择 Zone 的数量为 N + M 的目标 ZG，并指示目标 ZG 中各 Zone 所在的存储节点写入对应的数据块；确定至少一个 ZG 中出现异常 Zone 的待恢复 ZG；统计待恢复 ZG 中各 Zone 的数据长度，根据统计结果判定待恢复 ZG 是否满足恢复条件；若待恢复 ZG 为满足恢复条件的第一 ZG 时，确定第一 ZG 中发生数据丢失的损坏 Zone；确定执行损坏 Zone 恢复的存储节点，并向确定的存储节点下发执行损坏 Zone 的任务避免了对每个文件的数据恢复追踪，简化了恢复的管理流程。该方案不仅可以将云存储系统中写入时的异常数据检测出来，也可将云存储系统运行过程中，存储节点上报的数据更准确。

2. 海康威视云计算典型专利

（1）早期申请

早在 2012 年，海康威视就在云计算方面进行了专利布局。通过检索得到，在 2012 年 3 月 19 日，海康威视就提交了两项发明专利申请，这是其在智能安防云计算方面最早提出并获得授权专利申请，发明名称分别为"基于云计算的海量实时视频码流智能分析方法及其系统"和"基于云计算的海量视频文件存储系统、分析方法及其系统"。其中第一项发明专利申请于 2012 年 8 月 15 日公开，公开号为 CN102638456A，于 2015 年 9 月 23 日获得专利授权，专利号为 ZL201210073182. 6；第二项发明专利申请于 2012 年 9 月 12 日公开，公开号为 CN102663005A，于 2014 年 3 月 26 日获得专利授权，专利号为 ZL201210073197. 2。

CN102638456A 的技术方案涉及视频监控领域，主要公开了一种基于云计算的海量实时视频码流智能分析方法及系统。该技术方案采用分布式计算架构，对大规模实时视频数据进行智能分析。为了保证任务节点分析的速度不低于实时视频码流的速度，接收到客户端提交分布式作业任务请求，主节点按照具体分析算法复杂度和任务节点的机器性能将作业分解，并主动向各任务节点分派任务。任务节点按照主节点的分派，执行任务中的具体任务，并根据实时视频码流采集器访问信息，从实时视频码流采集器获取实时视频码流，根据切片信息中的智能分析规则对所获取的实时视频码流进行实时智能分析，并对分析结果进行即时反馈。该技术方案能够有效解决传统分布式计算框架不能面向海量视频数据码流实时处理的问题，从而保证了大规模实时视频智能分析的实时性，并可应用于视频监控领域的实时布控；在后台部署分布式计算集群，集群集成各种图像分析算法，便于性能扩展和有效利用资源，从而高效协调各计算资源实时分析大规模视频流。

CN102663005A 公开了视频监控领域基于云计算的海量视频文件存储系统、分析方法及其系统。该技术方案保证切片精确，以使视频数据分析的解码完整和有效。该方法根据该管理信息对视频文件切片并生成切片信息，其中每个切片包含至少一个数据块，每个数据块包含至少一个视频帧序列，各数据块中的每一个视频帧序列都是完整的，这样一个切片方式可以保证切片精确，以使海量视频数据分析的解码完整和有效。在存储视频文件时，将视频文件划分为至少一个数据块，每个数据块包含至少一个视频帧序列，各数据块中的每一个视频帧序列都是完整的，这样一个切片方式可以保证切片精确，以使视频数据分析的解码完整和有效。同时，以数据块为单位来存储视频文件，具体应用中，可以采取一路通道一个文件的存储原则进行存储，不采用 hadoop 中对数据进行多份冗余的机制。使用输入插件查询视频文件的管理信息和获取切片，以及通过计算插件分析视频码流，便于提高系统的可扩展性。各分布式计算的任务节点将经过分析得到的元数据写入本地磁盘并分区，其中分区的数目与分布式归并的任务节点数目一致，可以方便各分布式归并的任务节点从对应的磁盘分区中快速获取元数据。该分析系统根据计算量来进行负载均衡，耦合图像分析的输入输出密集型和计算密集型作业特性。通过索引记录中的 I 帧帧号、位置偏移、起始时间戳，可以对应地快速定位和查找到完整的视频帧序列，以方便解码。

上述两项专利分别利用分布式架构，实现了高效的视频存储和视频分析，由此有效增强了视频数据的使用价值。

（2）国际专利布局

海康威视的云计算技术不仅重视国内专利布局，同时着眼于国际专利的申请。2013 年 12 月 10 日，海康威视提交了一项发明专利申请，发明名称为"保护云存储视频数据的方法及其系统"，该申请于 2015 年 6 月 10 日公开，公开号为 CN104700037A，于 2018 年 4 月 27 日获得专利授权，专利号为 ZL201310672430.3。作为公司在云计算方面的重要技术，海康威视对云存储技术给予了足够的专利保护。继上述专利申请后，海康威视还于 2014 年 8 月 14 日以上述专利申请为优先权，提交了国际专利申请，该国际专利申请于 2015 年 6 月 18 日公开，公开号为 WO2015085787A1。后续，该国际专利申请进入美国，于 2016 年 10 月 13 日在美国公开，公开号为 US2016300071A1，并于 2019 年 8 月 27 日获得专利授权，授权专利号为 US10395048B2。

CN104700037A 公开了一种保护存储在云端的视频数据的方法及其系统。该技术方案通过对过去一段时间范围和未来一段时间范围内需要保护的视频数据设置锁定标记，被锁定的视频数据不会因为循环覆盖而丢失。对视频数据进行锁定的同时设置锁定时长，为后期清除锁定标记提供了解锁触发条件，有效解决了用户遗忘已经锁定的数据，而导致存储资源浪费的问题。该技术方案还通过设置锁定密码，以避免用户手动删除视频数据文件时误删关键的视频数据的问题，同时可以防止人为恶意删除关键的视频数据。锁定和锁定密码不仅保障了关键视频数据的安全，还给予了用户最大操作权限，以提高用户体验。设置锁定密码的步骤中，视频数据的关键程度或者录像类型相同时，设定相同的密码。因此，用户手动执行解锁操作时，可以将符合同一密码的指定时间范围内、指定录像类型的所有视频数据全部解锁，由此实现批量操作的效果。系统根据用户设定的锁定计划，自动对预设时间段内的视频数据进行锁定和设置锁定密码，以此避免了在用户未及时操作的情况下，由循环覆盖、其他人为恶意删除或误删而导致的数据丢失的问题。被锁定的视频数据自动解锁并清除锁定密码后，将变成不受保护的普通数据，如果符合循环覆盖策略要求，循环覆盖时间到达后则会自动删除相应视频数据，起到保护用户隐私的作用，同时也解决了因为用户遗忘锁定数据而导致存储资源浪费的问题。

3. 摩托罗拉云计算典型专利

2010 年以后，摩托罗拉因为手机业务被收购，移动终端事业部、企业移动解决方案部、宽带及移动网络事业部的销售额均出现不同程度的下降，摩托罗拉着手寻找新的业务目标，与其业务有交叉点且同时正在快速发展的智能安防行业进入了摩托罗拉的视线。2017 年，摩托罗拉系统公司宣布与人工智能初创企业 Neurala 联合研发智能视频监控摄像机，这成为其进军智能安防行业的尝试。就在同年年底，即 2017 年 12 月 22 日，摩托罗拉系统公司就利用云计算集群处理现场设备采集到的现场检测信息，并结合位置信息、时间信息，以训练相应机器模型的技术方案分别在美国提交了两项发明专利申请。这两项申请的技术方案提出将云计算集群强大的数据处理能力和数据存储能力，应用于智能安防的数据处理和模型训练之中。同时，还提出将现场设备接入网络，采集信息并传输上述信息以用于模型训练，也体现了智能安防领域物联网技术的应用。

同日申请的两项专利申请，申请日为 2017 年 12 月 22 日，其中一项的发明名称为"用于经由检测到的场内上下文传感器事件和相关联的定位及检索的数字音频和/或视频成像自适应训练机器学习模型的方法、设备和系统"，该发明专利申请于 2019 年 6 月 27 日公开，公开号为 US2019197354A1，于 2019 年 7 月 16 日获得专利授权，授权公告号为 US10354169B1。2018 年 11 月 14 日，摩托罗拉系统公司以该发明专利申请为优先权，提交了 PCT 申请，并于 2019 年 6 月 27 日公开，国际公开号为 WO2019125652A1。以该 PCT 申请为基础，申请进入了澳大利亚、英国、德国的国家阶段，并先后获得授权。

US2019197354A1 提供的系统从现场传感器接收第一上下文信息，第一上下文信息包括来自场内传感器的传感器信息值以及与第一上下文信息的捕获相关联的时间；访问上下文，将传感器信息值的集合映射到可检测事件，并且识别与所接收的第一上下文信息相关联的特定事件。确定与所述场内传感器相关联的地理位置，并且访问成像相机位置数据库，以识别与捕获所述第一上下文信息相关联的时间段内的特定成像相机，所述特定成像相机的视场包括所确定的地理位置。检索由所述特定成像相机捕获的音频和/或视频流，识别用于检测音频和/或视频流中的特定事件的机器学习模型对应的机器学习训练模块，并将音频和/或视频流提供给机器学习训练模块以进一步训练对应的机器学习模型。上述数据处理、机器学习训练等均可在云计算集群中执行。该方案将现场采集的数据传输至云计算集群中处理，大大提高了数据处理的能力，丰富了数据处理的类型，能够为现场人员提供更多的价值更大的信息和资源反馈，以帮助现场人员采取更加明智的方式来解决遇到的情况和问题。

同日提交的另一项发明专利申请的发明名称为"用于经由检测到的现场上下文事件时间线条目和相关联的定位和检索的数字音频和/或视频成像来自适应训练机器学习模型的方法、设备和系统"，该发明专利申请于 2019 年 6 月 27 日公开，公开号为 US2019197369A1，于 2022 年 8 月 16 日获得专利授权，授权公告号为 US11417128B2。2018 年 11 月 14 日，摩托罗拉系统公司以该发明专利申请为优先权，提交了 PCT 申请，并于 2019 年 6 月 27 日公开，国际公开号为 WO2019125653A1。以该 PCT 申请为基础，申请进入了澳大利亚、英国、德国的国家阶段，其中，在澳大利亚和英国先后获得授权，德国目前仍在审查中。

US2019197354A1 与 US2019197369A1 提供的系统从整体上相似，数据处理、机器学习训练等也都在云计算集群中执行，以此帮助现场人员作出更加准确的判断和决策。区别主要在于，US2019197369A1 采用"预定阈值置信度事件"代替了 US2019197354A1 中的"可检测事件"。

4. 国家电网云计算典型专利

由于电力行业对生产安全稳定要求极度苛刻，因此，电力行业成为较早引入安防设备和系统的应用行业，同时智能安防系统也成为智能电网建设不可或缺的一部分。随着智能电网概念的落地，5G、大数据、AI 技术的飞速发展，电力行业对于安防技术的应用也提出了新的要求。而国家电网和南方电网作为我国电力行业的"国家队"，自然承担起了相应技术的研发、生产和应用，配套的专利布局，也在同步推进中。这使得在智能安防涉及的网络计算架构的专利分析中，国家电网和南方电网两大国内电力巨头，分别位列申请人排名前十。

（1）智能感知与云计算

国家电网，作为我国最大的电力系统运营商和国有电力企业，其直属的两家科研院所——中国电力科学研究院和国网电力科学研究院，为其提供了强有力的科研能力保障。早在 2011 年，两家科研院所已经分别就智能安防中云计算的应用，投入了研发力量进行研究，并取得成功，同时提交了发明专利申请。

2011 年 5 月 30 日，中国电力科学研究院提交了一项发明专利申请并获得授权，发明名称为"一种智能感知互动综合服务系统"。该发明专利申请于 2012 年 1 月 11 日公开，公开号为 CN102316151A，于 2015 年 7 月 8 日获得专利授权，专利号为 ZL201110143120.3。该发明专利申请把安防设备、用电设备、计量仪表等作为感知对象，将从感知对象收集的感测信息发送给智能感知交互云计算平台进行处理，并将处理结果反馈给用户。显然，该技术方案已经体现了将云计算应用于智能安防当中。同时，该技术方案将安防设备接入网络，并传输感知消息，也体现了智能安防领域物联网技术的应用。CN102316151A 提供的智能感知互动综合服务系统，包括智能感知单元，用于采集感知对象的感知信息，并且将感知信息发送至智能感知互动终端；智能感知互动终端，用于将感知信息发送至智能感知互动云计算平台，以及从用户界面接收用户输入的服务请求信息并发送至智能感知互动云计算平台；智能感知互动云计算平台，用于从电力信息系统获取电力数据信息，且根据感知信息、服务请求信息以及电力数据信息为用户提供服务响应。该方案采用智能感知互动云计算平台与智能感知互动终端以及电力信息系统进行交互，有效提高了综合服务系统的稳定性和可靠性，既满足了用户的基本需求，又能根据用户需要扩展该系统业务，应用范围广泛；该智能感知互动云计算平台结构灵活，可根据用户需要增添相应模块来完成更多业务，方便系统的升级换代。

（2）云计算网络安全预警

同年，国网电力科学研究院，就云计算网络安全预警进行了研究，并提交了专利申请。在 2011 年 10 月 18 日，国网电力科学研究院提交了一项发明专利申请并获得授权，发明名称为"一种面向云计算的网络安全预警方法"，该发明专利申请于 2012 年 9 月 19 日公开，公开号为 CN102685180A，于 2015 年 7 月 8 日获得专利授权，专利号为 ZL201110316666.4。CN102685180A 提供的面向云计算的网络安全预警方法是一种为了保证云计算环境下网络通信的安全可靠，动态实时地识别和监控云计算环境下各种攻击企图和行为，为面向云计算针对各种网络攻击，提供实时预警和安全防护的方法。其核心组成部分主要包括：安全事件采集器、安全事件处理器、安全状态分析器以及网络安全预警操作。通过 Agent 技术和 Apriori 关联规则算法，以更好地解决云计算环境下网络安全预警问题。该方法既实现了云计算环境下各主机安全事件数据的分布式采集，又提高了云计算环境下的网络安全预警和防护能力。该方案提供的云计算网络环境下网络安全的预警，本质是一种策略性方法，其可以最大限度地保护网络安全，从而保障整个网络中各种业务应用的安全。该方法首先通过 Agent 采集部署在云计算环境下各种网络设备的安全事件，并进行相应的预处理，然后通过 Apriori 关联规则算法挖掘分析安全事件中蕴含的攻击模式，从而为网络安全预警提供依据。

5.3 边缘计算

5.3.1 边缘计算概述

5.3.1.1 边缘计算的基本原理、发展历史和架构

1. 边缘计算的基本原理

边缘计算（Edge Computing），是指在靠近物或者数据源头的一侧，采用集网络、计算、存储、应用核心能力于一体的开放平台，就近提供最近端服务。其应用程序在边缘侧发起，由此能够产生更快的网络服务响应，以满足在实时业务、应用智能、安全与隐私保护等方面的基本需求。[1]

边缘计算是将计算任务尽可能靠近数据源进行处理和分析，而不是将所有数据都传输到集中的数据中心或云端进行处理，通过将计算、存储、网络等资源部署在网络边缘的设备或节点上，以实现就近服务，提高数据处理效率和响应速度。

2. 边缘计算的发展历史

追溯边缘计算发展的历史，早在 1998 年，为了解决网络带宽小、用户访问量大且不均匀的问题，Akamai 公司提出了内容分发网络 CDN，通过在更加靠近用户的位置设置缓存服务器，以提高对用户需求的响应速度和命中率。2009 年，Satyanarayanan 等人提出了 Cloudlet 的概念。Cloudlet 是一个部署在网络边缘、可信并且资源丰富的计算机集群，其通过与互联网连接，可以被移动设备访问，以为其提供服务。Cloudlet 通过将云服务器上的功能下行至边缘服务器，为用户提供服务，提供像云一样的服务，同时还可以减少网络传输的带宽和时延。2011 年，美国纽约哥伦比亚大学的斯特尔佛教授（Prof. Stolfo）提出了"雾计算"这个名字，当时提出这个概念的意图是利用"雾"阻挡黑客的入侵。2012 年，思科（Cisco）对"雾计算"赋予了新的含义，将其定义为：一种将云计算中心任务迁移到网络边缘设备执行的高度虚拟化计算平台。至此，"雾计算"才真正具有了目前我们讨论的概念。[2]

2013 年，美国太平洋西北国家实验室的 Ryan LaMothe 在一个内部报告中首次提出"边缘计算"（Edge Computing）一词，标志着边缘计算的概念正式出现。自 2015 年开始，边缘计算逐渐进入业内的视线中，很快就得到了重视。2015 年 9 月，欧洲电信标准化协会（ETSI）发表关于移动边缘计算的白皮书。同年 11 月，思科联合 ARM、戴

---

[1] 百度百科. 边缘计算［EB/OL］.［2024-04-30］. https：//baike. baidu. com/item/边缘计算/9044985? fr = ge_ala.

[2] 施巍松，张星洲，王一帆，等. 边缘计算：现状与展望［J］. 计算机研究与发展，2019，56（1）：69-89.

尔、英特尔、微软及普林斯顿大学边缘实验室共同宣布成立了开放雾联盟（OpenFog
Consortium），其目的就在于大力推广雾计算并促进物联网的发展。2017 年 2 月，该联
盟发布了 OpenFog 参考架构，该参考架构基于八项核心技术原则制定，其代表了系统
被定义为"OpenFog"所必须具备的关键属性。这八项核心技术原则被称为"支柱"，
分别是安全性、可扩展性、开放性、自主性、RAS（可靠性、可用性和可维护性）、敏
捷性、层次性和可编程性。2016 年 5 月，美国韦恩州立大学施巍松教授团队第一次对
边缘计算做出了正式定义：边缘计算是指在网络边缘进行计算的技术，边缘计算的操
作对象包括来自云服务的下行数据和来自万物互联服务的上行数据，边缘计算的边缘
是指在数据源和云数据中心之间的任一计算和网络资源节点。同年 10 月，ACM 和
IEEE 联合举办了全球首个以边缘计算为主题的科研学术会议——边缘计算顶级会议
（ACM/IEEE Symposium on Edge Computing，SEC）。2017 年 3 月，ETSI 将移动边缘计算
行业规范工作组正式更名为多接入边缘计算（Multi-access Edge Computing，MEC），
以致力于更好地满足边缘计算的应用需求和相关标准制定。2018 年 8 月 16 日，IEEE
以及 IEEE 标准协会正式发布"IEEE 1934"标准——《采用 OpenFog 参考体系结构的
雾计算：IEEE 标准》，这标志着雾计算技术开始得到标准化和正式认可。❶

国内边缘计算技术的发展进程，与该领域在全世界的发展几乎同步。2016 年 11
月，华为技术有限公司、中国科学院沈阳自动化研究所、中国信息通信研究院、英特
尔、ARM 等在北京成立了边缘计算产业联盟（Edge Computing Consortium，ECC），致
力于推动"政产学研用"各方产业资源合作，以引领边缘计算产业的健康和可持续发
展。2017 年 5 月，首届中国边缘计算技术研讨会在合肥开幕，同年 8 月中国自动化学
会边缘计算专委会成立，标志着边缘计算的发展已经得到了专业学会的认可和推动。

随着物联网、大数据、人工智能等技术的不断发展，边缘计算逐渐成为处理海量
数据、实现实时响应的关键技术之一。近年来，随着 5G、物联网等技术的普及，边缘
计算得到了更广泛的应用和发展。

3. 边缘计算的架构

相对于云计算将数据处理和存储都集中在云端中心进行，边缘计算主要通过在靠
近数据源的位置执行数据处理和存储的操作。广义概念的边缘计算可以细分为雾计算、
MEC、Cloudlet、边缘计算、分布式云等技术，这些技术都是在新的业务需求和技术发
展驱动下，融合"边缘"理念与云计算技术的具体体现。❷

❶ 赵明. 边缘计算技术及应用综述 [J]. 计算机科学，2020，47（S1）：268-272，282.

❷ 边缘计算社区. 一文读懂边缘计算核心技术 [EB/OL]. （2019-09-28）[2024-04-30]. https://
zhuanlan. zhihu. com/p/84603677；佚名. 边缘计算：一文理解云边端协同架构中的高性能云计算、边缘计算、云边
协同 [EB/OL]. （2023-01-18）[2024-04-30]. https：//developer. aliyun. com/article/1143858；老任物联网杂
谈. 理解雾计算（Fog Computing）与边缘计算（Edge Computing）[EB/OL]. （2020-05-09）[2024-04-30].
https：//xie. infoq. cn/article/11537cc587a00e345a1802128.

（1）雾计算（Fog Computing）

雾计算和云计算相互依赖，互为补充，有些功能适合在雾计算节点执行，有些功能则适合在云端运行。边界的设定是根据具体的应用、场景以及网络环境等因素确定的。雾计算节点（Fog Computing Node，FCN）是智能终端设备和云之间的智能接入网络的中介计算网元，其与智能终端设备或接入网紧密耦合，可设置为物理网元或虚拟网元。FCN 能提供数据管理和通信服务等功能。

OpenFog 联盟作为雾计算的主要推动者，其将雾计算定义为：一种系统级的水平架构，将计算、存储、网络、控制、决策等资源以及服务分布到从云到物之间的任何位置，以实现云到物的连续服务，其目的在于解决 IoT、AI、VR、5G 等业务场景需求。其中，"水平架构"是支持多个行业的垂直应用领域，将智能和服务分发给用户和业务；"云到物的连续服务"是服务和应用分布在云和物之间并且更接近物的位置；"系统级"包括从云到网络边缘再到物的整个系统，其覆盖多个协议层次，而不是特定的协议或端到端系统的一部分。

OpenFog 联盟主要从雾计算节点、软件、功能要求等角度描述了雾计算参考架构。其中，雾计算节点，主要包括节点资源、节点管理和协议抽象层等组件。软件，主要包括节点管理、软件背板、应用支持、应用服务。功能要求，主要包括性能和扩展性、安全、可管理性、数据分析和控制、IT 服务和跨节点应用等方面。雾计算在 IoT、5G、AI 等多种应用场景中均有广泛使用，其解决了各种场景对于本地化安全、客户位置感知、灵活部署及可扩展、低时延等功能的需求。

（2）MEC

MEC 是 ETSI 提出并主推的概念，其经历了从最开始的移动边缘计算（Mobile Edge Computing），逐渐演变为今天的多接入边缘计算（Multi - access Edge Computing）。移动边缘计算，是指在移动网络边缘提供 IT 服务环境和云计算能力，其将网络业务下沉到更接近移动用户的无线接入网，主要目的在于降低延时，实现高效的网络管控以及业务分发，由此提高用户体验。多接入边缘计算，是指在网络边缘为应用提供商以及内容提供商，提供 IT 服务环境以及云计算能力，该 IT 服务环境具有为应用提供超低延时、高带宽、实时接入的能力。MEC 的特性主要包括就近接入、超低时延、位置可见、数据分析等。ETSI 给出的 MEC 的系统参考架构，主要包括 MEC 主机、MEC 应用、移动边缘主机级管理，以及移动边缘系统级管理。①MEC 主机，是由虚拟化基础设施和 MEC 平台（MEC Platform，MEP）共同构成的，其主要用于承载各种 MEC 应用；②MEC 应用，是运行在 MEC 主机虚拟化基础设施上的虚拟机，其支持与 MEP 之间的交互，以构建和提供 MEC 服务；③移动边缘主机级管理，主要包括移动边缘平台管理器（Mobile Edge Platform Manager，MEPM）、虚拟化基础设施管理器（Virtualization Infrastructure Manager，VIM），对移动边缘主机和运行于移动边缘主机上的应用进行管理；④移动边缘系统级管理，主要包括移动边缘编排器（Mobile Edge Orchestrator，

MEO)、对象存储服务（Object Storage Service，OSS）等组件。MEO 是移动边缘系统级管理的核心组件，主要负责维护移动边缘系统的整体视图、激活应用包、基于约束条件选择移动边缘主机以实现应用实例化、触发和终结应用实例化、触发应用重定位等。

（3）Cloudlet

2013 年，Carnegie Mellon University（卡内基梅隆大学）提出了 Cloudlet 这一概念。Cloudlet 源于移动计算、IoT 与云计算的融合，其代表了"移动设备/IoT 设备 – cloudlet – 云"这个三层体系架构中的中间层，可以被看作一个"data center in a box"，主要是为了使云的功能更加接近用户。基于此，开放式边缘计算倡议（Open Edge Computing Initiative，OEC）对边缘计算做出了如下定义：边缘计算在接近用户侧的位置，提供的小型数据中心（边缘节点），其用于提升用户对计算和存储资源的使用体验。Cloudlet 主要包括四大特性：仅以软件形态部署、具备计算/连接/安全能力、就近部署、基于标准云技术构建。OEC 给出的边缘计算参考架构主要包括移动设备、边缘服务器、后端系统等组件，其中：边缘服务器基于 Cloudlet 实现，包括基础设施层，例如硬件、虚拟化和管理；开放云平台，主要提供 APP 运行环境和能力开放，并实现对系统的统一管理；应用，包括在移动设备执行的基于虚机实例承载的各类应用。

（4）边缘计算

边缘计算产业联盟（Edge Computing Consortium，ECC）作为边缘计算的积极推动者，成立于 2016 年。ECC 将边缘计算定义为：在靠近物或数据源头的网络边缘侧，融合网络、计算、存储、应用核心能力的分布式开放平台，其能够就近提供边缘智能服务，满足行业数字化在快速联接、实时业务、数据优化、应用智能、安全与隐私保护等方面的关键需求。它可以作为连接物理和数字世界的桥梁，赋能智能资产、智能网关、智能系统和智能服务。

ECC 认为，边缘计算与云计算是行业数字化转型的两项重要支撑技术，两者在网络、业务、应用、智能等方面的协同操作，将有利于支撑行业数字化转型应用于更加广泛的场景之中，同时能够实现更大的价值创造。其中，云计算主要适用于非实时、长周期数据、业务决策的场景，而边缘计算则在实时性、短周期数据、本地决策等场景方面具有不可替代的优势。ECC 认为边缘计算的主要特点包括：联接性、数据第一入口、约束性、分布性、融合性等。ECC 提出的边缘计算参考架构主要包括如下层次化组件，分别为边缘计算节点（Edge Computing Node，ECN）、联接计算结构、业务结构、智能服务、管理服务、数据全生命周期服务、安全服务。①ECN，是由基础设施层、虚拟化层、边缘虚拟服务构成的按需集成的行业化应用服务，其主要提供总线协议适配、流式数据分析、时序数据库、安全等通用服务；②联接计算结构，是一个虚拟化的联接和计算服务层，其主要作用是屏蔽异构 ECN 节，提供资源发现和调度，支持 ECN 节点间数据和知识模型共享，支持业务负载动态调整和优化，支持分布式的决策以及策略执行；③业务结构，是一种模型化的工作流，由多种类型的功能服务按照逻辑关系组成并协同工作，其支持多种模型的版本管理，主要包括：定义工作流和工作负载、可视化呈现、语义检查和策略冲突检查、业务构造、服务等；④智能服务，是开发服务框架通过集成开发平台、工具链集成边缘计算以及垂直行业模型库，提供基于模型与应用的全生命周期的服务。智能服务主要提供业务调度、应用部署和应用市场等三项核心服务；⑤管理服务，主要实现对终端、网络、服务器、存储、数据和应用的隔离、安全以及分布式架构的统一管理，其服务的类型包括针对工程、集成、部署、业务的数据迁移、集成测试、集成验证与验收等全生命周期管理；⑥数据全生命周期服务，主要提供对于数据的预处理、分析、分发和策略执行、可视化和存储等服务，其支持通过业务结构定义数据全生命周期的业务逻辑，能够有效满足业务实时性等要求；⑦安全服务，主要包括节点安全、网络安全、数据安全、应用安全、安全态势感知、身份和认证管理等服务。安全服务覆盖于边缘计算架构的各个层级，并为不同层级按需提供不同的安全服务。边缘计算通过与具体的行业使用场景以及相关的应用进行结合，依据不同行业的特点和实际需求，完成了从水平解决方案平台到垂直行业解决方案的演变，在不同的应用行业中实现了众多创新的垂直行业解决方案。

（5）分布式云

2016 年，国际电信联盟电信标准分局（ITU－T for ITU Telecommunication Standardization Sector，ITU－T），提出并主推分布式云的概念，其是对云计算模式的扩展。分布式云在兼具云计算的基础上，以网络为中心，以服务为提供方式，对资源进行池化和透明化，具备可扩展、高可靠性的特征。与此同时，分布式云还能基于业务/用户的需求，灵活、快捷、按需、智能地提供分布式、低延迟、高性能、安全可靠、绿色节能、能力开放的信息化基础设施，以满足全社会各行业数字化转型的实际需要。分布式云的体系框架主要包括两类组件：分布式云节点和分布式云管理系统。①分布式云节点，是具备自治管理能力的独立式云节点。分布式云节点能够为各类业务和应用所需的运行环境提供云基础设施及服务。根据所处的位置、节点规模及在分布式云系统中的作用，分布式云节点可以分为核心云、区域云、边缘云等不同的云节点。根据不同的业务场景需求，采取一种或多种节点的灵活组合方式，以实现业务能力的按需部署；②分布式云管理系统，主要实现对分布式云节点的统一管理，其功能包括统一资源管理、网元和应用管理、业务调度、运营管理、服务管理、安全管理、研发支持、系统集成管理、数据管理等。分布式云侧重于云节点之间、边缘与核心之间的协同操作，相比于单一位置的计算节点，分布式云具备更加丰富的业务和应用能力，能够在多种业务场景中得到应用。分布式云的应用场景既包括经典的云计算场景，也包括边缘计算场景，还包括边缘、核心协同场景，其覆盖了 5G、IoT、AI、安全、CORD、CDN、云服务等各种类型的业务场景。

5.3.1.2 边缘计算的关键技术

边缘计算的发展，主要体现在以下七项关键性技术：网络结构、隔离技术、体系

结构、边缘计算操作系统、算法执行架构、数据处理平台以及安全隐私。❶

1. 网络结构

边缘计算将对数据的处理操作前置到靠近数据源的位置，甚至将整个数据处理部署在从数据源到云计算中心的整个传输路径上的各个节点中，这样的数据处理部署方式，对现有的网络结构提出了三个新的要求：服务发现、快速配置及负载均衡。首先，服务发现。在边缘计算中，由于数据处理服务请求的动态性，提供数据处理服务的节点如何获知周边的服务，将成为边缘计算在网络层面中需要面对的一个核心问题。其次，快速配置。在边缘计算中，由于用户和数据处理设备的动态性，服务也需要跟随变化进行迁移，由此将会产生大量的突发性网络流量。如何在设备层为服务提供快速配置，是边缘计算需要面对的第二个核心问题。再次，负载均衡。在边缘计算中，边缘设备会产生大量的数据，同时边缘服务器能够提供大量的服务。因此，根据边缘服务器以及网络的实际状况，如何动态地将这些数据调度至适配的数据处理服务节点，是第三个核心问题。

解决以上三个核心问题，最简单的方法是在所有的中间节点上都部署全部类型的计算服务，然而这种方式将导致大量冗余，同时也对边缘计算设备的性能提出了很高要求。因此，如何有效地建立一条从边缘到云的计算路径，首先是如何寻找服务，以完成计算路径的建立。命名数据网络（Named Data Networking，NDN）是一种将数据和服务命名并寻址、以 P2P 和中心化方式结合、通过自组织构成的数据网络。计算链路的建立，在一定程度上也是数据关联的建立，这种数据关联反映的是数据从源到云的传输关系。因此，将 NDN 引入边缘计算中，通过其为计算服务命名，并将数据的流动与其关联，能解决计算链路中服务发现的问题。

而随着边缘计算的兴起，尤其是在用户移动的场景下，计算服务的迁移相较于基于云计算的模式更为频繁，与之同时，大量的数据迁移也伴随生成，从而，对网络层面的动态性提出了需求。由于软件定义网络（Software Defined Networking，SDN）具有控制面和数据面分离这一特点，网络管理者能够快捷地实现对路由器、交换机的配置，由此减少网络抖动性，同时支持快速的流量迁移。因此，SDN 可以很好地支持计算服务和数据的迁移。进一步地，将 NDN 和 SDN 进行结合，可以较好地对网络及其承载的服务进行调度、管理，从而可以初步实现计算链路的建立和管理问题。

2. 隔离技术

边缘设备需要通过有效的隔离来保证高质量、高可靠的服务，因此，隔离技术是支撑边缘计算稳健发展的关键技术。隔离技术需要考虑两个方面：计算资源隔离，即应用程序之间不能存在相互干扰；数据隔离，即不同应用程序应具有不同的访问权限。在云计算中，由于一个应用程序的崩溃，很可能会造成整个系统的不稳定，并造成严

---

❶　施巍松，张星洲，王一帆，等. 边缘计算：现状与展望 [J]. 计算机研究与发展，2019，56（1）：69-89.

重的后果。而在边缘计算下，这种情况将更加复杂。目前，在云计算场景下主要使用 VM 虚拟机和 Docker 容器技术等方式，保证资源的隔离。边缘计算可以从云计算的发展中，研究适合边缘计算场景下的隔离技术。

在云平台上普遍使用的 Docker 技术，能够实现应用在基于 OS 级虚拟化隔离环境中的有效运行。Docker 的存储驱动程序采用容器内分层镜像结构，这种结构能够将应用程序作为一个容器，实现快速打包和发布，从而实现了应用程序之间相互隔离。基于 Docker 迁移的有效服务切换系统，是基于 Docker 分层文件系统提出的适合边缘计算的高效容器迁移策略，其能够有效减少源自文件系统、二进制内存映象、检查点在内的数据传输产生的开销。另一种是 VM 切换技术，其实现了虚拟机 VM 的计算任务迁移，能够支持快速且透明的资源部署，由此保证将 VM 虚拟机封装在安全并且可管理要求较高的应用中。这种多功能原语还提供了动态迁移的功能，由此实现了对边缘端的优化。基于 VM 的隔离技术提高了应用程序的抗干扰性，增加了边缘计算系统的可用性。

3. 体系结构

不论是何种计算场景，例如高性能的传统计算场景，还是新型的边缘计算场景，通用处理器和异构计算硬件并存都是未来的体系结构应该采用的模式。异构计算硬件，通过牺牲通用计算能力，而使用专用加速单元的方式，减小了某些负载的执行时间，并且大大提升了性能功耗比。边缘计算平台则是通过特定计算场景进行设计，对应的处理负载类型较为固定。因此，目前很多前沿应用领域，都针对特定的计算场景，设计适配的边缘计算平台的体系结构。

在靠近图像传感器的位置设置人工智能处理器的方式，能够使得处理器直接读取传感器的数据，从而避免在 DRAM 中的存取图像数据造成的能耗开销。与此同时，通过共享卷积神经网络（Convolutional Neural Networks，CNNs）权值的方法将模型完整地存放于 SRAM 中，则可以避免在 DRAM 中存取权值数据带来的能耗开销。通过上述设置，计算能耗被大幅降低，由此该系统能够被应用于移动终端设备。用于稀疏神经网络的高效推理引擎 EIE，通过稀疏矩阵的并行化以及权值共享的方法，提高了稀疏神经网络在移动设备的执行能效。边缘计算的整套技术栈中，针对物联网设备设计的 PhiPU，是一种使用异构多核结构并行处理深度学习任务和普通的计算任务的实时操作系统。In‑Situ AI 是一种用于物联网场景中深度学习应用的自动增量计算架构，其通过数据诊断，选择最小数据移动，将深度学习任务部署到物联网计算节点上。此外，还可以将 FPGA 应用于边缘计算场景中。FPGA 能有效提高稀疏长短时记忆网络（Long Short Term Memory Network，LSTM）在移动设备上的执行能效，并将其应用于提高语音识别应用的处理速度。通过对比 FPGA 和 GPU 在运行特定负载时的吞吐量敏感性、结构适应性以及计算能效等指标，可以发现 FPGA 更加适合边缘计算场景。

4. 边缘计算操作系统

边缘计算节点设置的位置，决定运行其上的边缘计算操作系统需要负责在边缘计算节点上对复杂的计算任务执行部署、调度及迁移的操作，从而保证计算任务的可靠性以及资源利用率的最大化。根据应用场景的不同，目前使用较多的边缘计算操作系统包括机器人操作系统（Robot Operating System，ROS），针对智能家居设计的边缘操作系统 EdgeOS$_H$，面向智能家居设备的边缘操作系统 PhiOS，面向网联车场景的边缘操作系统 EdgeOS$_V$。根据目前的研究现状，ROS 以及基于 ROS 实现的操作系统有可能会成为边缘计算场景的典型操作系统。

5. 算法执行框架

随着人工智能的快速发展，边缘设备需要执行越来越多的智能算法任务，在这些智能算法任务中，机器学习尤其是深度学习算法占比很大，由此，如何使得边缘计算的硬件设备能够更好地执行以深度学习算法为代表的智能算法任务，成为研究的焦点，同时，这也是边缘智能化势在必行的研究任务。设计面向边缘计算场景下的高效的算法执行架构是解决这一问题的重要方法之一。针对边缘计算设备更多地用于执行预测任务，其输入是实时的小规模数据，计算资源和存储资源受限的特点，边缘计算算法执行架构主要关注预测速度、内存占用量和能效。

为了更好地保证边缘设备执行智能任务，专门针对边缘设备的算法执行架构应运而生。2017 年，谷歌发布了用于移动设备和嵌入式设备的轻量级解决方案 TensorFlow Lite，其通过优化移动应用程序的内核、预先激活和量化内核等方式，减少预测任务延迟和内存占有量。Caffe 的更高级版本 Caffe2，是一个轻量级执行架构，其增加了支持对移动端的应用。PyTorch 和 MXNet 等主流的机器学习算法执行架构，也逐渐开始提供部署在边缘设备上的方式。

目前，边缘计算算法执行架构在性能全面提升的方面还有较大的空间，针对轻量级、高效、可扩展的边缘设备算法执行架构的研究是边缘智能的重要步骤。

6. 数据处理平台

在边缘计算场景中，边缘设备每时每刻都在产生海量的、多样的、异构的数据，这些数据大多具有时空属性，有的是环境传感器采集的时间序列数据，有的是摄像头采集的图片视频数据，有的是车载 LiDAR 的点云数据，等等。因此，构建针对边缘数据的管理、分析和共享平台尤为重要。

以智能网联车场景为例，车辆在这个场景中逐渐演变为移动的计算平台，越来越多的车载应用也被加载在这个平台上，车辆的数据类型也多种多样。汽车数据分析平台包括异构计算平台、操作系统、驾驶数据收集器和应用程序库。汽车通过安装部署数据分析平台，完成车载应用的计算，并且实现车与云、车与车、车与路边计算单元的通信，从而有效保证了车载应用的服务质量，提升了用户体验度。因此，在边缘计算不同的应用场景下，有效管理数据、提供数据分析服务，由此提升用户体验度，是边缘智能的一个重要的研究方向。

7. 安全和隐私

边缘计算将数据的处理前置到了更靠近用户的位置,由此避免了数据上传至云端的过程,有效降低了隐私数据泄露的可能性。但是,边缘计算节点自身的安全性,仍然是一个不可忽略的问题。边缘计算节点具有分布式和异构型的特点,这也导致了对其进行统一管理的难度增加,从而可能引发一系列新的安全问题和隐私泄露等问题。另外,边缘计算是一种信息系统的计算模式,其也存在信息系统普遍的共性安全问题,包括:应用安全、网络安全、信息安全和系统安全等。

在边缘计算中,传统安全方案仍然是常用的防护方式。新兴的安全技术,例如硬件协助的可信执行环境(Trusted Execution Environment,TEE),也被应用于边缘计算中,以增强边缘计算的安全性。此外,还可以使用机器学习来增强边缘计算系统的安全防护性能。可信执行环境是指在设备上设置一个独立于不可信操作系统而存在的执行环境,这个执行环境具有可信、隔离、独立的特点,其为不可信环境中的隐私数据和敏感计算,提供了安全、机密的空间。可信执行环境的安全性通常需要由硬件相关的机制进行保障。通过将应用运行于可信执行环境中,同时对使用到的外部存储进行加解密,在边缘计算节点被攻破时,边缘计算节点的应用和数据的安全性,仍然可以得到有效保障。

5.3.2 智能安防边缘计算专利状况

5.3.2.1 专利申请趋势

智能安防领域的边缘计算相关申请的申请量总体上呈现先升后降的趋势。图5-3-1涉及智能安防领域中边缘计算相关专利历年申请量的年代分布趋势,该图显示了该领域申请量自2010年以来随时间变化的趋势。

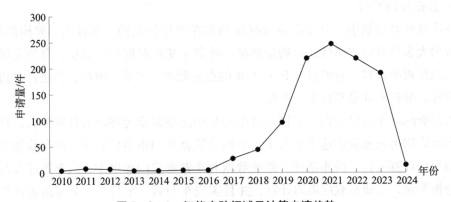

图5-3-1 智能安防领域云计算申请趋势

2010 年开始一直到 2016 年, 年申请量一直在低位徘徊, 在 10 件以下。自 2016 年开始, 迎来了快速发展期, 这源自在这个阶段, 边缘计算受到各行业重视。经过小幅度的增长, 到 2018 年专利年申请量逼近 50 件后, 智能安防边缘计算专利年申请量进入爆发式增长阶段。增长趋势以接近直线的形式快速拉升, 到 2020 年, 年申请量已经突破 200 件。从 2020 年开始, 智能安防边缘计算的专利年申请量增长的速度有一定程度的放缓, 但仍维持增长的趋势, 到 2021 年时, 专利年申请量接近 250 件。随后, 智能安防边缘计算专利年申请量呈下降趋势。由此可见, 智能安防的边缘计算领域从 2010 年开始发展, 在 2016 年之前都维持在一个低位平台期, 在 2018 年开始迎来了一个爆发式发展, 直到 2021 年, 之后该技术进入成熟稳定期。

5.3.2.2 技术原创国家或地区分析

图 5 - 3 - 2 是智能安防领域中边缘计算相关专利的原创专利申请在全球主要国家或地区的区域分布图, 通过该分析可以发现智能安防边缘计算主要的技术创新来源国或地区。美国的原创专利申请占全球的 51%, 占据了全球申请量的一半以上, 可见美国在智能安防领域边缘计算中具有绝对的领先优势。中国位列第二, 占全球的 20%。韩国紧随其后, 位列第三, 占全球的 15%, 虽然相较美国的申请量存在一定的差距, 但与第二位的中国之间的距离并不大, 这体现了韩国申请人在智能安防边缘计算方面具备一定原创实力。欧洲、澳大利亚、巴西分别以 7%、1% 和 1% 的申请量位列第四至第六。

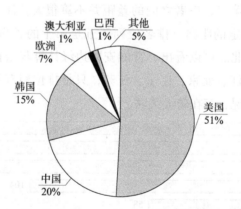

图 5 - 3 - 2 智能安防领域云计算全球专利申请原创国家或地区分布

5.3.2.3 申请的目标国家或地区分析

图 5 - 3 - 3 是智能安防领域中边缘计算相关专利的目标专利申请在全球主要国家或地区的区域分布, 通过该分析可以发现智能安防边缘计算主要技术创新的重要目标市场。中国的目标专利申请占全球的 75%, 占据了全球申请量的七成以上, 可见在智能安防的边缘计算方面, 中国市场已经成为众多企业技术转移过程中不可忽视的目标,

也是各个企业竞相争夺的市场。美国位列第二，占全球的12%，占据全球申请量超过一成，可见其市场规模仍然很大。韩国位列第三，占全球的5%。印度、日本、欧洲分别以3%、1%和1%的申请量位列第四至第六。

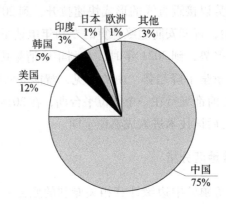

图5−3−3　智能安防领域边缘计算全球专利申请目标国家或地区分布

5.3.2.4　中国申请人地域分布

图5−3−4是智能安防领域中边缘计算在中国专利申请各省级行政区的分布情况，仅统计中国专利。通过该分析可以了解在中国申请专利保护较多的省份，以及各省份的创新活跃程度。智能安防领域中边缘计算在中国的专利申请中，浙江、北京、广东分别位列第一、第二、第三，三者之间的差距并不算很大。江苏位列第四，其与前三名之间的申请量存在一定的距离。排名位列第五至第十的省份分别是：上海、山东、湖北、四川、福建、河北。可以看出，智能安防边缘计算与云计算，中国专利申请来源省份前四位，均为浙江、北京、广东、江苏，只是排位稍有不同，这与这些省份的产业结构和企业分布状况，存在较大关联。

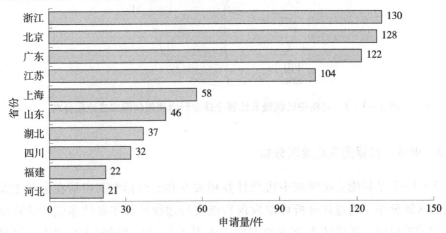

图5−3−4　智能安防领域边缘计算中国专利申请省份分布

5.3.2.5　申请人分析

图 5 - 3 - 5 是智能安防领域边缘计算按照在中国的专利申请量的申请人排名情况。作为隐形的人工智能巨头，国家电网位列第一，可见其将数据层和应用场景的巨大优势，应用于智能安防边缘计算中，并配合形成了相应的专利布局。国内智能安防领域的领军企业大华股份和海康威视分别位列第二和第三。Xavisnet inc. 是韩国一家提供基于深度学习和机器学习的人工智能视频安全服务的公司，位于排名的第四位，可见其在智能安防边缘计算方面具有很强的技术研发实力和专利布局意识。摩托罗拉、慧之安、南方电网、安讯士、浪潮集团、中国铁建分别位列第五至第十。

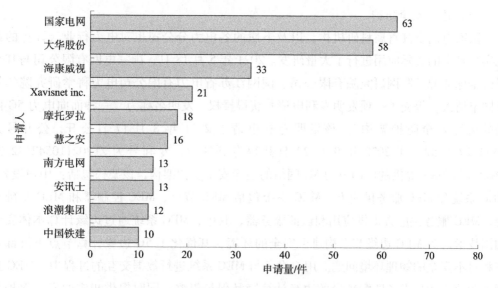

图 5 - 3 - 5　智能安防领域云计算申请人排名

5.3.2.6　典型申请人及典型专利

1. 国家电网边缘计算典型专利

国家电网作为我国电力行业巨头，其自身投入人员进行相关研发的同时，还注重与代表技术前沿的高校科研团队进行紧密合作，共同就智能电网中涉及的智能安防边缘计算的相关问题进行研究，在取得科研成功的同时提交专利申请以进行成果保护。

（1）边云协同

2019 年 10 月 25 日，国家电网有限公司与其下属的国网河南省电力公司信息通信公司，以及北京邮电大学作为共同申请人，提交了一项发明专利申请，发明名称为"分布式边云协同缓存策略的实现方法、装置、设备和介质"。该发明专利申请于 2020 年 2 月 7 日公开，公开号为 CN110765365A，于 2023 年 7 月 21 日获得专利授权，专利号为 ZL 201911025997.5。CN110765365A 请求保护的技术方案主要通过在接收到一个或多个待处理视频时,根据蚁群算法爬取的当前分配路径为每个待处理视频分配一个基站或云服务器,由此得到对应的视频缓存列表。在当前分配路径使所分配的所有基站中的其中一个当前基站超过预设缓存存储容量时,合并当前基站和云服务器的视频缓存列表,并按照警报信息量对每个待处理视频进行排列;将警报信息量最大的待处理视频重新添加至当前基站对应的视频缓存列表,直至当前基站的容量达到预设缓存存储容量,并将剩余个数的待处理视频添加至云服务器对应的视频缓存列表,得到对应的视频缓存变量集合。该发明实施例通过边缘计算技术,将核心云的部分功能下放到边缘侧,建立边云协同缓存模型,缩短了数据链路,减少了访问时延,满足变电站视频监控业务的实时响应需求,为无人值守的变电站的安全防护提供了有力保障。

(2)边缘安全防护

国家电网及其直属科研机构,以及下属的各电力分公司也对电力行业云计算的在现实场景中的实际应用进行了大量研发。2021年5月18日,国家电网有限公司与其直属的全球能源互联网研究院有限公司、国网江苏省电力有限公司电力科学研究院作为共同申请人,提交了一项发明专利申请并获得授权,发明名称为"一种面向电力5G网络的边缘安全防护架构"。该发明专利申请于2021年8月17日公开,公开号为CN113271598A,于2022年9月27日获得专利授权,专利号为ZL202110542142.0。CN113271598A提供的面向电力5G网络的边缘安全防护架构,该架构包括:用户设备、MEC系统和MEC服务供应方。MEC系统包括MEC节点、MEC控制器和MEC基础平台,MEC服务供应方提供应用和认证服务器,其中,MEC系统通过边缘计算本体安全加固技术,为MEC边缘节点构建了安全的环境,其优化了5G边缘计算节点下沉部署在相对不安全的物理环境问题。用户设备与MEC系统进行数据交互的过程中,MEC控制器能够为用户设备匹配预设的边缘计算隐私保护策略,同时提供相应的安全保护功能。MEC节点与MEC控制器协同工作,能够有效增强对于隐私的保护,降低了电力接入设备的隐私信息泄露风险。MEC服务供应方通过边缘计算南北向网络交互安全技术,对用户设备和MEC系统提供安全关系的认证及安全保护,有效解决了服务下沉带来的实体间互认证和权限分配问题。通过多方位的边缘安全防护提高了边缘计算安全性,从而为电力设备的稳定运行提供了有力的保障,实现了对于电力设备的安全防护。

2. 大华股份边缘计算典型专利

(1)移动边缘计算

在边缘计算方面,大华股份作为国内智能安防的两大领军企业之一,同样做出了相应的专利布局,其在利用移动边缘计算服务器及时处理前端设备拍摄数据方面进行了相关研发,同时于2020年9月1日提交了一项发明专利申请并获得授权,发明名称为"前端设备的监控方法及系统、存储介质"。该发明专利申请于2020年12月4日公开,公开号为CN112040189A,并于2022年6月24日获得专利授权,专利号为ZL202010906260.0。该专利在2023年12月8日进行转让,目前专利权人是浙江大华智慧物联运营服务有限公司,通过查询,该公司是大华股份的全资子公司。CN112040189A 公开的技术方案提供了移动边缘计算服务器接收前端设备上传的监控数据的方法,其中,监控数据为前端设备对目标区域进行拍摄所得到的数据;移动边缘计算服务器对监控数据进行分析,得到分析结果,并将所述分析结果反馈至客户端,以指示所述客户端显示所述分析结果,即通过移动边缘计算服务器对前端设备的监控数据进行分析并将分析结果发送至客户端显示。采用上述技术方案,能够有效解决前端设备的监控数据传输效率低下且无法保证监控数据传输的安全性的问题,进而实现对前端设备的监控数据的高效、安全传输,保证对前端设备的精准监控。

（2）边缘计算平台

就边缘计算平台的相关技术,大华股份也投入了研发力量,于 2020 年 9 月 1 日提交了一项发明专利申请并获得授权,发明名称为"一种视频监控分流方法、系统以及计算机可读存储介质",该发明专利申请于 2021 年 1 月 22 日公开,公开号为 CN112261353A,并于 2022 年 10 月 28 日获得专利授权,专利号为 ZL202010906546.9。 CN112261353A 的技术方案中提供的视频监控分流系统至少包括若干视频监控摄像头、基站、网关以及边缘计算平台。视频监控摄像头通过基站将视频监控数据上传至网关;网关识别接收到的视频监控数据中的标识信息,并将视频监控数据发送给与标识信息对应的边缘计算平台;边缘计算平台中的视频监控管理平台对视频监控数据进行处理,以在客户端上呈现视频监控数据对应的视频监控画面。该方案通过边缘计算平台优化传统网络下的视频监控体系。

3. 海康威视边缘计算典型专利

当边缘计算逐步进入各行各业的视野并得到应用时,海康威视及其旗下子公司在智能安防网络计算架构的边缘计算方面也同样投入了大量的研发力量,并进行了相关专利布局。

海康威视早在 2009 年就收购了上海高德威智能交通系统有限公司,该公司作为海康威视旗下子公司,其专利申请也体现了海康威视在边缘计算方面的重视程度,海康威视对于边缘服务器提供的边缘计算处理给予了足够的专利保护。该公司在 2020 年 6 月 29 日提交了一项发明专利申请并获得授权,发明名称为"一种数据处理方法、装置及设备",该发明专利申请于 2020 年 10 月 16 日公开,公开号为 CN111783630A,于 2022 年 7 月 1 日获得专利授权,专利号为 ZL202010610046.0。该公司于 2021 年 1 月 25 日以上述专利申请为优先权,向中国国家知识产权局提交了国际专利申请,该国际专利申请于 2022 年 1 月 6 日公开,公开号为 WO2022001092A1。

CN111783630A 提供一种数据处理方法、装置及设备,该技术方案中边缘服务器可以从中心服务器获取初始基线模型,通过场景数据对初始基线模型进行训练,得到目标基线模型,将目标基线模型发送给中心服务器,中心服务器基于目标基线模型和初始基线模型生成融合基线模型,对融合基线模型进行训练,将训练后的基线模型确定为初始基线模型，将初始基线模型发送给边缘服务器，以此类推。由于上述过程可循环执行，因此，不断升级初始基线模型和目标基线模型的性能，持续提升初始基线模型和目标基线模型的识别能力，使得目标基线模型达到预期性能，达到高精度的识别能力。经过多次迭代过程，边缘服务器可以得到性能较好的目标基线模型，目标基线模型能够匹配边缘服务器所处环境，智能分析结果的准确度较高。在上述过程中，边缘服务器向中心服务器发送的是目标基线模型，而不是边缘服务器的场景数据，从而对场景数据进行隐私保护，不会将场景数据发送给中心服务器，从而实现去隐私的数据保护功能，避免将具有隐私性的场景数据发送给中心服务器。由于目标基线模型是基于场景数据训练的，因此，能够将场景数据的信息体现到初始基线模型和目标基线模型。

4. 摩托罗拉边缘计算主要专利

（1）边缘节点数据管理

随着边缘计算在各行各业使用的日益广泛，其数据处理能力有限的问题，逐渐显现。在智能安防领域的视频监控中，边缘计算能够保证数据处理的实时性，但识别数据需要进行大量数据对比，边缘计算设备的存储能力很难满足识别数据库的要求。于是，摩托罗拉系统公司针对这个问题提供了部分边缘智能特性识别系统和方法。2017年7月14日，摩托罗拉系统公司在美国提出了一项发明专利申请，发明名称为"基于上下文的局部边缘智能人脸和声乐特征识别"，该发明专利申请于2019年1月17日公开，公开号为US2019019297A1，于2020年1月14日获得专利授权，授权公告号为US10535145B2。2018年6月13日，摩托罗拉系统公司以该发明专利申请为优先权，提交了PCT申请，并于2019年1月17日，国际公开号为WO2019013918A1。

US2019019297A1提供了用于识别目标的识别装置和方法；识别装置包括传感器和电子处理器；传感器，其被配置为感测目标的特性，其中所述传感器是从由音频传感器、相机和视频传感器组成的组中选择的至少一个；所述电子处理器从所述传感器接收所述特性，基于所述特性识别简档，将所述简档与多个预定简档进行比较以确定身份简档；基于所述身份简档来识别所述目标；电子处理器选择身份简档和特征中的至少一个，将其传输到位于虚拟地理边界中的至少一个相关联的设备；其中，电子处理器基于由目标的位置、目标的速度和目标的移动方向组成的组中选择至少一个来确定虚拟地理边界，当目标离开或者移动到虚拟地理边界以外，电子处理器则将本地存储器中存储的身份简档删除。该技术方案根据地理边界管理边缘计算节点存储的数据，及时更新或删除本地数据，以保证作为边缘处理设备的电子处理器具有足够的计算资源和存储空间处理相应数据。

（2）云计算、边缘计算资源选择

云计算和边缘计算在智能安防系统中都是被广泛使用的网络计算方式，在实际应用中，两者在适用的场景中各有优势，如何根据使用场景在两者中选取更优的一种来处理现场采集的视频数据，对于智能安防系统而言，能有效提高系统处理速度和处理能力。为了进一步优化系统，解决上面的问题，2021 年 12 月 15 日，摩托罗拉系统公司在美国提出了一项发明专利申请，发明名称为"用于向计算设备分配视频分析任务的设备和方法"，该发明专利申请于 2022 年 11 月 15 日公开，并获得专利授权，授权公开号 US11503101B1。2022 年 12 月 7 日，摩托罗拉系统公司以该发明专利申请为优先权，提交了 PCT 申请，并于 2023 年 6 月 22 日公开，国际公开号为 WO2023114066A1。US11503101B1 提供了将视频分析任务分配给计算设备的过程；在操作中，电子计算设备获得与场景相关联的预测场景数据，该场景使用视频相机在特定时间段捕获与该场景相对应的视频数据；然后，电子计算设备基于预测的场景数据估计在一个或多个边缘计算设备完成视频分析任务所需的边缘计算成本，以及在一个或多个云计算设备完成相同视频分析任务所需的云计算成本；如果边缘计算成本低于云计算成本，则电子计算设备将视频分析任务分配给边缘计算设备；否则，电子计算设备将视频分析任务分配给云计算设备。该技术方案避免了采用人工手动的方式选择云计算或者边缘计算处理当前场景数据，实现了视频分析方式的自动选择，兼顾了云计算巨大的数据处理能力和存储能力，以及边缘计算低安全风险和低数据延迟的优势。

5.4　物联网

5.4.1　物联网概述

5.4.1.1　物联网的基本原理、发展历史

1. 物联网的基本原理

物联网（Internet of Things，IoT），即"万物相连的互联网"，是互联网基础上延伸和扩展的网络。物联网是新一代信息技术的重要组成部分，IT 行业又叫泛互联，意指物物相连，万物万联。由此，"物联网就是物物相连的互联网"。这有两层意思：第一，物联网的核心和基础仍然是互联网，是在互联网基础上的延伸和扩展的网络；第二，其用户端延伸和扩展到了任何物品与物品之间，进行信息交换和通信。因此，物联网的定义是通过射频识别、红外感应器、全球定位系统、激光扫描器等信息传感设备，按约定的协议，把任何物品与互联网相连接，进行信息交换和通信，以实现对物品的智能化识别、定位、跟踪、监控和管理的一种网络。❶

2. 物联网的发展历史

物联网的源头最早可以追溯到 1991 年，剑桥大学的特洛伊计算机实验室的科学家

---

❶ 百度百科. 物联网［EB/OL］.［2024－04－30］. https：//baike. baidu. com/item/物联网/7306589.

们，经常需要下楼看咖啡有没有煮好，但又怕反复下楼影响到工作。为了解决这个麻烦，他们编写了一套程序，并在咖啡壶旁边安装了一个便携式摄像头，利用终端计算机的图像捕捉技术，以 3 帧/秒的速率将摄像头采集到的图像数据传输到实验室的计算机上，以方便工作人员随时查看楼下咖啡是否煮好，这就是物联网最早的雏形。1993年，这套简单的本地"咖啡观测"系统又经过实验室其他同事的更新，通过实验室网站连接到了互联网上，近 240 万人点击过这个名噪一时的"咖啡壶"网站。毫不夸张地说，网络数字摄像机的市场开发、技术应用以及日后的网络扩展性能，均源于这个世界上最负盛名的"特洛伊咖啡壶"。❶

物联网的概念，最早出现于比尔·盖茨 1995 年出版的《未来之路》一书中，只是受限于当时的无线网络、硬件及传感设备的发展状况，这一概念并未得到世人的重视。1998 年，美国麻省理工学院创造性地提出了"物联网"的构想，在当时，其被称作EPC 系统。1999 年，麻省理工学院的凯文·阿什顿（Kevin Ashton）教授正式提出了物联网的概念。同年，他在麻省理工学院建立了"自动识别中心"（Auto – ID），提出"万物皆可通过网络互联"的观点，阐明了物联网的基本含义。早期的物联网，依托于射频识别技术（Radio Frequency Identification，RFID）和设备，按照约定的通信协议与互联网相结合，将物品信息互联形成网络，由此实现对物品信息识别和管理的智能化。随着技术和应用的快速发展，物联网的内涵得到不断的扩展。现代意义的物联网，可以实现对物的感知、识别、控制，能够将网络互联和智能处理进行有机统一，从而形成高智能的决策。同年，美国召开的移动计算和网络国际会议提出了"传感网是下一个世纪人类面临的又一个发展机遇"。2003 年，美国《技术评论》杂志提到，传感网技术将是未来改变人们生活的十大技术之首。也是从这一年开始，《英国卫报》、《科学美国人》和《波士顿环球报》等主流媒体开始使用"物联网"这一叫法来取代传感网。2005 年 11 月 17 日，在突尼斯举行的信息社会世界峰会（WSIS）上，国际电信联盟（ITU）发布了《ITU 互联网报告 2005：物联网》，"物联网"的概念被官方权威组织正式提出，也标志着"物联网"在官方层面得到了认可。报告指出，无所不在的"物联网"通信时代即将来临，世界上所有的物体，从轮胎到牙刷、从房屋到纸巾，都可以通过因特网主动进行信息交换；RFID、传感器技术、纳米技术、智能嵌入技术将得到更加广泛的应用和关注。

国内物联网的发展历程始于 1999 年。这年，中国科学院上海冶金所急需在凝练研究方向有所突破，"如果把具有传感器采集模块、能量管理模块、组网模块、处理模块和执行模块的微系统单元，通过一种特殊的体系把它们协同起来，能做什么？我们给那个'东西'命名为微系统信息网"，这就是我国物联网最初的原型。2000 年，这个课题组研制出了第一套演示系统，由此留下了中国物联网最初的足迹。2009 年 8 月 7

---

❶ 菜鸟级攻城狮. 物联网发展简史与概述［EB/OL］.（2021 – 11 – 08）［2024 – 04 – 30］. https：//bbs. hua-weicloud. com/blogs/308804.

日，时任国务院总理温家宝同志视察无锡物联网产业研究院（当时为中科院无锡高新微纳传感网工程技术研发中心）时，高度肯定了"感知中国"的战略建议，并决定"感知中国"中心就定在无锡。后来，物联网这个名词开始频频见报，这一天也成为中国物联网发展史上具有里程碑意义的日子，中国物联网的高速发展从此拉开序幕。2012 年 3 月 5 日，在第十一届全国人民代表大会第五次会议上，"物联网"被首次写入《政府工作报告》。2013 年 2 月国务院专门出台《关于推进物联网有序健康发展的指导意见》，2014 年 2 月国务院召开了全国物联网工作电视电话会议。自上而下对物联网发展的高度重视和政策扶持，使中国物联网的发展驶入了快车道，中国物联网产业迎来了前所未有的机遇。截至 2023 年 11 月末，中国建成承载物联网的 5G 基站达到 328.2 万个，物联网连接数超过 23 亿。❶

物联网利用感知技术与智能装备对现实中的物理世界进行感知、识别，通过网络传输互联，对感知的数据进行计算、处理和知识挖掘，由此实现人与物、物与物的信息交互和无缝链接，以达到对物理世界实时控制、精确管理和科学决策的目的。物联网作为新一代信息技术的重要组成部分，是大力推进现代化产业体系建设，加快发展新质生产力的核心基础。目前，随着物联网应用的不断普及，智能制造、智慧农业、智能穿戴、智能网联汽车、智慧城市等快速发展，数以万亿计的物联网设备将接入网络，万物互联格局明晰，引领着广泛而深刻的数字变革，赋能经济发展、丰富人民生活、提升社会治理现代化水平。

5.4.1.2 物联网的关键技术

物联网具有广泛的应用前景，与其具有的四项关键技术密不可分❷：

传感器技术：到目前为止，绝大部分计算机处理的都是数字信号，自从有计算机以来，就需要传感器把模拟信号转换成数字信号，计算机才能处理。

RFID 标签：实质上也是一种传感器技术，RFID 是融合了无线射频技术和嵌入式技术的一项综合技术。RFID 在自动识别、物品物流管理方面，有着广阔的应用前景。

纳米技术：是用单个原子、分子制造物质的技术，其主要研究结构尺寸在 1—100nm 范围内的材料的性质和应用。纳米传感器非常小，因此可以从数百万个不同的点对信息进行采集。随后，外部设备可以对数据进行整合，生成信息量丰富的图像，从而显示光、振动、电流、磁场、化学浓度和其他环境因素造成的最细微的变化。由纳米技术延伸出来的纳米物联网将是物联网领域下一个重大发展方向。

❶ 文章杂谈. 物联网发展历史、关键技术、面临的挑战 [EB/OL]. （2020 – 03 – 14）[2024 – 04 – 30]. https：//blog. csdn. net/aa120515692/article/details/104866185；沐风—云端行者.【物联网】物联网技术的起源、发展、重点技术、应用场景与未来演进 [EB/OL].（2024 – 01 – 28）[2024 – 04 – 30]. https：//blog. csdn. net/yuzhangfeng/article/details/135900318.

❷ 孙其博，刘杰，黎羴，等. 物联网：概念、架构与关键技术研究综述 [J]. 北京邮电大学学报，2010，33 (3)：1 – 9.

嵌入式系统技术：是综合了计算机软硬件、传感器技术、集成电路技术、电子应用技术的复合型技术。经过几十年的演变，以嵌入式系统为特征的智能终端产品随处可见。如果把物联网用人体作一个简单比喻，传感器相当于人的眼睛、鼻子、皮肤等感官，网络就是神经系统用来传递信息，嵌入式系统则是人的大脑，在接收到信息后要进行分类处理。

5.4.2 智能安防物联网专利状况

5.4.2.1 专利申请趋势

智能安防领域的物联网相关申请的申请量总体上呈现先升后降的趋势。图5-4-1涉及智能安防领域中物联网相关专利历年申请量的年代分布趋势，该图显示了该领域申请量自2010年以来随时间变化的趋势。

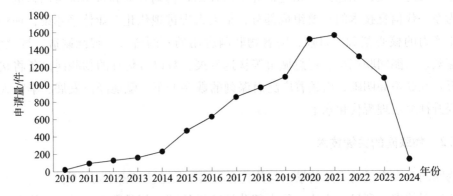

图5-4-1　智能安防领域物联网申请趋势

2010年开始一直到2014年，智能安防物联网技术的年申请量一直呈现相对平稳的缓慢增长，到2013年年申请量仍然维持在200件以下。到2014年，年申请量突破200件，从这年开始，智能安防物联网技术迎来了快速增长阶段，一直持续到2017年。2017—2019年，智能安防物联网技术的年申请量进入了一个平台期，增长速度放缓，但年申请量仍然以每年超过100件的速度增长。2019—2020年，智能安防物联网技术迎来了第二个快速拉升型的增长阶段。在2021年达到峰值，年申请量逼近1600件。2021年之后，呈现下降趋势。由图5-4-1可以看出，智能安防的边缘计算领域从2014年开始发展，就一直以迅猛的趋势向上攀升，到2021年之后，该技术进入成熟稳定期。

5.4.2.2 技术原创国家或地区分析

图5-4-2是智能安防领域中物联网相关专利的原创专利申请在全球主要国家或地区的区域分布，通过该分析可以发现智能安防物联网主要的技术创新来源国家或地

区。美国的原创专利申请占全球的 59%，占据了全球申请量的五成多。中国紧随其后，位列第二，占全球原创申请量的 20%，虽然相距美国还有一定的差距，但仍然超过位列第三的韩国近一倍的申请量，体现了中国在智能安防物联网方面具备一定原创实力。韩国位列第三，占全球 11%。欧洲、印度和日本分别以 6%、2% 和 1% 的占比，位列第四至第六。

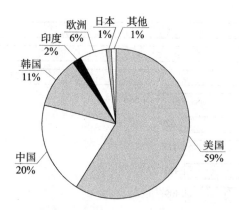

图 5 - 4 - 2　智能安防领域物联网全球专利申请原创国家或地区分布

5.4.2.3　申请的目标国家或地区分析

图 5 - 4 - 3 是智能安防领域中物联网相关专利的目标专利申请在全球主要国家或地区的区域分布，通过该分析可以发现智能安防边缘计算主要技术创新的重要目标市场。中国的目标专利申请占全球的 82%，占据了全球申请量的八成以上，可见在智能安防的物联网方面，中国市场已经成为众多企业技术转移过程中主要的目标，也是各个企业竞相争夺的市场。美国、印度的目标申请量相差不大，并列位列第二，大约都占据全球申请量的 5%。韩国紧随其后，位列第四，占全球的 4%。紧随其后的是日本和欧洲，大约各占据 1%。

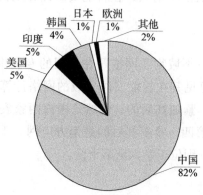

图 5 - 4 - 3　智能安防领域物联网全球专利申请目标国家或地区分布

5.4.2.4 中国申请人地域分布

图 5-4-4 是智能安防领域中边缘计算在中国专利申请各省级行政区的分布情况，仅统计中国专利。通过该分析可以了解在中国申请专利保护较多的省份，以及各省份的创新活跃程度。

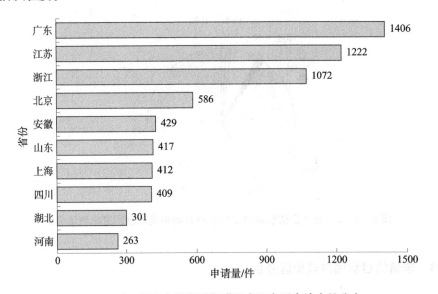

图 5-4-4　智能安防领域物联网中国专利申请省份分布

　　智能安防领域中物联网在中国的专利申请中，广东占据第一位，与其聚集了大量的互联网、通信公司，存在着必然的联系。江苏位居第二。之后，排名靠前的省份分别是：浙江、北京、安徽、山东、上海、四川、湖北、河南。可以看出，智能安防物联网与前面分析的智能安防云计算和边缘计算的中国专利申请来源省份的排序，稍有不同。但从总体上分析，浙江、江苏、广东、北京位列前四，可见这四个省份以企事业、院校为代表的申请人，在智能安防计算架构方面的投入是比较大的。

5.4.2.5 申请人分析

　　图 5-4-5 是智能安防领域物联网按照在中国的专利申请量的申请人排名情况。国家电网仍然位居第一，可见其在智能安防领域的网络计算方面涉足颇深，并且非常重视中国专利市场的布局。紧随其后的，仍然是国内两家安防领军企业，海康威视和大华股份。摩托罗拉位居第四，紧随其后的是南方电网。千方科技、特斯联、浪潮集团、亚萨合莱和韩华泰科分别位于第六至第十位。

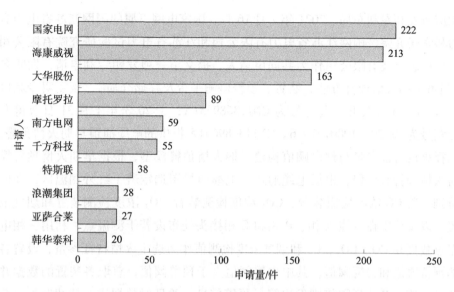

图 5 - 4 - 5　智能安防领域物联网申请人排名

5.4.2.6　典型申请人及典型专利

1. 国家电网物联网典型专利

（1）物联网在智能消防的应用

国家电网作为国有大型电力企业，其对于智能安防系统应用的场景也有更多的拓展，其中智能消防就是其智能安防的物联网使用的一个实际场景，国家电网先后就智能消防中物联网的使用进行了多项研发，并进行了专利布局。

2019 年 7 月 12 日，国家电网有限公司下属的国网浙江省电力有限公司嘉兴供电公司提交了一项发明专利申请并获得授权，发明名称为"一种基于物联网的智慧消防系统"，该发明专利申请于 2019 年 11 月 26 日公开，公开号为 CN110496355A，于 2020 年 11 月 13 日获得专利授权，专利号为 ZL201910630642.2。CN110496355A 公开的技术方案提供了基于物联网的智慧消防系统，该系统包括：运行消防策略生成子系统的服务器；布置在消防区域的火情监控子系统与服务器连接，用于检测火情；布置在消防区域的报警子系统与服务器连接，用于发出声光报警信息；布置在消防现场的灭火设备，用于灭火；部署在消防设备上的设备监控子系统与服务器连接，检测消防设备状态和位置；与服务器连接的监控终端，显示传感报警子系统以及设备监控子系统的运行状态。该智慧消防系统，基于物联网构建，具有发生火灾时自动灭火功能；利用监控设备智能制定逃生路线，通过短信发送给居民及其监护人，保障居民的安全；通过自行走灭火机器人，将火情及时控制，实现了全区域覆盖智能自动化灭火。

智能消防中涉及的火情有多种情况，电线、电缆是火势蔓延的通道，为了通过智能安防系统物联网架构，对早期的电缆通道火情进行预警，国家电网及其下属公司进行了相应研发和专利布局。2021 年 7 月 16 日，国家电网下属的国网江苏省电力有限公司电力科学研究院、国网江苏省电力有限公司和江苏省电力试验研究院有限公司、南京阿贝斯信息科技有限公司作为共同申请人，提交了一项发明专利申请，发明名称为"电缆通道早期火情预警方法、装置、预警监测平台及存储介质"，该发明专利申请于 2021 年 11 月 23 日公开，公开号为 CN113689651A，于 2023 年 1 月 31 日获得专利授权，专利号为 ZL 202110807229.6。CN113689651A 提供的电缆通道早期火情预警方法，通过选择火情特征参量与预设阈值构建早期火情预警模型，根据早期火情预警模型进行实时火情预警和告警；根据电缆通道内电缆布局图选定若干红外测温区，在电缆通道内分别安装 CO 浓度检测装置、CO_2 浓度检测装置、O_2 浓度检测装置和烟气浓度检测装置，以及分别在电缆 A 相、B 相和 C 相接头处布设若干测温点，利用三相电缆接头测温点数据和 CO、CO_2、O_2 和烟气浓度检测值作为选定火情特征参量；设置各装置浓度的预警阈值和告警阈值，其中告警阈值大于预警阈值，获取各装置的数据并判定是否达到阈值，若达到阈值则发出第一预警信息；并且对数据进行持续监控，若数据加速增加则预警火灾隐患增加，如数据降低则指示火灾隐患降低。同时，预警监测平台基于 BIM/GIS 构建，在火情预警装置的基础上，实时获取电缆通道内火情特征参量数值，结合 3D 电缆通道和 GIS 定位数据真实准确地获知电缆通道的火情特征参量变化态势，实现在平台显示中心的可视化分析，便于进行数据实时显示、态势分析和历史回溯。该技术方案提出基于预警监测平台的火灾预警联动灭火应急处理方案，充分发挥电缆通道早期火情预警方法的效用。

（2）物联网数据安全

由于物联网接入的终端设备的多样性和复杂性，所以数据安全是物联网使用中一个重要的因素。智能安防系统的目的在于保证安全，由此，国家电网在智能安防物联网的数据安全方面进行了大量的研发，并取得相应成功，同时进行了专利布局。2020 年 4 月 3 日，国家电网有限公司及其下属的国网上海能源互联网研究院有限公司、国网江苏省电力有限公司电力科学研究院和中国电力科学研究院有限公司作为共同申请人，提交了一项发明专利申请并获得授权，发明名称为"边缘物联代理、接入网关和物联管理平台及安全防护方法"，该发明专利申请于 2021 年 10 月 26 日公开，公开号为 CN113556307A，于 2022 年 12 月 13 日获得专利授权，专利号为 ZL202010258123.0。CN113556307A 公开的技术方案提供用于安全防护装置的边缘物联代理，将边缘物联代理分别与用于安全防护装置的接入网关和物联管理平台进行通信连接。边缘物联代理中的第一验证模块与所述接入网关进行双向身份认证和密钥协商，以有效避免伪造边缘物联代理的接入以及边缘物联代理与接入网关交互数据时发生信息泄露等风险。与所述接入网关进行的双向身份认证和密钥协商成功之后，边缘物联代理中的第二验证模块与物联管理平台进行双向身份认证，通过认证后与物联管理平台进行业务数据传输，由此确保了大规模数量的边缘物联代理安全接入物联管理平台，与物联管理平台进行业务数据交互时的数据传输安全，以保障配电物联网的安全稳定运行。

2. 海康威视物联网典型专利

（1）物联网数据传输

物联网的概念来自万物互联，利用传感器采集数据并经由网络传输，是物联网最主要的表现形式。海康威视将这个理念应用于智能安防系统中，在 2016 年 12 月 21 日提交的一项发明专利申请并获得授权，发明名称为"数据传输方法、装置及系统"，描述了数据采集设备接收边界节点上传的基于相应传输协议封装的传感器数据，并经由网络将其传输至服务器的技术方案，显然，该技术方案属于物联网领域。该发明专利申请于 2018 年 6 月 29 日公开，公开号为 CN108234931A，于 2019 年 12 月 3 日获得专利授权，专利号为 ZL201611190015.4。该专利申请也是海康威视在物联网方面重视的专利，海康威视对于物联网技术进行了较早的全球专利布局。继 2016 年向中国国家知识产权局提交了上述专利申请后，海康威视于 2017 年 6 月 23 日以上述专利申请为优先权，向中国国家知识产权局提交了国际专利申请，该国际专利申请于 2018 年 6 月 28 日公开，公开号为 WO2018113225A1。专利申请 CN108234931A 公开的技术方案通过边界节点获取基于第一传输协议对传感器数据进行封装的内容，将传感器数据上传至数据采集设备，使得数据采集设备对传感器数据进行协议转换，得到基于第二传输协议封装的网络数据。基于第二传输协议，将采集到的基于第二传输协议封装的多媒体数据和网络数据传输至服务器。该发明的技术方案通过边界节点采集传感器数据，通过数据采集设备采集多媒体数据，使得采集的数据类型不受数据采集设备类型的限制；而且，通过数据采集设备将传感器数据转换成网络数据，使得多媒体数据与网络数据基于同一协议进行封装，以使数据采集设备以及服务器之间可以采用同一传输协议传输数据，将数据传输的障碍降到最低。

在物联网数据传输方面，海康威视还于 2020 年 3 月 30 日提交了发明名称为"数据传输方法、数据传输装置及数据传输系统"的发明专利申请，该发明专利申请于 2021 年 10 月 1 日公开，公开号为 CN113472827A，于 2023 年 9 月 5 日获得专利授权，专利号为 ZL 202010238226.0。专利申请 CN113472827A 公开的技术方案通过使用设备管理信息来记录已接入所述服务端的各客户端的网络信息，当所述服务端在接收到目标客户端的接入请求时，查询设备管理信息，确认存在已接入客户端，且所述目标客户端不满足预设接入条件时，根据所述设备管理信息确定转接客户端，以使所述目标客户端与所述转接客户端建立通信连接，从而使得所述目标客户端获取所述转接客户端转发的所述服务端的数据，使得在网络传输过程中不需要有能够管理组播组的路由器，解决在物联网检测系统的信息共享时，容易出现丢包、数据包乱序等问题，提高数据传输的稳定性。

（2）物联网网络管理

在物联网网络管理方面，海康威视于 2019 年 8 月 2 日提交了发明名称为"网络管理方法、装置、计算网络和物联网"的发明专利申请,该发明专利申请于2020年12月4日公开,公开号为CN112039685A,于2022年11月15日获得专利授权,专利号为ZL201910713393.3。专利申请CN112039685A的技术方案提供了物联网网络管理方法。该方法包括:当计算网络中的管理设备检测到第一计算节点断开与接入节点的连接后,获取与第一计算节点连接的接入节点的集合,分别将该接入节点集合中的每个接入节点与第一计算节点之间、在当前情况需要传输的第一数据量调度至其他计算节点集合中的计算节点,由此减少计算节点与接入节点断开连接时所导致的接入节点数据丢失,从而提高在计算网络中数据计算的可靠性。

(3)物联网节点接入

在物联网计算节点接入方面,海康威视于2019年8月16日提交了发明名称为"计算节点接入方法、装置、电子设备及机器可读存储介质"的发明专利申请,该发明专利申请于2020年12月22日公开,公开号为CN112118278A,于2023年7月4日获得专利授权,专利号为ZL201910759229.6。专利申请CN112118278A通过获取待接入计算节点的第一属性特征组、已接入物联网的各接入节点的第二属性特征组和已接入物联网的各计算节点的第三属性特征组,从各第二属性特征组中,查找包含于第一属性特征组的属性特征,并根据查找到的属性特征及各第三属性特征组,确定具有该属性特征的接入节点的节点类型,按照节点类型对应的预设接入方式,将待接入计算节点接入物联网。基于待接入计算节点的第一属性特征组、各接入节点的第二属性特征组,确定各第二属性特征组中包含于第一属性特征组的属性特征,并根据已接入的各计算节点的第三属性特征组,将接入节点进行分类,针对不同类型的接入节点,以不同的接入方式接入待接入计算节点。由于待接入计算节点所接入的接入节点的属性特征包含于待接入计算节点的第一属性特征组,保证了待接入计算节点所接入的接入节点的数据为有效数据,并且不同类型的接入节点以不同的接入方式接入待接入计算节点,保证了待接入计算节点有效接入,避免了无效网络连接,提高了物联网整体的接入和计算效率。

(4)物联网平台管理

在物联网平台管理方面,海康威视于2020年1月20日提交了发明名称为"物联网平台、物联网系统及物联网平台的管理方法"的发明专利申请,该发明专利申请于2020年7月3日公开,公开号为CN111371833A,于2022年10月21日获得专利授权,专利号为ZL202010064657.X。专利申请CN111371833A的技术方案将云中心平台和边缘域平台的功能统一集合到物联网平台中,通过该平台管理各项功能,实现物联网平台在云中心平台及边缘域平台之间进行切换。该物联网平台包括:业务功能模块、业务配置模块和级联模块。业务功能模块包括云中心平台所具备的功能、边缘域平台所具备的功能;业务配置模块用于实现所述物联网平台在云中心平台及边缘域平台之间进行切换的功能,主要包括用于管理所述业务功能模块中的各项功能;所述级联模块,用于根据所述业务配置模块对所述业务功能模块中各项功能的管理结果对数据收发及任务调度情况至少之一进行调整，以适应切换后的云中心平台或边缘域平台。这样既能灵活适用不同域，还能合理实现向上向下的两极扩容，用于应对物联网在扩容、升级、维护等方面的新需求。

3. 大华股份物联网典型专利

大华股份在物联网方面的专利布局，最早是在 2013 年 9 月 23 日提出的一件发明专利申请，其公开号为 CN104468671A，已经在大华股份云计算主要专利章节中对其进行了相应介绍，就不再赘述。

（1）物联网安全

大华股份就提高物联网的设备业务性能安全性，降低被攻击风险进行了相应研发。于 2019 年 5 月 7 日提交了一项发明专利申请，发明名称为"设备初始方法、物联网设备、系统、平台设备及智能设备"，该发明专利申请于 2019 年 9 月 13 日公开，公开号为 CN110233825A，于 2021 年 10 月 15 日获得专利授权，专利号为 ZL 201910375971.7。专利申请 CN110233825A 提供的物联网平台接收客户端发送的查询待访问的物联网设备初始化状态的查询请求，其中该查询请求包括待访问的物联网设备的标识；响应查询请求，查询与物联网设备的标识匹配的物联网设备的初始化状态；若查询到的与该标识匹配的物联网设备的初始化状态为未初始化，则初始化物联网设备，以启动物联网设备的业务功能。通过上述方式，物联网设备在连接互联网后，必须通过物联网平台进行设备初始化，才可以启动设备的业务功能，从而使得互联网上的恶意程序无法在设备未初始化之前检测到设备的业务服务进行攻击，由此可以提高设备业务功能安全性，降低被攻击的风险。

（2）物联网认证

就物联网认证，大华股份先后于 2023 年 8 月 2 日和 2023 年 9 月 19 日提交了两件发明专利申请，并且为这两件发明专利申请提交了专利预审，由此进入中国国家知识产权局的快速审查通道，大大缩减了审查周期，足见大华股份对于这两件发明专利申请的重视程度。

大华股份于 2023 年 8 月 2 日提交的发明专利申请，发明名称为"设备认证方法、物联网设备、认证平台以及可读存储介质"，该发明专利申请于 2023 年 8 月 29 日公开，公开号为 CN116668203A，于 2023 年 10 月 20 日获得专利授权，专利号为 ZL202310965903.2。专利申请 CN116668203A 提供的设备认证方法应用于物联网设备，物联网设备从密钥管理服务器获取密钥编号及其对应的加密因子；利用预设算法库对所述加密因子以及随机码进行运算，生成认证码；将所述认证码、所述随机码以及所述密钥编号发送至认证平台，以在所述认证平台接入所述物联网设备。通过上述方式，物联网设备通过随机码认证，不存在泄露设备标识、被恶意篡改冒充的风险，提高设备认证的准确性。

大华股份于 2023 年 9 月 19 日提交的发明专利申请，发明名称为"物联网认证方法、设备、物联网认证系统和存储介质"，该发明专利申请于 2023 年 10 月 27 日公开，公开号为 CN116962079A，于 2023 年 12 月 15 日获得专利授权，专利号为 ZL202311204612.8。专利申请 CN116962079A 将信任的多个物联网设备，看作是同一局域网内的部分/全部物联网设备，向需要建立信任的多个物联网设备发送同一密钥因子，使得接收到同一密钥因子的部分/全部物联网设备之间后续能够通过建立信任的认证，即，能够实现部分设备的认证。由于需要建立信任的设备群中的多个物联网设备，是通过与各自配置的密钥因子相同而建立信任的，所以需要建立信任的设备群中的各物联网设备要分别配置相同的密钥因子，密钥因子的配置更加简化、轻量化。通过上述方式能够实现同一局域网内的部分设备的认证。

4. 摩托罗拉物联网典型专利

目前智能安防领域管理的系统越来越多，现场设备越来越丰富，多种系统和通过物联网接入的现场设备，使得智能安防逐渐形成一个大的安防生态系统，例如包括无线通信系统、视频安全系统、门禁访问控制系统，等等。参与智能安防的管理人员，希望通过第一种工作流检测门禁被闯入，通过第二种工作流中的视频监控摄像头检测到无关人员进入相关区域，并分别以无线方式通知对应的人员进行处理。这种跨系统的智能安全生态系统的正常运转，对于管理人员的要求很高。摩托罗拉系统公司基于这样的需求，提供了解决方案，为智能安防的管理人员提供配置工具，满足在需要检测跨系统多设备的情况下触发相应工作流，以快速通知对应人员进行处理，降低相应风险。

2021 年 8 月 16 日，摩托罗拉系统公司在美国提出了包括三项发明专利申请的系列申请，发明名称均为"安全生态系统"，其中一项申请于 2022 年 11 月 8 日公开，并获得专利授权，授权公告号 US11495119B1。2022 年 7 月 22 日，摩托罗拉系统公司以该发明专利申请为优先权，提交了 PCT 申请，并于 2023 年 2 月 23 日公开，国际公开号为 WO2023022840A1。另外两项，分别是 2023 年 2 月 16 日公开的 US2023046880A1 和 US2023047463A1。针对跨不同系统和物联网设备配置工作流以构成安全生态系统，摩托罗拉系统公司后续仍然在进行技术完善，并围绕这个技术进行了专利布局。专利 US11495119B1 提供了一种自动配置和控制全生态系统的工作流的界面工具，在操作期间，若检测到新的物联网设备，则自动生成工作流，其中，工作流服务器检测到特定区域中出现了具备相应能力的新的物联网设备，分析新的设备能力，并且基于新的设备能力确定适当的触发和动作，然后，将适当的触发和动作实现为新创建的工作流；这个界面工具为管理员配备检测跨多个安装的设备/系统的功能，并快速触发对应动作，即执行工作流，通过自动警告通知对应人员执行适当的操作，以此降低风险，可减轻安全生态系统管理人员的负担并提高他们的效率。

5.5　小　结

通过上面的专利分析可以看出来，智能安防领域的云计算、边缘计算和物联网三项技术中，边缘计算的申请量相对其他两项技术较少，但边缘计算作为数据采集和处理本地化的关键性技术，其具有处理实时、安全性高的优势。显然，对于智能安防领域而言，边缘计算是后续重点发展的方向之一。

再回到 AIoT 技术上，无论是云计算、边缘计算还是物联网，其对于数据的数量，都是要依托平台、系统进行的，由此 AIoT 技术在应用上的主要挑战在于需求的碎片化，以及系统割裂、融合困难，这两点在智能安防领域中的 AIoT 应用中，也有体现。要解决上面两个问题，智能安防领域平台型的支撑是打破碎片化需求，实现系统融合的有效途径。❶

随着 AIoT 为智能安防领域引入越来越多的新技术，安防产品功能不断丰富和创新，视频分析、人像识别、数据分析等技术水平显著提升，安防行业边界逐渐拓展和模糊。在智能安防时代，安防行业的应用场景更加多元化和细分化，安防需求更加个性化和定制化，这给安防企业带来了更高的服务要求和成本压力，但也蕴藏了较大的发展潜力，有望为泛安防市场创造新的市场机遇。

---

❶　耿建华. AIoT 的安全挑战及安谋中国的解决方案［J］. 电子产品世界，2021，28（4）：11.

第6章 安防机器人

6.1 概 述

6.1.1 背景介绍

安防机器人是机器人的一个分支。了解了机器人的基本概念、技术原理和发展历程等，有助于更好地理解智能安防机器人的基础和本质。机器人的发展历史可以追溯至20世纪50年代，当时美国的科学家就开始研究具有感知、决策和行动能力的机器人。发展至今，机器人已成为融合了机械、电子、电气、芯片、软件、自动化、传感器和人工智能等多种学科、具备高科技含量、高门槛和高附加值的高科技制造产业，以至于机器人技术的进步程度已成为评估一个国家或地区现代科技与高端制造业实力的重要指标。以美国为代表的科技强国纷纷加大投入，积极布局和发展机器人行业，旨在抢占科技革新与产业变革的先机。我国在经济飞速增长的背景下，同样紧跟全球发展潮流，将机器人技术列为推动制造强国战略的关键科技领域。

从产业划分的视角审视，机器人领域大致可以划分为两大主要类别：一是工业领域广泛应用的工业机器人，另一则是服务领域不可或缺的服务机器人（包括执行特定功能的特种机器人）。值得一提的是，工业机器人的发展历史相对较为悠久，起步时间早于服务机器人，在汽车制造、电器制造、电子产品制造、农产品生产加工等领域已得到广泛应用。凭借自身健全的工业基础和强大的产业升级内在动力，我国已成功崛起为全球工业机器人销售市场的领军者，占据显著的市场份额。2021年，中国、日本、美国、韩国、德国的工业机器人市场销售份额分别居全球前五位，其中中国的市场销售份额最高，占全世界市场销量的43%，是增长最快的市场。

尽管服务机器人产业起步较晚，但其迅猛的发展势头使得国内外的发展差距逐渐缩小，展现出了与工业机器人截然不同的成长轨迹。与工业机器人相比，服务机器人与人的关系更具交互性和亲近性，常常直接与人的日常生活和现实场景紧密相连。服务机器人通常需要适应更为复杂多变的人类环境和行为模式，与人的关系也更需要体现出一定的灵活性和适应性。因此，服务机器人的性能是否卓越取决于是否与前沿人工智能技术进行了深度融合，这些技术共同构筑了机器人服务的坚实基石，包括自然语言处理、计算机视觉、机器学习、知识图谱的构建、智能控制与决策以及情感识别等。如今，服务机器人的实际应用已广泛渗透到日常生活之中，正逐步成为我们生活不可或缺的一部分。从家庭琐事如家务服务，到酒店餐饮的细致服务，再到商场超市的便捷购物体验，服务机器人都在默默助力；在医疗和养老服务中，它们为病患和老人提供贴心照顾；在银行金融领域，它们协助处理烦琐业务；在教育辅助方面，它们为学习提供有力支持；而在物流配送领域，它们则保证了货物的高效送达。这些领域都离不开服务机器人的智能服务。随着人工智能技术的持续革新与飞跃，服务机器人的使用场景还在不断拓展，安保机器人、巡逻机器人、巡检机器人、消防救援机器人以及特殊环境作业机器人等各式机器人逐步展现出其独特的功能和价值。如今，多个发达国家已将服务机器人产业的发展视为国家战略的重要一环，积极投入资源进行研发与推广。2023 年，我国服务机器人市场规模超过 600 亿元，2019—2023 年年均复合增长率达到 32% 以上。

伴随着经济的高速发展，社会形态持续向着流动、开放、快节奏以及多元化的方向演进，这也间接致使各类社会安全事故频繁出现。作为人民日益增长的美好生活需要的重要组成部分，社会安全保障受重视程度日益提升，人们对其稳定性、全面性、有效性等方面的期望也越来越高，这对当前的安防技术体系提出了严峻的挑战。传统的静态安防技术因其固有的局限性，难以在技术上实现突破，以满足市场不断升级的需求。因此，安防企业紧跟人工智能技术的迅猛发展步伐，积极探索人工智能在安防领域的深入应用，逐步催生了一系列创新的安防机器人产品，如巡检机器人、安保机器人、巡逻机器人、消防救援机器人和防爆机器人等。这些产品不仅将安防机器人的概念从理论推向了实际应用，更为安防行业带来了革命性的变革。在 2019 年的政府工作报告中，首次提出了"智能 +"的概念，旨在推动人工智能技术在各行业的广泛应用，促进产业的转型升级。在"智能 +"的新时代下，安防机器人以其为传统安防领域及社会公共安全领域注入新活力的典范，预示着未来拥有不可估量的拓展潜力。

6.1.2　安防机器人发展概况

目前，全球安防机器人市场的规模正呈现出持续扩大的趋势，而我国在其中扮演着重要的驱动角色。一方面，这主要得益于全社会日益提高的安全意识，以及我国政府层面对安防机器人发展的有力支持。早在 2021 年，《"十四五"机器人产业发展规划》和《中国安防行业"十四五"发展规划（2021—2025 年）》就已经出台，其中明确了安防机器人应用落地的方向，也就是持续推进安防应用的智能化，并且要拓展在安保、巡检等细分应用场景领域的深度，强调要在公共安全、电力能源安全以及工业生产安全等方面优先予以保障。另一方面，传统的安防巡检行业正面临着诸多挑战，迫切需要从技术和模式上进行升级。

安防机器人的市场实际需求始终是存在的，然而因为产品需要有很高的定制化程度，对于产品供应链的成本把控有着较高的要求，所以当前处于落地实施阶段的整体规模还比较小。据不完全统计，在 2023 年超过 150 个的低速无人驾驶场景落地应用项目里，安防机器人项目所占的比例大约为 12%，其中在室外进行应用的巡检机器人占据的比重最大。表 6 – 1 – 1 列出了 2023 年国内部分巡检机器人落地应用项目情况。❶

表 6 – 1 – 1　2023 年国内部分巡检机器人落地应用项目情况

场景	相关情况
杭新景高速芹源岭隧道口	2023 年春运期间，由浙江省交通集团高速公路衢州管理中心安装部署的二代"智能巡逻机器人"正式投入使用
芜湖中燃智慧场站	2023 年 2 月，北斗燃气防爆智能巡检机器人"U7 卫士"在此地执行安防巡查、泄漏巡检、应急监测等多类型任务
张家口道路巡检	2023 年 4 月，领航者（AIPilot）道路巡检无人车在河北张家口市桥东区空港经济开发区落地测试、运行
深圳南山区	2023 年 4 月，一清创新智能安防巡逻车已在深圳市南山区粤海街道及深圳市人才公园完成应用示范，并根据实际安防需求对车辆进行了多方面功能升级
苏州高铁新城智驾大道	2023 年 6 月，海神机器人"海鹰一号"无人安防巡逻车在高铁苏州北站正式测试运行，负责安防巡检、应对紧急事件和处理突发事件等全天候 24 小时站区安全保障工作
重庆市江北城大剧院广场	为创新巡逻防控新机制，云享巡逻机器人为当地提供警务巡逻工作
成都大运会	2023 年 7 月，高新兴机器人与公安部一所联为大运会提供安全保障，千巡 F2 巡逻机器人在体育场、大运村等多个场馆地区执行巡逻任务
塔里木油田西气东输第一站	2023 年 7 月，该站首台智能巡检机器人投入使用，主要实现了站场智能巡检、数据记录整理、泄漏检测报警三大功能
北京东城	2023 年 8 月，北京东城举办"崇文喜市"活动，算丰征途开发的安保巡逻机器人在活动期间 24 小时不间断安保巡逻。主要对环境和人员检测，同时还能进行火灾隐患预警以及语音播报
西部（重庆）科学城智能网联汽车示范区	2023 年 8 月，重庆首批 7 款智能网联汽车上路试跑，其中一款低速无人安防巡逻车也在示范区内自主运营，用于科学谷楼宇间无人化巡逻
杭州亚运会	2023 年 9 月，"棋骥"无人驾驶智联网格车现身温州，为亚运场馆进行保驾护航

❶ 黄玮. 场景应用持续拓展：2023 年中国巡检机器人市场发展全景解读 ［EB/OL］. （2024 – 02 – 23）［2024 – 04 – 30］. http：//www. agv – amr. com/news/show. php?itemid = 1697.

场景	相关情况
杭州亚运会	2023 年 9 月，高新兴机器人与杭州市消防支队一同成立了"消防巡查机器人创新研究中心"，研发网格化安消一体巡检机器人，为亚运会安全成功举办保驾护航
	为了保障赛事期间供电场所的有效日常运转，国家电网在设备隐患排查及提升工作中，投用了智能巡检机器狗，实时、立体"问诊"隧道环境及电缆设备
湖州奥体中心赛场	湖州作为 2023 年杭州亚运会分会场之一，湖州公安还投用了一款四足智能巡检机器人"哈基米"。可跟随警务人员巡逻并同步进行目标检测与识别，也可以通过程序设定自主导航规划路线，进行 24 小时全天候独立巡逻
河北唐山旅游和陶瓷大会	2023 年 9 月，在两个展会上，达闼安防巡逻机器人在展会现场执行安保工作，不仅能在复杂场景行走自如，还能在楼宇中跨楼层完成巡逻任务
北京工商大学良乡校区	无人驾驶巡逻车不仅变身"运送工"帮助新生和家长将行李运送至宿舍，同时无人驾驶车担任了校园反诈宣传巡逻员，边走边播放反诈视频
山东聊城市茌平区	2023 年 10 月，茌平区人民政府与海神机器人就安防机器人合作项目进行了签约
中石化华北东胜气田集中处理站	2023 年 12 月，智能机器人化身"巡检员"，对设备仪表及生产环境进行巡检
长庆油田采气二厂榆林天然气处理厂	2023 年 12 月，智能巡检机器人"小末"负责两个末站的巡检工作，工作一年来，它已发现并上报现场问题 26 项，用"技术赋能"补强了人工巡护的短板

安防机器人作为安防行业发展的一个新的增长方向，向来都是机器人研发企业以及传统安防行业着重进行布局的一个领域。不仅如此，近年来，"跨行业涉足这一行业领域"的现象开始显现出来，如表 6-1-2 所示，国内的一些原本以自动驾驶为主业的公司也开始进入无人安防巡检领域进行布局，尤其是那些已经在无人配送领域取得良好口碑的企业，像易咖智车、毫末智行、行深智能、新石器等。值得一提的是，这些原本以自动驾驶为主业的公司开始尝试跨领域发展，成功地把无人驾驶技术与安防巡逻功能融合在一起，形成了"载货+安防"一体化模式，为安防行业带来了新的亮点。例如，一清创新推出的首款可商用的大运力无人警务巡逻车 Patrol，不仅能够在各

种天气条件下正常工作，按照设定的路线自主巡逻，实时监测周边环境，确保安防巡逻不间断，还可以实现物资运输、支持安防和消防工具搭载，具备较强的承载能力，有效提升综合功能。而在专注于无人配送领域的毫末智行新推出的小魔驼3.0中，除了具备L4级别自动驾驶能力，货厢容积达到2立方米，满足无人配送的需求外，还采用了"积木式"的设计理念，在不同的应用场景下可以根据实际需要快速适配不同类型的传感器、不同的货箱及安防巡检所需的特殊装备。

表6-1-2 国内部分巡检机器人企业及产品相关情况

企业	成立时间	代表产品	产品定位
亿嘉和	1999 年	多类巡检机器人	主要应用在电力行业
数字政通	2001 年	"棋强"无人驾驶智联网格车	在基层治理安防巡逻领域，已接入公安系统，为社区管理、治安防控等场景赋能
高新兴机器人	2004 年	千寻系列室内外巡逻机器人	公安、企业园区、地产物业、大型赛事等
国自机器人	2011 年	智能巡检机器人	主要用于电力、工业生产
优必选	2012 年	智能巡检机器人 ATRIS（安巡士）	产业园区、核电厂区、居民社区、物流仓储、边界围栏、商业地产
		消防灭火机器人 FIXR	应急救援
		电力巡检机器人 EMBOT	变电站、变电机房
映博智能	2013 年	派宝巡逻机器人 S2	用于写字楼、酒店、购物中心、专业市场、仓库、工业厂房、展馆、医院等室内场景
越达科技	2015 年	警用巡逻机器人	主要用于辅助民警进行全天候巡逻
大陆智源	2015 年	ANDI - 安防巡检机器人	产业园区、公共领域、社区
智慧互通	2015 年	领航者（AIPilot）	应用于路网巡检、边境巡逻、城市治理、物流配送、生活服务等领域
观瑞智能	2016 年	全无人自动驾驶巡逻小车	用于市政巡防、安保预警等领域
海神机器人	2017 年	大型警用巡逻无人车——海龙二号	公安、应急救援、医院、学校、社区、工厂等应用场景
易咖智车	2017 年	治安巡逻车：魔巡 - X100 - A、魔巡 - X1003、魔巡 - X80	覆盖巡逻、信采、综合治理等多个场景，适用于物业园区、公安司法、港口码头、活动会议等场景

续表

企业	成立时间	代表产品	产品定位
行深智能	2017 年	无人安防巡逻车	可以满足各场景巡逻定制需求
一清创新	2018 年	UDI – Patrol 安防巡逻无人车	在景区、园区、公开道路等多地运行，推动公共安全服务升级
新石器	2018 年	无人车 X3Plus（安防）	聚焦于城市服务领域
同创智能	2018 年	小型安保巡检机器人	主要用于园区/小区室内和室外巡逻
智享元机器人	2018 年	室外安防巡逻机器人 APV – S	适用于物业园区、公安司法、港口码头、仓储物流、活动会议等多种场景
毫末智行	2019 年	小魔驼 3.0 – 安防巡检模式	主要用于社区安防、机场巡逻等城市场景
算丰征途	2019 年	新一代 GOOSEBOT 大鹅巡检机器人	同时适用于工业和民用环境，包括电力园区、工农业园区、旅游园区、商业园区等场景下的室内室外全域自主巡航
聚誓科技	2020 年	应急安防无人车	适用于园区、CBD、社区、校区、景区等各类城市场景
中科天极	2021 年	小巡无人巡逻警车	主要是警用
云享机器人	2022 年	室内外安防巡逻机器人 AN-BOT – S	主要运用在商业广场、写字楼、政务大厅、工业园区、博物馆、音乐厅等场景
盛科御旷	2022 年	无人安防巡逻车	目前主要应用于社区驾驶及产业联盟

综上所述，安防机器人的发展前景非常广阔。随着技术的不断进步和市场的不断扩大，安防机器人将在越来越多的领域得到应用，为人们的生活和社会的发展带来更多的便利和安全。

6.1.3　安防机器人技术专利状况

随着安防机器人技术的发展，各国创新主体进行了大量的创新，并逐步在实际生活中予以应用，同时，也通过专利的方式对自己的创新进行了保护。下面通过专利申请情况，对安防机器人的技术发展情况进行分析。

6.1.3.1 专利申请趋势

以安防机器人为主要关键词进行检索统计，得到了安防机器人的全球发明专利申请趋势，具体参见图 6-1-1。

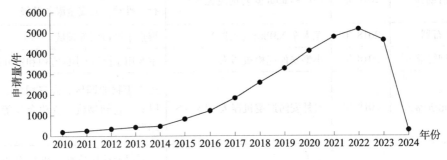

图 6-1-1　安防机器人全球发明专利申请趋势

从 2010—2024 年全球安防机器人技术专利申请情况来看，安防机器人技术发展大体分为 2 个阶段。第一阶段（2010—2014 年）：在这一阶段，专利申请呈现缓慢增长的态势，数量维持在 500 件以下，企业对于技术研发的投资热情不足，整个技术领域尚处于初步探索的阶段。第二阶段（2015—2024 年）：自 2015 年起，安防机器人技术专利申请量开始急剧攀升，并在 2022 年达到 5175 件的顶峰。需要说明的是，由于专利公开的固有延迟，2023—2024 年部分发明专利尚未能完全纳入统计，因此图 6-1-1 中 2023—2024 年专利申请量的下降并不代表实际专利申请量的下滑。

6.1.3.2 技术原创国家或地区分析

如图 6-1-2 所示，从各国的申请量来看，中国和美国位于安防机器人专利申请量的第一梯队，全球 3 万余件申请中，中国的数量占据绝对优势，美国紧随其后占到 8%。接下来日本、韩国两个亚洲国家申请量较高，总量占到 6%。除此之外，欧洲也占据 3% 的申请量。

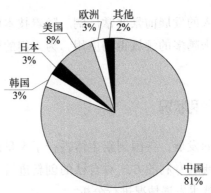

图 6-1-2　安防机器人技术原创国家或地区申请占比

6.1.3.3 中国申请人地域分布

在我国申请量中，广东、北京和江苏的申请量最高，达到了 3000 件以上，处于第一梯队，这表明这些地区在安防机器人领域的综合研发能力非常强大，特别是国家电网、高新兴机器人、深圳市朗驰欣创科技股份有限公司、优必选以及中国矿业大学等企业和科研机构，在推动相关技术进步方面作出了显著贡献。浙江、山东的申请量相对较高，达到了 2000 件以上，处于第二梯队，代表企业如杭州申昊科技股份有限公司、山东鲁能智能技术有限公司，在推动巡检机器人技术的发展和创新方面起到了关键作用。另外，上海、安徽、四川以及湖北的申请量也较为可观，达到了 1000 件以上，这反映出这些地区在安防机器人技术领域也拥有较强的研发实力。

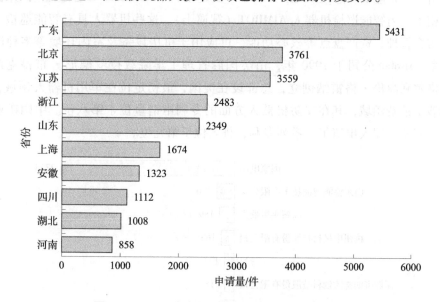

图 6-1-3 国内安防机器人专利申请量省份排名

6.1.3.4 申请人分析

图 6-1-4 展示的是按照所属申请人（专利权人）的专利数量统计的申请人排名情况，具体是安防机器人技术按照全球申请量排名的申请人情况。从排名来看，中国的创新主体成为该领域的创新主力。申请量位于首位的是国家电网，近年来，国家电网使用巡检机器人巡检变电站设备、输电线路等电力设施。山东鲁能智能技术有限公司、高新兴机器人和杭州申昊科技股份有限公司也围绕安防巡检机器人申请了数量众多的专利，排名位于第二至第四位。其中，山东鲁能智能技术有限公司成立于 2000 年，专注于电力及能源行业，业务内容包括电力行业特种机器人的研发生产。高新兴机器人成立于 2004 年，是国家级高新技术企业，聚焦于巡逻机器人领域，涵盖公共安全巡逻机器人、工业巡检机器人，广泛服务于公安、消防、边防、安防、仓储、工厂、

化工、电力等领域客户。杭州申昊科技股份有限公司成立于 2002 年，主要从事人工智能、数据监测、智能电网等工业大健康相关技术产品的研究与开发，在机器人智能巡检、工业设备在线监测等方面进行了大量的推广和应用。在韩国，服务机器人技术已被明确纳入未来国家重点发展的产业之列，并是给予了高度的重视与大力的扶持。三星和 LG 在安防机器人方面的专利申请量分别位于第五、第十位。位于第六、第七位的是深圳市朗驰欣创科技股份有限公司和优必选。深圳市朗驰欣创科技股份有限公司成立于 2005 年，其核心产品包括智能巡检机器人，广泛应用于电力、石油、化工、交通、安防等领域。优必选成立于 2012 年，是一家集人工智能和服务机器人研发、平台软件开发运用及产品制造、销售于一体的全球性高科技企业，其在 2019 世界机器人大会上展出了其智能安防巡检双雄：ATRIS（安巡士）和 AIMBOT（智巡士），并首次在国内亮相了室内智能巡检机器人 AIMBOT（智巡士）。这些机器人具有智能巡检、安全巡检、访客管理、资产盘点等核心功能，可应用于机房设备及室内环境等多种巡检的安防场景。iRobot 公司于 1990 年，由美国麻省理工学院教授罗德尼·布鲁克斯、科林·安格尔和海伦·格雷纳创立，总部设在美国，最初定位在军用机器人领域，2002 年开始涉足消费领域，其在安防机器人方面的专利申请量位于第八位。中国矿业大学围绕矿用巡检机器人申请了一系列专利，排名位于第九位。

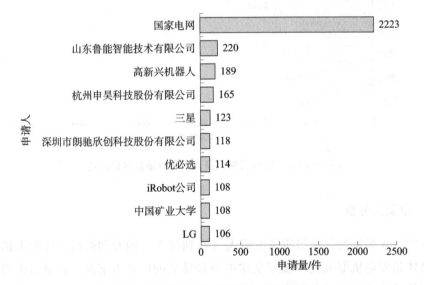

图 6-1-4 安防机器人技术全球申请量排名

6.1.4 安防机器人的关键技术

现阶段，尽管安防机器人领域展现出了较为良好的发展趋势，而且某些方面的应用相对来说已经取得了较大突破，然而实际上仍然存在着相当多的问题亟待优化处理。首先，从技术角度来看，当下不管是在室内还是室外环境中，安防机器人的完全自主运动控制依然不够稳定，难以实现 24 小时无间断且无人看管的理想状态。其次，存在不同厂商技术参差不齐的情况，一部分安防机器人的工作状态并不稳定。某些情况下，其不尽如人意的表现不但不能实现劳动力成本的节省，甚至还会对安防机器人产品的进一步推广形成阻碍，对用户的判断产生影响。

众所周知，安防机器人需要具备导航能力（实际上其他类型的移动机器人同样如此）。导航能力是指机器人通过传感器、地图和算法等技术，实现自主定位、路径规划和避障等功能，从而在未知环境中安全、高效地移动，其中，准确的定位和对环境的感知是至关重要的，SLAM（Simultaneous Localization and Mapping）技术作为机器人导航的核心技术之一，能够同时解决安防机器人的定位和环境地图构建问题，为安防机器人在未知环境中的自主导航提供关键基础。其次，安防机器人的续航能力是其有效运行的重要保障，而无线充电技术则能够为提高续航能力提供高效、便捷且可靠的解决方案。因此，本章选取 SLAM 技术和无线充电技术作为安防机器人的关键技术进行重点介绍和分析。

1. SLAM 技术

一方面，安防机器人需要具备导航能力，这意味着它们必须能够在不同的地点之间自由移动，并且能够根据需要自动改变自身的位置。此外，为了能够准确地移动到目标位置，安防机器人必须能够迅速而准确地识别出目标与周围环境的区别。这种目标与机器人之间的相对关系非常关键，对于后续的行动决策至关重要，例如安防机器人自主移动到目标周围。准确估计出这种相对关系是必不可少的一步，是实现其他功能的基础，对于任何导航过程的重要意义都是不言而喻的。从某种程度上讲，在不使用环境信息的前提下，安防机器人无法实现导航。因此，利用周围的环境信息，即利用周围环境当中的相对位置关系来对安防机器人进行位置测量，也就是对安防机器人进行定位，是解决导航问题的重要环节。

另一方面，对环境中未知要素的空间相对位置进行估计，并为安防机器人提供合适导航信息的过程被称为地图构建。地图构建为安防机器人实现了对周围环境的详细理解。通过创建地图，安防机器人可以了解环境中的障碍物、地形、通道等信息，从而更好地规划路径和避免碰撞。安防机器人还可以通过将实时感知到的环境信息与地图进行匹配，确定自身在地图中的位置，并根据地图上的路径信息进行导航。现在的问题是：地图构建和定位是相互关联的。地图构建需要机器人的位置信息，而机器人的定位又依赖于地图。这就类似于"先有鸡还是先有蛋"的问题，因为两者是相互依存的，没有地图就无法进行准确的定位，而没有定位也无法构建准确的地图。解决该问题的方法就是同时获取机器人的位置以及当前环境中要素的相对位置，这种技术在业界被称作"同步定位与地图构建"，也通常被称为 SLAM 技术。

2. 无线充电技术

安防机器人的续航能力不足同样是目前需要解决的重要问题之一，因为它直接影响了机器人能否持续可靠地执行任务。安防机器人的续航能力至关重要，主要体现在以下几个方面。首先，具备良好的续航能力意味着安防机器人能够长时间持续执行巡逻、监控等任务，而无须频繁地返回充电或更换电池，从而确保安防巡检工作的连续性和不间断性。如果续航能力不佳，经常需要中断工作去补充能量，那么安防工作就可能出现漏洞和间隙，从而带来安全隐患。其次，较长的续航能力能让安防巡检机器人在一次部署后可以覆盖更大的区域和更长的时间跨度，有效提升安防的效率和范围，从而可以更全面地对复杂环境进行巡查，减少监控死角，提升整体安防水平。再次，稳定可靠的续航能减少对人力的依赖和干预，工作人员无须频繁地去处理机器人的能源问题，从而可以将更多精力投入其他重要的安防事务中，同时也降低了因人工操作带来的潜在失误风险。另外，在一些紧急情况或特殊场景下，比如长时间的应急响应行动中，安防机器人的续航能力更是关键。它必须能够持续工作，为应对危机提供持续的监控和预警支持，以保障人们的生命财产安全。总之，安防机器人的续航能力直接关系到其能否充分发挥安防作用，是保障安防系统有效运行的重要基础之一。

安防机器人的续航能力与无线充电技术有着密切且重要的关系。续航能力很大程度上取决于充电的便利性和效率。无线充电技术为安防机器人的续航提供了极大的便利。一方面，通过无线充电，安防机器人不需要通过物理连接来进行充电，它可以在特定的区域内随时进行无线充电，不需要人工干预进行插拔等操作，这大大提高了充电的便捷性和及时性，使其能更快速地恢复电量，从而保证持续工作的能力。另一方面，无线充电技术可以让充电过程更加智能化和自动化，根据机器人的电量情况自动启动和停止充电，有效避免过充或欠充的情况发生，更好地维护电池健康，延长电池使用寿命，进而保障安防机器人的长期续航能力。再次，无线充电还减少了因频繁插拔充电线而可能导致的接口损坏等问题，进一步增强了安防机器人运行的稳定性。而且，随着无线充电技术的不断发展和进步，其充电效率也在逐步提高，这将直接有助于缩短安防机器人的充电时间，提升其单位时间内的有效工作时长，让续航能力得到实质性的提升。总之，无线充电技术是提升安防机器人续航能力的关键支撑和重要保障。

6.2 安防机器人 SLAM 技术

6.2.1 SLAM 技术概述

安防机器人在产业园区、写字楼、变电站、公园、车站、商业综合体以及其他未被探索的自然地域中运行，绘制环境地图与精准自我定位是至关重要的能力，成为它们能够独立执行任务的基础。现阶段，人们普遍倾向于运用一套新颖的策略来达成这一既定目标：首先是启动自主导航机器人，令其精准地辨识自身的空间位置与姿态；

随后,这一过程将融合机器人内置的传感器所捕捉到的周遭环境详尽信息,与已确定的位置姿态数据进行深度比对,以此实现高度的精确化与适应性调整。在机器人持续移动的探索过程中,它巧妙地运用自身的运动学算法框架,并紧密依托传感器实时反馈的数据流,采取一种类似于拼图游戏的方式,逐步拼接起局部环境的快照,最终汇聚成一幅完整、详尽的环境蓝图。这一连贯且高效的过程,在业界被广泛称为 SLAM 技术,即同步定位与地图构建,它标志着机器人技术在自主导航与智能感知领域迈出了坚实的一步。从所使用的传感器设备的角度来看,大致可以分为激光 SLAM 和视觉 SLAM 这两大类别。另外,语义 SLAM 可以看作基于视觉的 SLAM 的一个扩展和深化,它在视觉获取图像信息的基础上,引入了对环境中物体和场景的语义理解,通过识别物体的类别、属性等语义信息,为传统的几何定位和地图构建增加了更丰富、更高层次的语义描述,所以,如果按照常见的分类方式,语义 SLAM 更倾向于被归类在基于视觉的 SLAM 这一大类中,但由于其独特的语义信息处理特点,也可以被视为一个相对独立的分支。

6.2.1.1 激光 SLAM

对于激光 SLAM,自主移动机器人需搭载激光雷达传感器,以激光雷达传感器的探测数据来进行自身位姿的估计和周围环境地图的构建。在激光 SLAM 技术的应用实践中,选择激光雷达的维度(2D 或 3D)成为根据环境复杂度与特定应用需求而灵活调整的策略。对于那些构成较为直观、障碍物分布较为单一的场景,同时考虑到安防巡检机器人在功能实现上无须过分精细化的要求,2D 激光雷达便成为性价比极高的选择。这种激光雷达通过扫描二维平面内的环境信息,足以满足基本的环境感知与定位需求,确保机器人在执行巡检任务时能够稳定、高效地穿梭于简单环境之中。因此,在权衡成本效益与功能适配性的基础上,2D 激光雷达成为简化环境下安防巡检机器人配置的理想之选。在安防巡检的智能化场景中,3D 激光雷达成为自主移动机器人探索三维空间不可或缺的利器,确保它们能够灵活应对复杂多变的实际需求。激光雷达的运作宛如一位精细的探测者,不断向四周环境发射并接收光信号。这些信号在遭遇障碍物后反射回来,被转化为一系列精细的、散布于空间中的点。这些点不仅承载着距离与角度的详尽数据,更共同编织成一幅立体的环境图景——点云。在这片由无数点构成的云海中,每一点都独一无二,携带着与周围点不同的信息密码。自主移动机器人需具备高超的信息解析能力,它细致地比对每一点所蕴含的距离与角度差异,仿佛在进行一场微观世界的精密测量。通过这一系列的比较与计算,机器人能够敏锐地捕捉到自身位置在三维空间中的微妙变动,进而绘制出精确的位置变化轨迹。这一过程,不仅是机器人对自身位姿的一次深刻认知,更是其实现精准导航与高效巡检的关键所在。

研究人员探索出了很多数学算法来实现激光 SLAM,这些算法大体上可以分为两个大类：基于滤波器（filter-based）的激光 SLAM 以及基于图优化（graph-based）的激光 SLAM。

6.2.1.2　视觉 SLAM

视觉 SLAM 可以看作一个综合系统，它涵盖了从数据采集到地图构建形成的全过程，主要构成要素包括但不限于传感器输入信息处理、视觉里程计算的实时执行、后端优化的精细调整、环境地图的动态构建以及至关重要的回环检测机制。这一系统从逻辑上可以被划分为两大核心部分：前端处理与后端优化。其中，前端，也即我们通常所说的视觉里程计，扮演着至关重要的角色，它如同一位敏锐的观测者，通过对相机捕捉到的连续图像帧进行处理，不仅能够得出相机在不同时间点的空间姿态，还能据此描绘出一条连贯的相机运动轨迹。这一过程不仅要求高度的实时性，还依赖于先进的图像处理技术和算法，以确保在复杂多变的环境中也能准确捕捉并追踪相机的运动状态。为了提高视觉里程计的精度和鲁棒性，通常会采用一些技术，如多视图几何、深度学习等，当然，也可以结合惯性传感器、激光雷达等其他传感器数据来进行融合和优化。在后端环节，系统承担起了一项至关重要的任务——对前端输出的相机姿态进行精细的优化与校准，这一过程的目标在于最大限度地减少由于时间累积而可能产生的姿态误差，确保相机位置的精确性与一致性，并完成地图的构建。回环检测是视觉 SLAM 中的一个重要环节，它的主要目的是检测机器人是否回到了之前访问过的位置，并对之前的位姿估计进行修正，从而提高地图的精度和一致性。具体来说，机器人在移动过程中会不断地采集图像，并提取图像中的特征点，当机器人回到之前访问过的位置时，它会再次采集图像，并将当前图像中的特征点与之前存储的特征点进行匹配，如果匹配成功，则认为机器人回到了之前的位置，并对之前的位姿估计进行修正。

视觉里程计的算法大致可分为直接法和间接法。直接法作为光流法的一种延伸，其核心思想基于一个关键假设：在空间中的某一点，当被不同视角的相机捕获时，其成像在图像上的灰度值应维持恒定，它绕开了传统方法中构建特征点描述及复杂匹配步骤的烦琐，转而聚焦于通过最小化光度误差这一更为直接且高效的方式来优化问题。具体而言，直接法通过迭代计算，旨在找到一组最佳的旋转矩阵和平移向量来优化相机的位姿估计，光度误差是指相机在不同位姿下拍摄的图像中关键点的灰度值差异。直接法的优点是计算速度快，适用于实时性要求较高的场景。然而，它也存在一些局限性，例如对光照变化和图像模糊比较敏感，可能会导致位姿估计得不准确。间接法也被称作特征点法，所谓特征点法是通过对比两幅图像中特征点的对应关系（这些特征点通常具有较高的辨识度和稳定性），利用对极几何、ICP 等几何算法求出相机的位姿变化。在单目视觉 SLAM 中，需要使用对极几何算法求解两组 2D 点。在运用双目摄像头或 RGB-D 传感器的视觉 SLAM 系统中，一个常见的做法是首先计算出二维图像中各点的深度信息，随后将这些二维坐标点转换为三维空间中的点，最后利用迭代最近点（ICP）算法进行求解。间接法的优点是计算精度较高，对图像的光照变化和噪声具有一定的鲁棒性。然而，它也存在一些缺点，例如计算量较大、对特征点的提取和匹配要求较高，容易受到特征点遮挡和丢失的影响，并且如果真实场景是低纹理的，特征点数量非常少，可能会导致帧间跟踪的效果很差。

6.2.1.3　语义 SLAM

语义 SLAM 技术运用了基于神经网络（neural network）的方法，涵盖了语义分割、目标检测以及实例分割等相关技术，旨在有效解决 SLAM 问题，主要被应用在特征选取以及相机位姿的估算等方面。对于特征选取，神经网络能够自动从图像等传感器数据中学习到具有代表性的特征，这些特征可以更好地用于匹配和定位。通过大量数据的训练，神经网络可以准确识别出不同的环境元素和物体特征，为 SLAM 系统提供更精确的信息来构建地图和估计位姿。例如，语义分割网络，可以区分不同的物体类别，从而帮助 SLAM 系统理解场景的语义信息，进一步提高地图的质量和准确性。目标检测网络则可以快速定位和识别特定的物体，这对于在复杂环境中进行更准确的位姿估计很有帮助。对于相机位姿的估算，经过专门训练的神经网络可以学习到图像之间的关系以及与位姿变化的关联，从而能够直接根据输入的图像序列或其他传感器数据预测相机或机器人的位姿。这种端到端的学习方式可以避免传统方法中一些复杂的中间处理步骤，提高效率和准确性。随着数据量的不断增长以及计算能力的持续提升，深度学习在语义 SLAM 技术中扮演着愈发重要的角色。它提供了一种数据驱动的替代方案来解决 SLAM 问题，通过将语义信息融入 SLAM 系统，从而能够实现更深入的理解、更强的鲁棒性，并在资源和任务驱动方面提供更高层次的感知能力。

在语义 SLAM 的框架下，图像中各物体的位置变动能够被预先估计。这一过程会产生大量的新数据，从而为语义任务提供更多的优化条件和可能性，同时还能省去人工进行标定所耗费的成本，这对于移动机器人实现自主理解以及人机交互非常有益处。语义 SLAM 能够识别和理解场景中的物体及其语义信息，为机器人提供更深入、更有意义的环境认知；语义 SLAM 对环境特征的区分更精细，有助于提升定位和建图的精度；语义 SLAM 借助语义信息可以更准确地处理动态物体、相似场景等复杂情况，提高系统的鲁棒性。尽管当前的深度学习解决办法还处在初步发展的阶段，现存的模型也并非足够完善，但深度学习已经给 SLAM 的研究注入了全新的活力。伴随着深度学习的持续进步，语义 SLAM 必定会逐渐成为一个受到广泛关注的研究焦点。

6.2.2　SLAM 技术的研发企业

由于 SLAM 技术的重要性不断彰显，其应用市场也在持续拓展。如表 6 - 2 - 2 所示，在国内越来越多的企业逐步将精力投入 SLAM 技术的研发方面，[1] 除了一些移动机器人制造企业是为了自身产品而展开研发，还有不少企业专门为移动机器人企业提供定位导航模块。

表 6 - 2 - 2　国内涉足 SLAM 技术的部分企业

企业	基本情况	技术特点
思岚科技	2013 年成立，主营激光雷达即模块化自主定位导航解决方案	其 SLAMWARE 是一种单模块化的机器人自主定位导航系统，集成了基于激光雷达的同步定位与建图（SLAM）及配套的路径规划功能
速感科技	2014 年成立，机器视觉解决方案提供商	VSLAM 算法可以融合多种传感器（激光雷达、惯性测量单元、里程计、超声波等）数据获得稳定且准确位置姿态信息的同时，帮助机器人等智能设备获取三维空间环境信息，使其具备自主移动、路径规划、场景理解等能力
布科思	2014 年成立，主营机器人、传感器以及定位导航解决方案	主要使用激光雷达，结合超宽带技术（UWB）、超声以及红外实现定位，用多传感器信息融合技术实现定位导航与路径规划
米克力美	2009 年成立，专注研发制造自主移动机器人	采用激光 SLAM 方案
高仙	2013 年成立，为用户提供移动机器人无轨导航控制模块	高仙 SLAM2.0 技术方案提高了 SLAM 多项关键技术指标，且将导航环节涵盖了进来，为用户提供了一套完整的机器人自主定位、建图、导航应用系统
斯坦德	2015 年成立，移动机器人及物流解决方案供应商	SLAM 算法融合多种传感器（激光雷达、里程计、惯性测量单元、摄像头等）数据，帮助机器人获得场景地图信息，从而使其具备自主移动、路径规划、场景理解等能力

大体来讲，当前国内的 SLAM 技术不管是从技术的角度来看，还是从应用的层面来看，都处在发展的初步阶段。伴随消费的推动以及产业链的持续进步和拓展，SLAM 技术在未来将会拥有一个更为宽广的市场空间。

---

[1] 佚名. 浅谈国内 SLAM 技术发展现状 [EB/OL]. [2024 - 12 - 12]. https://www.slamtec.com/cn/News/Detail/313.

6.2.3　安防机器人 SLAM 技术专利状况

6.2.3.1　专利申请趋势

使用 incoPat 对全球专利数据库中有关安防机器人 SLAM 技术的主题进行检索（截止日期为 2024 年 4 月 30 日），共得到 2157 件专利申请。

从 2010—2024 年全球安防机器人 SLAM 技术专利申请情况来看，安防机器人 SLAM 技术发展大体分为两个阶段。第一阶段（2010—2015 年）：在这一阶段，专利申请呈现缓慢增长的态势，数量维持在 50 件以下，企业对于技术研发的投资热情不足，整个技术领域尚处于初步探索的阶段。第二阶段（2016—2024 年）：自 2016 年起，安防机器人 SLAM 技术专利呈急剧增长态势，并在 2022 年达到 381 件的顶峰。需要说明的是，由于专利公开的固有延迟，2023—2024 年部分发明专利尚未能完全纳入统计，因此图 6 - 2 - 1 中 2023—2024 年专利申请量的下降并不代表实际专利申请量的下滑。

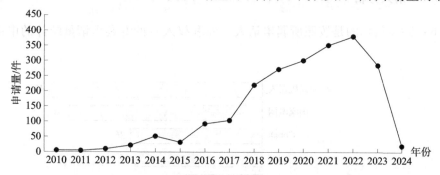

图 6 - 2 - 1　全球安防机器人 SLAM 技术专利申请趋势

6.2.3.2　技术原创国家或地区与申请的目标国家或地区分析

为了解安防机器人 SLAM 技术专利在全球的创新和应用情况，对其技术主要来源国和主要目标国家或地区的专利申请情况进行了分析。如图 6 - 2 - 2 所示，安防机器人 SLAM 技术的来源国家或地区依序是中国、美国、欧洲、日本、韩国、印度，其中，中国和美国处于第一梯队，中国占比 64%，从数量上具有绝对优势，而美国占比 19%，仅次于中国。欧洲、日本、韩国、印度分别占比 5% 或以下，四个国家或地区合计占比 17%，说明这些国家或地区也具备一定的技术创新实力。

如图 6 - 2 - 3 所示，技术目标国家或地区依序是中国、美国、欧洲、日本、韩国、澳大利亚、加拿大，其中，中国、美国分别占比 46%、22%，由此可知中国、美国既是安防机器人 SLAM 技术的技术创新国，也是主要的市场需求国。其次，欧洲占比 14%，日本占比 9%，说明这两个国家或地区也是重要的市场需求国。另外，韩国、澳大利亚、加拿大也具有少量占比，说明这些国家也具备一定的市场潜力。

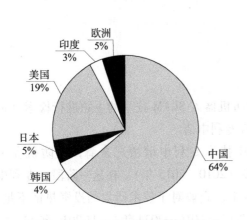

图 6 - 2 - 2　安防机器人 SLAM 技术
原创国家或地区分布

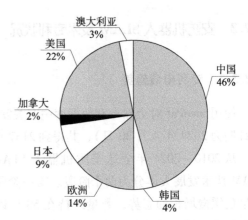

图 6 - 2 - 3　安防机器人 SLAM 技术
目标国家或地区分布

6.2.3.3　申请人分析

图 6 - 2 - 4 展示的是按照所属申请人（专利权人）的专利申请量统计的申请人排名情况。

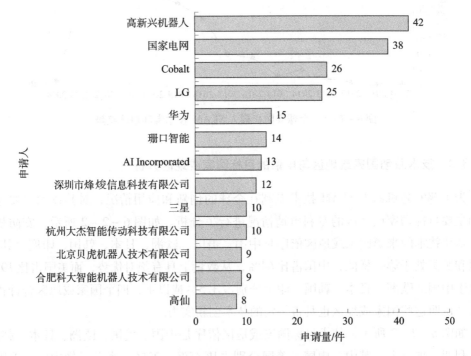

图 6 - 2 - 4　安防机器人 SLAM 技术主要申请人排名

图 6 - 2 - 4 展示了按申请量排名位于前 13 位的申请人。从申请人的类型来看，这 13 位申请人全部为企业，表明该领域的发展主要由市场需求和商业机会驱动，技术创

新能够与产业应用紧密结合，企业能够迅速将创新成果转化为实际的产品或服务并推向市场，实现商业价值。其中中国公司成为该领域的创新主力，占据了其中的 9 位。高新兴机器人在安防机器人 SLAM 技术方面的申请量最具优势，占据首位。国家电网公司的申请量位居第二，其专利申请主要用于电力设施的巡检机器人方面。Cobalt、LG、AI Incorporated、三星等外国公司也拥有相当比例的申请，排名比较靠前。以珊口智能、北京贝虎机器人技术有限公司、高仙为代表的国内新兴科创企业的申请量紧随其后，预示着我国在安防机器人 SLAM 技术方面具备强大的创新活力和发展潜力。

6.2.3.4　典型申请人及典型专利

1. 高新兴机器人

高新兴机器人成立于 2014 年 6 月 4 日，是全球领先的巡逻机器人产品与服务提供商，国家级高新技术企业。

该公司聚焦于巡逻机器人领域，涵盖公共安全巡逻机器人、工业巡检机器人等，广泛服务于公安、消防、边防、安防、仓储、工厂、化工、电力等领域客户。公司致力于打造实用、易用、好用的机器人产品，以 "机器人 + 安全" 为核心，构建了机器人软硬件全栈技术平台，拥有自主知识产权的国产机器人跨域融合智能控制器及云边端一体化机器人系统、低速无人驾驶系统、巡逻机器人业务系统、人工智能算法及大数据分析系统、数字孪生及增强现实系统等核心技术。与重庆大学共建了研究生联合培养基地，并与国内 13 所高校和研发机构进行长期合作。

高新兴机器人在安防机器人 SLAM 技术中倾向于使用激光 SLAM 技术，下面针对该公司激光 SLAM 相关技术的典型专利进行简要介绍。

专利申请——CN115326051A，发明名称为 "一种基于动态场景的定位方法、装置、机器人及介质"。该专利提供了一种基于动态场景的定位方法，其包括如下步骤：S1，使用获取的 3D 激光雷达数据，并基于先验地图进行定位；S2，在基于先验地图进行定位结果不正确时，使用激光里程计获取机器人的姿态；S3，将当前帧和上一帧激光里程计得到的姿态变换加入因子图，因子图中存在上一时刻的位姿，通过激光里程计的预测位姿变换转换得到当前时刻位姿初值，利用此初值作为观测 NDT 配准的初始值，最终 NDT 配准的结果为当前的准确位姿。该专利可以解决在动态场景下，因动态物体的变动，依据先验地图进行姿态匹配不准确的技术问题。该专利提供的方法不需要重新建立先验地图，可以避免大量重新建立地图的操作。该专利被引证次数为 3 次，目前处于在审状态，未在国外进行布局。

2. 国家电网

国家电网积极推动智能巡检技术与电网设备管理的有效融合，逐步实现 "机巡为主、人巡为辅" 的巡检新模式，深入推进电网数字化转型。

国家电网对安防机器人 SLAM 相关技术进行了专利申请，其中语义 SLAM 技术占比达到了近 1/3。下面针对该公司语义 SLAM 技术的典型专利进行简要介绍。

专利——CN111897332B，发明名称为"一种语义智能变电站机器人仿人巡视作业方法及系统"。该专利提供了一种语义智能变电站机器人仿人巡视作业方法，包括：自主构建未知变电站环境的三维语义地图；基于三维语义地图，结合巡检/作业任务和机器人当前位置，自主规划机器人行走路径；控制机器人按照规划的行走路径运动，并在行进过程中开展巡检/作业任务。机器人在开展巡检/作业任务过程中为不停车检测，采用静态地图和动态地图相结合的方式。静态地图方式为：通过将双目相机识别的设备投影至三维点云图，再结合三维点云图的点云密度分布，实现三维导航地图中待检设备的三维位置及点云的准确聚类与语音化，得到漫游语义地图，利用漫游语义地图，将设备三维空间坐标投影到行走路线上，将待检设备的空间位置垂直扇形区域作为任务导航点；动态地图方式为：机器人在运动过程中，动态识别到任务关注设备后，获取设备当前三维坐标，实现设备的动态识别，并实时更新地图信息。该专利用于解决传统机器人巡检智能化水平不足、人工配置依赖度高、停靠作业效率低的技术问题。该专利被引证次数为 52 次，未在国外进行布局。

3. LG

LG 是一家来自韩国的国际性企业集团，成立于 1947 年，1958 年进入电子行业。LG 电子在消费类电子产品、移动通信产品和家用电器领域内都是全球领先者和技术创新者。

LG 与 SK Telecom 合作研发 5G 安保机器人。LG 计划将自动机器人商业化，这些机器人将连接到 SK Telecom 的 5G 网络，用于检测设施和仓库中的异常情况，并进行全天候安全巡逻。

LG 对安防机器人 SLAM 相关技术进行了专利申请，其中云 SLAM 技术是其一个主要研究方向。为了使机器人准确地确定当前位置，需要关于周围环境的布局或空间的信息的精度，随着信息精度的提高，要处理的数据的大小增加，因此处理数据所需的处理器的计算能力也需要高性能，为此，机器人处理与云服务器操作关联的高精度信息并执行 SLAM 不失为一种有效的策略。下面针对该技术的典型专利进行简要介绍。

专利——US11347237B2，发明名称为"实时执行云 SLAM 的方法及用于实现该方法的机器人和云服务器"。该专利提供了一种用于实时执行云 SLAM 的机器人，包括：通信设备，被配置为向云服务器发送信息或从云服务器接收信息；第一传感器，所述第一传感器被配置成获取传感器数据；控制器，所述控制器被配置成控制所述传感器数据、从所述传感器数据提取的特征或所述传感器数据的最后帧经由所述通信装置的通信；以及存储装置，其经配置以存储地图，其中，所述通信设备用于向所述云服务器发送所述传感器数据、所提取的特征或所述最后帧，并且所述通信设备用于从所述云服务器接收本地地图补丁或全局姿态，以及控制器基于本地地图补丁或全局姿态来控制机器人的移动。该专利用于提升处理器的计算能力以匹配高精度环境信息。该专利被引证次数为 22 次，分别在美国和韩国进行布局。

4. 珊口智能科技有限公司

珊口智能科技有限公司成立于 2016 年 2 月，是一家具备自主研发能力且拥有全球前沿技术的高科技企业，聚焦于以类脑计算原理为基础的视觉人工智能技术的研发创新与产业化推进，致力于提供优质的人工智能算法及全面的整体方案。其在美国、以色列、新加坡等国均设立了算法团队与产业化团队。在国内，珊口智能科技有限公司在上海、深圳以及苏州等地分别建立了子公司。

珊口智能科技有限公司将视觉 SLAM 作为核心研发方向，聚合多种传感器，不但增强了机器人对环境的感知以及规划能力，还削减了相关的生产成本。珊口智能科技有限公司在全世界许多著名科技竞赛平台的物体识别竞赛中数次获奖，曾获雷锋网"最佳机器人视觉导航方案奖"。

珊口智能科技有限公司对安防机器人视觉 SLAM 相关技术进行了专利申请，下面针对该技术的典型专利进行简要介绍。

专利——CN107907131B，发明名称为"定位系统、方法及所适用的机器人"。该专利提供了一种机器人的定位系统，包括：存储装置，存储有图像坐标系与物理空间坐标系的对应关系，以及基于所匹配的特征而构建的地标信息；摄像装置，用于在机器人移动期间摄取图像帧；移动传感装置，与处理装置相连，用于获取机器人的移动信息；处理装置包括：第二定位模块，用于获取当前时刻图像帧和上一时刻图像帧中相匹配特征在各图像帧中的位置，并依据所述对应关系和所述位置确定机器人的位置及姿态；第二定位补偿模块，用于基于所存储的对应相匹配特征的地标信息补偿所确定的位置及姿态中的误差；跟踪模块，用于跟踪两幅图像帧中包含相匹配特征的位置；其中，所述跟踪模块利用视觉跟踪技术对上一时刻图像帧中的特征在当前时刻图像帧中进行跟踪以得到相匹配的特征进而获得两幅图像帧中包含相匹配特征的位置，或者，所述跟踪模块利用所述机器人中的移动传感装置所提供的移动信息来跟踪上一时刻图像帧和当前图像帧中包含相匹配特征的位置。该专利用于解决传感器误差累积的问题。该专利被引证次数为 29 次，未在国外进行布局。

5. 华为

华为创立于 1987 年，是全球领先的信息与通信技术（ICT）解决方案供应商。华为高度重视研发投入，致力于推动技术创新和行业发展，在人工智能、芯片等领域也取得了显著的成果。

华为在安防机器人领域的工作主要集中在利用先进技术提升安防效率和准确性。2022 年 6 月，华为助力睿视科技推出基于 SLAM 及 AI 视频智能分析技术的智能巡检机器人解决方案。2023 年 7 月，华为中国企业安平系统部发布了 5G 智慧安平解决方案，其中包含将无人机巡逻、机器人巡逻等新兴技术应用于智慧安平，能够突破时空区域的限制，进行全天候立体智能巡防，使警务运作更高效、打防管控更精准。

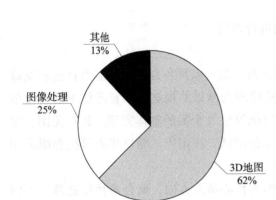

图6-2-5 华为公司安防机器人
SLAM 相关技术分布

华为对安防机器人 SLAM 相关技术进行了专利申请，其中，如图 6-2-5 所示，3D 地图相关专利占比达到了 62%。下面针对该技术的典型专利进行简要介绍。

专利申请 1——WO2022252345A1，发明名称为"3D 地图的压缩、解压缩方法和装置"。该专利提供了一种 3D 地图的压缩方法，包括：获取 3D 地图描述子，该 3D 地图描述子对应于 3D 地图的至少一个 3D 地图点；对该 3D 地图描述子和至少一个预设阈值向量之间的关系进行二值化处理，得到二值化数据；对 3D 地图描述子和至少一个预设阈值向量之间的差异进行量化处理，得到量化数据。该专利用于减少存储 3D 地图所需的存储空间或减少传输 3D 地图所需的传输资源。该专利在美国、欧洲、韩国均有申请，也包括 PCT 申请。

专利申请 2——WO2022252347A1，发明名称为"3D 地图的检索方法和装置"。该专利提供了一种 3D 地图的检索方法，包括：获取多个 3D 地图描述子的二值化数据，所述多个 3D 地图描述子对应 3D 地图的至少一个 3D 地图点；获取检索描述子的二值化数据，所述检索描述子是从电子设备的传感器采集的视觉信息所提取出对应于真实环境的特征；根据所述检索描述子的二值化数据，在所述多个 3D 地图描述子的二值化数据中进行检索，以得到至少一个目标 3D 地图描述子，所述多个 3D 地图描述子各自的二值化数据的长度与所述检索描述子的二值化数据的长度不同。该专利用于解决检索原始的 3D 地图需要消耗大量计算资源的技术问题。该专利在美国、欧洲、韩国均有申请，也包括 PCT 申请。

6. 高仙

高仙成立于 2013 年，专注于融合激光及视觉的 SLAM 技术，实现机器人地图构建、自主定位导航与避障功能；除了开发自主品牌的商用清洁机器人产品，还向近百家智能机器人终端企业提供完善的自主定位导航模块应用解决方案。

高仙对 SLAM 技术的环境适应性开展了研究，下面针对相关的典型专利进行简要介绍。

专利——CN111168669B，发明名称为"机器人控制方法、机器人和可读存储介质"。该专利提供了一种机器人控制方法，包括：控制所述机器人在工作区域内移动并获取所述工作区域的预设激光点云数据，根据所述预设激光点云数据建立所述工作区域的地图，所述工作区域的地面形成有标记图案，所述标记图案对于激光的反射率与所述地面对于激光的反射率不同；提取所述预设激光点云数据中点云高度值位于地面的地面激光点云数据；将所述地面激光点云数据以网格形式划分为多个子区域；对每个所述子区域内的所述地面激光点云数据进行二值化处理以提取激光强度值符合要求的点云数据；将多个所述子区域提取的所述激光强度值符合要求的点云数据合并以获取预设标记点云数据；在机器人导航过程中获取地面的激光点云数据；提取所述地面的激光点云数据中点云高度值位于地面且与所述标记图案对应的标记点云数据；和根据所述标记点云数据和所述预设标记点云数据确定所述机器人的当前位置。该专利能够实现自动提取地面点云上的标记特征，并且能够通过地面的标记特征辅助机器人定位，从而使得机器人在空旷场景下也能稳定导航。该专利被引证次数为 5 次，未在国外进行布局。

6.3　安防机器人无线充电技术

6.3.1　无线充电技术概述

安防机器人的续航能力很大程度上取决于充电的便利性和效率。无线充电技术能够为安防机器人的续航提供极大的便利。通过无线充电，安防机器人不需要通过物理连接来进行充电，它可以在特定的区域内随时进行无线充电，不需要人工干预进行插拔等操作，不仅节约了人工管理成本，还大大提高了充电的便捷性和及时性，使其能更快速地恢复电量，从而保证持续工作的能力。无线充电还减少了因频繁插拔充电线而可能导致的接口损坏等问题，进一步增强了安防机器人运行的稳定性。随着无线充电技术的不断发展和进步，其充电效率也在逐步提高，这将直接有助于缩短安防机器人的充电时间，提升其单位时间内的有效工作时长，让续航能力得到实质性的提升。总之，无线充电技术是提升安防机器人续航能力的关键支撑和重要保障。

无线充电技术（Wireless Charging Technology）最早可以追溯到 1890 年，电气工程师尼古拉·特斯拉（Nikola Tesla）尝试以无线方式输送电力，即通过电磁波进行无线电力的输送，促进了交流电系统的实现。为了纪念这位传奇科学家的杰出贡献，国际上将磁感应强度的国际单位也以"特斯拉"命名。无线充电技术可以使产品设计摆脱线缆的束缚，相比于有线充电，无线充电技术最大的优势是简单方便，无需充电接口和插头之间的精确对准和插拔操作，设备移动灵活性高。其次，无线充电技术中，充电电源及用电设备都可以做到无导电接点外露，没有导电接点松动和污损的问题，对线缆的磨损几乎为零，安全性好。

6.3.1.1 三种主要无线充电技术

无线充电技术按照使用的电磁波的频段进行划分，总体上可以分为两大类[1]：基于非辐射电磁场（近场频段，Near Field Channel）和基于辐射性的电磁场（远场频段，Far Field Channel）；基于非辐射电磁场的技术主要有：电磁感应技术、磁共振耦合技术；而基于辐射性的电磁场的技术主要有微波技术。无线充电主要应用的频率如表 6-3-1 所示。

表 6-3-1 频率与无线充电（输电）技术

非辐射			辐射
Hz	**kHz**	**MHz**	**GHz**
电磁感应	电磁感应	磁共振耦合	微波输电
商用电源频率	高频	磁场共振	电磁波 无线输电
50、60Hz	100—400kHz	6.78MHz、9.9MHz	915MHz、2.45GHz

1. 电磁感应

运用电磁感应技术实现无线充电的技术原理是法拉第发现的电磁感应定律，也就是所谓的电磁感应现象——变化的磁场可以产生电场，其实质就是当穿过闭合回路的磁通量发生变化时，闭合回路中会产生感应电流。在此基础上还需要利用二极管、电容等电子元件将产生的感应电流进行整流滤波，把感应电流转化为直流电方可进行无线充电。

利用电磁感应原理实现无线能量传输，首先需要构建一个无线电磁感应的接口电路系统，该系统主要由两个部分组成：一个是能量发射电路，另一个是能量接收电路，在这两个电路中，都使用了闭合的线圈作为能量传输的媒介。在能量发射电路中，闭合线圈直接连接到交流电源，或者通过整流器将交流电转换为直流电，并通过滤波器进行平滑处理，随后，直流电通过高频逆变器转换为高频交流电，这个高频交流电通过功率放大器进行能量增强，然后通过闭合的线圈向外辐射；在能量接收端，闭合线圈与用电设备相连，当接收端的线圈与发射端的线圈在有效的感应距离内时，发射端发出的高频交流电会在接收端的闭合线圈中产生变化的磁通量，根据法拉第电磁感应定律，这种变化的磁通量会在闭合线圈中诱导出电流，即感应电流；这样，与用电设备相连的接收端线圈中就产生了感应交流电。为了将这种感应交流电转换为直流电，可以采用与发射端相似的处理方法：首先，通过整流器将感应交流电转换为直流电，然后通过滤波器进行滤波，以获得稳定的直流电输出，这个稳定的直流电可以直接输

---

[1] 张广冬，郝昕玉，袁铁军，等. 无线充电技术发展综述 [J]. 电子科技，2016，29 (12)：170-172，179.

入用电设备的充电接口，实现无线充电，这就是利用电磁感应技术实现无线充电的基本过程。❶ 图 6-3-1 是电磁感应式无线充电装置的框图。

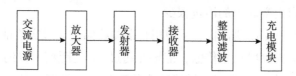

交流电源 → 放大器 → 发射器 → 接收器 → 整流滤波 → 充电模块

图 6-3-1 电磁感应式无线充电装置

2. 磁共振耦合（Magnetic Resonance Coupling）

2007 年，麻省理工学院（MIT）的 André Kurs 等人利用磁共振耦合原理成功点亮了两米外的一盏 60W 的灯泡，并将该技术命名为 WiTricity。

根据电磁场理论，任何电磁场发生源周围均有作用场存在，即以感应为主的近区场（也称"感应场"）和以辐射为主的远区场（又叫"辐射场"），它们的相对划分界限一般为一个波长。近区场的电磁场强度一般比远区场要大得多。近区场内，磁场强度随距离的变化比较快，在此空间内的不均匀度较大。❷

一般情况下，对于电压高电流小的场源（如发射天线、馈线等），电场要比磁场强得多；对电压低电流大的场源，磁场要比电场强得多。❸ 显而易见，在广泛应用的无线通信中，所利用的主要是远场区的辐射电磁波；在近区场，电磁场能量在辐射源周围空间及辐射源内部之间周期性地来回流动，不向外发射，利用近区场的这一特性，通过巧妙地制作发射源，发射源近距离内（米级范围）充满了不向外辐射的交变磁场，而电场被大大地抑制了（电场被束缚在电容内），同时也没有产生向外辐射的电磁波，如图 6-3-2 所示，近区交变磁场即为无线能量传输的媒介。❹

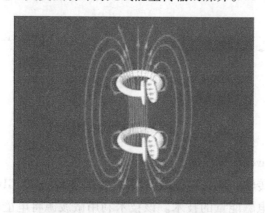

图 6-3-2 磁场耦合谐振示意

❶ 王西平. 电磁感应技术在手机无线充电中的应用 [J]. 电子技术与软件工程, 2018, (19)：112.
❷ 赵玉峰, 赵忠. 第三讲电磁场与电磁辐射 [J]. 环境工程, 1990, 8 (1)：61-63.
❸ 郭宏福, 白丽娜, 李丽智. 设备电磁辐射的评价与测量方法 [J]. 电子科技, 2009, 22 (11)：81-84.
❹ 吴辉, 邓亚峰, 张绪鹏, 等. 电磁谐振式无线供电技术的性能研究 [J]. 机电信息, 2011, (24)：141-143.

　　并且，初级线圈和次级线圈是高度谐振的，因而能够接收到大部分能量以避免能量衰减过多。初级线圈和次级线圈的距离保持在 1/4λ 以内，线圈之间的作用场以非辐射场为主，辐射到自由空间中的能量很少。

　　André Kurs 等人，在强耦合状态下使用自谐振线圈，通过实验证明了在高达线圈半径 8 倍距离上有效的无辐射功率传输，能够在超过 2m 的距离上以约 40% 的效率实现功率 60W 的无线传输。他们还提出了描述功率传输的定量模型，其与实验结果的匹配误差为 5%。❶

　　该实验装置的构成如图 6 - 3 - 3 所示：A 是半径为 25cm 的单个铜环，它是驱动电路的一部分，它输出频率为 9.9MHz 的正弦波；S 和 D 分别表示源线圈和设备线圈；B 是连接到负载（灯泡）的导线环；K_S、K、K_D 表示箭头指示的部件之间的直接耦合，设备线圈 D 和铜环 A 之间的角度被调节以确保它们的直接耦合为零，源线圈 S 和设备线圈 D 同轴对准，导线环 B 和铜环 A 之间以及导线环 B 和源线圈 S 之间的直接耦合是可忽略的。源线圈 S 和设备线圈 D 依赖于内部的分布电感和分布电容而达到谐振。能量通过铜环 A 耦合到源线圈 S，源线圈 S 与设备线圈 D 因为具有相同的谐振频率，在磁场的作用下产生谐振，设备线圈 D 与导线环 B 通过耦合实现能量传递。在此结构中，K_S 与 K_D 都是近距离耦合，K 是远距离的磁耦合谐振。一般而言，两个相距一定距离的 LC 谐振线圈之间为弱耦合，但如果两者具有相同的谐振频率，则会产生电磁谐振，从而构成一个电磁谐振系统。此时如果某一端连接电源并不断为该谐振系统提供能量，而另一端消耗能量（如导线环 B），则实现了电能量的传输。之所以称其为"磁共振耦合"，是因为空间中能量交换的媒介是交变磁场，每个线圈的电磁谐振是通过线圈中的磁场及分布电容的电场实现的。

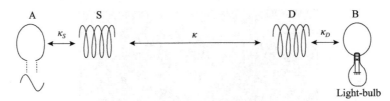

图 6 - 3 - 3　强磁耦合谐振结构示意

3. 微波（Microwaves）无线电力传输

　　微波式无线电能传输，就是以微波（频率在 300MHz—300GHz 的电磁波）为载体在自由空间无线传输电磁能量的技术。该技术利用微波源将电能转变为微波，由天线发射，经长距离的传播后再由天线接收，最后经微波整流器等重新转换为电能使用。该技术主要用于远程距离传输、航天器之间的能量传输、人造卫星和新能源的开发利

❶ KURS A, KARALIS A, MOFFATT R, et al. Wireless Power Transfer via Strongly Coupled Magnetic Resonances [J]. Science, 2007, 317: 83 - 85.

用。三菱重工尝试开发过基于微波无线电能传输（WPT）的电动汽车充电系统，但系统能量传输效率仅有 38%。[1] 总体而言，微波式无线电能传输距离较远，比较适合宇宙空间中的能量传输，但是电磁波在传输过程中容易散射，无法对能量进行集中发射，且不能穿越障碍物，传输效率极低，通常只有毫瓦，不适合日常无线电能的研究。

6.3.1.2　三种无线充电技术性能比较

表 6 - 3 - 2 给出了三种无线充电方式的优缺点比较。[2]

表 6 - 3 - 2　三种无线充电方式比较

技术	优点	缺点
电磁感应式	技术成本较低，原理简单；在近距离时，传输效率和功率较高	充电距离短；发射线圈和接收线圈相对位置受到很大限制
磁共振耦合	能量传输距离相对较远；对发射线圈和接收线圈的相对位置变化不敏感；传输效率高	传输功率相对较低；电磁波频率相对较大
微波传送式	能量传输距离远；抗干扰能力强；可靠性高；适合微波飞机、卫星太阳能电站等远距离输电场合	技术成本高；微波辐射频率大，对人体和生物有一定的伤害；传输效率和功率较低；不适合中短距离能量传输

微波无线充电技术成本高，且对传输介质当中的生物体会产生影响，对人体有一定危害，而且应用于近距离传输时效率低，所以不适合安防机器人的无线充电。

电磁感应式无线充电方式的效率较高，但是能量传输距离短，一般是厘米级，并且对充电装置的位置要求严苛，角度略有偏差，充电效率会大幅下降。[3] 针对电磁感应式的无线充电研究已经出现了很多的产品，比如电动牙刷、电动汽车、扫地机器人等。

磁共振耦合无线充电方式与微波无线充电方式相比，其传输效率更高，对生物的影响更小，而且不受环境中一般障碍物的影响。与电磁感应式传输方式相比，其能量传输距离更远，理论上可以达到几十厘米至几米，且对位置要求没有那么苛刻。缺点是传输功率不够高，充电时间也比较长，后续还需要通过理论研究来提高传输功率。

---

[1]　熊炜，黎安铭，任乔林，等. 无线充电装置在电动汽车上的应用研究综述 [J]. 通信电源技术，2016，33（3）：26 - 28，32.

[2]　周思吉. 移动机器人的电磁谐振式无线充电技术研究 [J]. 重庆工商大学学报（自然科学版），2018，35（1）：13 - 19，26.

[3]　牛玉洁，冷建伟. 应用于智能机器人的无线充电技术研究 [J]. 计算机仿真，2017，34（11）：345 - 352，403.

6.3.2 安防机器人无线充电技术专利状况

使用 incoPat 对全球专利数据库中有关安防机器人无线充电技术的主体进行检索（截止日期为 2024 年 4 月 30 日），共得到 1920 件专利申请。

6.3.2.1 专利申请态势

从 2010—2024 年全球安防机器人无线充电技术专利申请情况来看，安防机器人无线充电技术发展大体分为两个阶段。第一阶段（2010—2015 年）：专利申请呈现缓慢增长的态势，数量维持在 50 件以下，企业对于技术研发的投资热情不足，整个技术领域尚处于初步探索的阶段。第二阶段（2016—2024 年）：自 2016 年起，安防机器人无线充电技术专利呈急剧增长态势，并在 2021 年达到顶峰，数量为 338 件。需要说明的是，由于专利公开的固有延迟，2022—2024 年部分发明专利尚未能完全纳入统计，因此图 6-3-4 中 2022—2024 年专利申请量的下降并不代表实际专利申请量的下滑。

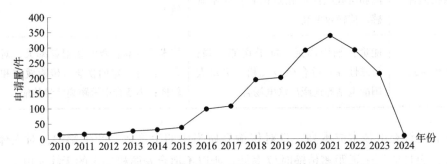

图 6-3-4 全球安防机器人无线充电技术专利申请趋势

6.3.2.2 技术原创国家或地区与申请的目标国家或地区分析

为了解安防机器人无线充电技术专利在全球的创新和应用情况，对其技术主要来源国家或地区和主要目标国家或地区的专利申请情况进行了分析。如图 6-3-5 所示，安防机器人无线充电技术的来源国依序是中国、美国、日本、韩国、英国，其中，中国和美国处于第一梯队，中国占比 75%，从数量上具有绝对优势，而美国占比 16%，仅次于中国。日本、韩国、英国分别占比 5% 以下，3 个国家合计占比 6%，说明这几个国家也具备一定的技术创新实力。

如图 6-3-6 所示，技术目标国家或地区依序是中国、美国、欧洲、日本、韩国、澳大利亚。其中，中国、美国分别占比 60%、18%，由此可知中国、美国既是安防机器人无线充电技术的技术创新国，也是主要的市场需求国。其次，欧洲占比 9%，日本占比 5%，说明这两个国家或地区也是重要的市场需求国家或地区。另外，韩国、澳大利亚也具有少量占比，说明这些国家也具备一定的市场潜力。

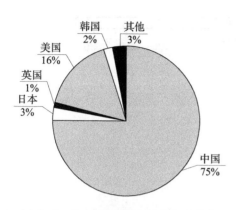

图 6-3-5 安防机器人无线充电技术
原创国家或地区分布

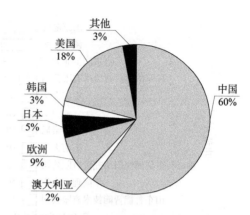

图 6-3-6 安防机器人无线充电技术
目标国家或地区分布

6.3.2.3　安防机器人无线充电技术的技术构成

图 6-3-7 示出了电磁感应式、磁共振耦合以及微波式三种无线充电技术的专利申请数量。其中，电磁感应式数量最多，占三种无线充电技术专利申请总量的 58%；其次是磁共振耦合，占比 38%；微波式占比最少，为 4%。

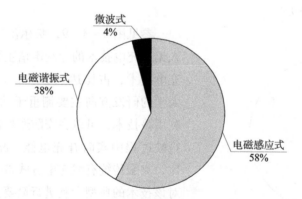

图 6-3-7 安防机器人无线充电技术构成

6.3.2.4　申请人分析

图 6-3-8 展示的是按照所属申请人（专利权人）的专利数量统计的申请人排名情况。图中展示了按申请量排名的前 14 位申请人，从申请人的类型来看，大学和科研院所占据了其中的 7 位，为 50%，说明安防机器人的无线充电技术还处于基础研究和原理验证较多的时期，可能需要较长时间和大量资源投入进行持续研发和完善，尚未完全成熟到能够被广泛商业化应用。在目前的商业化应用当中，尤以国家电网、山东鲁能智能有限公司等大型电力设施的巡检机器人为主。

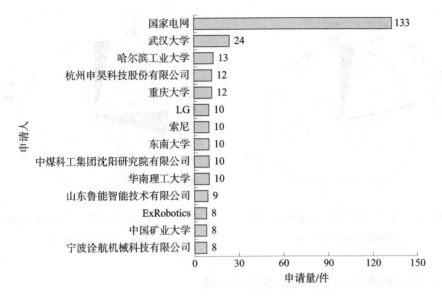

图 6 – 3 – 8　全球安防机器人无线充电技术申请人排名

6.3.2.5　典型申请人及典型专利

1. 哈尔滨工业大学

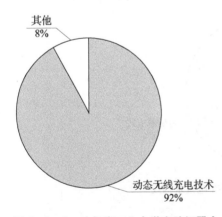

图 6 – 3 – 9　哈尔滨工业大学安防机器人
无线充电技术专利申请概况

参见图 6 – 3 – 9，哈尔滨工业大学安防机器人无线充电技术的专利申请主要集中在动态无线充电技术，占比达到 92%，显示出哈尔滨工业大学的研发方向主要侧重于动态无线充电技术。利用该技术，可以在安防巡检机器人或电动汽车行驶过程中实时补充电能，减少动力电池的配比，克服传统有线充电方式带来的弊端。下面针对该技术的典型专利进行简要介绍。

专利 1——CN104682580B，发明名称为"基于多级复合谐振结构并联的电动汽车动态无线供电系统及采用该系统实现的供电方法"。该专利提供了一种基于多级复合谐振结构并联的动态无线供电系统。一方面，该系统基于多级复合谐振结构并联的特性，在发射/接收绕组间形成均衡磁场，避免了安防巡检机器人或电动汽车行驶中电能传输效率变化的问题，保证供电的稳定性和高效性，接收端接收功率可达 20 千瓦，电能传输效率可稳定在 80% 以上；同时，在复合谐振电路干路上安装开关，利用磁传感器检测磁场强度对电动汽车进行快速精确定位，并控制相应复合谐振结构通断，不仅解决了能量通道切换电流冲击的问题，还有效避免了对过路行人造成电磁辐射，电磁辐射只存在电动车底部，不会对过路行人造成电磁辐射。另一方面，相对于国外其他研究机构技术而言，该专利所提出的单一逆变器多级复合谐振结构并联的网侧供电装置，在发射绕组上无须使用磁芯，按每平方米磁芯成本 1 万元计算，每公里便节约磁芯成本 600 万元，因此大幅度降低了建设成本，具有良好的经济性。该专利被引证次数为 40 次，但并未在国外进行布局。

专利 2——CN104682581B，发明名称为"基于分段导轨均衡场强的可移动设备动态无线供电装置及其动态无线供电方法"。该专利提供了一种基于分段导轨均衡场强的可移动设备动态无线供电装置及其动态无线供电方法，在安防巡检机器人、电动汽车等可移动设备运动的过程中，始终保持只有接收绕组正下方的两个发射绕组运行，有效避免了电磁辐射，同时双发射绕组与接收绕组之间形成均衡磁场，提高了系统动态无线供电的连续性和稳定性。每次开启的两级分段导轨，其驱动信号、高频逆变器电压、发射绕组电流波形的频率、幅度、相位完全相同，这样相邻两发射绕组叠加后的磁场为均衡场强。该专利被引证次数为 16 次，但并未在国外进行布局。

哈尔滨工业大学在吊轨式巡检机器人动态无线充电技术方面共提出了多项专利，占动态无线充电系统总申请量的近一半，体现出吊轨式巡检机器人动态无线充电技术是该研究机构的主要研究方向之一。下面针对该技术的典型专利进行简要介绍。

专利 1——CN113991878B，申请人为哈尔滨工业大学，发明名称为"挂轨式动态无线充电对称平板型耦合装置"。该专利提出了一种挂轨式动态无线充电对称平板型耦合装置，将现有的地面式耦合系统更改为空中的挂轨式耦合系统，沿空中导轨设置发射线圈，通过在发射线圈两边分别设置接收线圈，实现了高效的供电形式，增加了发射线圈产生的磁场的利用效率，解决了现有技术中存在的只能通过发射线圈的单侧磁场进行耦合、磁场利用率不高的问题；并且采用该结构的巡检机器人能够实现在空中沿导轨自由移动而不受结构的限位。该专利的被引证次数为 2 次，未在国外进行布局。

专利 2——CN114023529B，发明名称为"一种对称 E 型磁芯和挂轨式动态无线充电对称 E 型耦合装置"。该专利提出了一种对称 E 型磁芯和挂轨式动态无线充电对称 E 型耦合装置，在现有的平板型结构磁芯的基础上通过改变磁芯体积的方式来增大磁感应强度；从磁场耦合角度出发，采用平板型材料折叠获得 E 型磁芯，实现了在相同体积下增加磁感应强度的效果；在得到的互感系数相同的情况下，磁芯的体积和重量都比对称平板型结构的磁芯下降 30%；在体积相同的情况下，可以获取更高的互感系数。

2. 武汉大学

参见图 6-3-10，武汉大学关于安防机器人无线充电技术的所有专利申请全部集中在电力巡检领域，可能是因为武汉大学的相关研发均源于与国家电网公司等电力公司的合作。其中，44% 的无线充电技术应用于电力线巡检机器人，39% 的无线充电技术应用于变电站巡检机器人。电力线巡检机器人主要在架空的电力线路上工作，与变电站巡检机器人在工作方式和结构上存在较大区别。

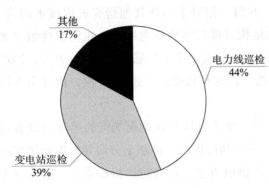

**图 6 - 3 - 10　武汉大学安防机器人无线
充电技术专利申请概况**

下面针对电力线巡检机器人无线充电技术的典型专利进行简要介绍。

专利 1——CN103475069B，发明名称为"一种巡检机器人的充电对接装置"。该专利提出了一种巡检机器人的充电对接装置，充电座中的插座体具有在三维空间任意转动以及沿输电线路方向移动的 4 个自由度，从而适应与充电头对接过程中的定位偏差；充电头设计成楔形体，插座体开有与充电头相契合的 V 形槽，克服了传统插针与插孔对接难的缺点，便于和充电头对接，对接简单；对接时插座体通过在滑套上的滑动可以起到缓冲的作用，从而实现平稳对接；充电头与插座体分离后，圆柱螺旋弹簧能够使插座体复位到初始位置；充电头前端装有一个霍尔传感器，充电座上装有磁钢，机器人根据霍尔传感器检测到的信号来识别对接成功与否，保证了对接过程的可靠性。该专利的被引证次数为 41 次，但并未在国外进行布局。

专利 2——CN102904307B，发明名称为"一种巡线机器人太阳能充电基站的充电对接与分离装置"。该专利提出了一种巡线机器人太阳能充电基站的充电对接与分离装置，包括对接偏差自适应机构、设置在对接偏差自适应机构上的充电座机构以及与充电座机构配接的充电头；所述对接偏差自适应机构包括两个支撑柱、设置在两个支撑柱上能上下往复运动的垂直运动组件、设置在垂直运动组件上能左右往复运动的左右运动组件；上述充电座机构设置在所述左右运动组件上；所述两个支撑柱上下两端的中心均开有盲孔，并在两个支撑柱旁侧对称开有槽；所述垂直运动组件包括垂直移动滑板；所述垂直移动滑板的上下两端开有盲孔，两个支撑柱两端的盲孔里各装有一个上下复位弹簧，上下复位弹簧的一端与支撑柱的内端面相连，另外一端穿入垂直移动滑板的盲孔与其相连；所述垂直移动滑板中间还开有槽，所述左右运动组件设置在开设在垂直移动滑板中间的槽内。该专利可以自适应由于充电头和装置的安装误差、输电线路受机器人重力产生的向下形变所带来的对中偏差，使它们准确对接；对接时，巡线机器人只需要沿着输电线路移动机械臂，就可以完成对接，对接简单、效率高。该专利的被引证次数为 34 次，但并未在国外进行布局。

下面针对变电站巡检机器人无线充电技术的典型专利进行简要介绍。

专利 1——CN107069856B，发明名称为"巡检机器人智能续航无线充电系统及其充电方法"。该专利提出了一种巡检机器人智能续航无线充电系统，包括巡检线路、巡检机器人，以及巡检线路上设置至少一个充电站。充电站上设置有充电发射单元，巡检机器人上设置有机器人接收单元；充电站发射单元包括光电互补供电模块、功率控制电路、功率震荡模块、霍尔器件检测电路、发射端 LCL 补偿电路、发射端通信线圈和功率发射线圈。机器人接收单元包括功率接收线圈、接收端 LCL 补偿电路、信息监测与调制单元、整流稳压模块、接收端通信线圈和机器人储能模块。光电互补供电模块连接功率震荡模块，功率震荡模块分别连接功率控制电路和功率发射线圈，发射端 LCL 补偿电路与功率发射线圈连接，功率发射线圈连接霍尔器件检测电路，霍尔器件检测电路分别连接功率控制电路和发射端通信线圈；功率接收线圈分别连接接收端 LCL 补偿电路和整流稳压模块，机器人储能模块分别连接整流稳压模块和信息监测与调制单元，信息监测与调制单元连接接收端通信线圈；发射端通信线圈与接收端通信线圈无线通信连接，功率发射线圈与功率接收线圈之间进行能量传递；其特征在于，功率发射线圈包括多个平面式渐开线圈平行重叠排列的矩阵；功率接收线圈采用平面式结构；功率发射线圈置于充电站内顶部，功率发射线圈包括三个平面式渐开线圈平行排列成线圈矩阵，且每两个平面式渐开线圈在磁场较弱处重叠；每个平面式渐开线圈沿直线螺旋形展开；线圈矩阵采用多股漆包线绕制，且平铺在铁氧体平板上，同时采用密封胶进行防水浇筑密封。该专利用于解决机器人充电时需要先退出巡检线路，充电结束后再重新返回到初始位置，以及充电过程复杂、效率低下等问题。该专利的被引证次数为 14 次，但并未在国外进行布局。

3. 杭州申昊科技股份有限公司

杭州申昊科技股份有限公司成立于 2002 年 9 月 5 日，总部位于浙江省杭州市。公司立足于智能电网领域，通过与中国科学院、清华大学、浙江大学合作，专业从事智能电网相关技术产品的研究，在电力设备在线监测、配网自动化、清洁能源接入、节能环保、机器人智能巡检系统等方面进行了大量的技术研发和推广。

杭州申昊科技股份有限公司研发的智能巡检机器人可应用于电力、轨道交通、油气化工、公共卫生等多个领域，具备自主导航、设备状态智能识别、自主紧急分闸等功能，能够替代或辅助人工操作任务。

杭州申昊科技股份有限公司研发了一种用于巡检机器人的无线充电屋，下面针对该技术的典型专利进行简要介绍。

专利 1——CN114374241B，发明名称为"一种用于智能巡检机器人的自动充电方法和无线充电屋"。该专利提出了一种用于智能巡检机器人的无线充电屋，所述无线充电屋包括：壳体以及设于所述壳体外的外部信号发生器和设置于壳体内的内部发射谐振器；所述壳体包括顶部、底部以及多个侧壁，且所述顶部、底部以及多个侧壁至少局部包含导电材料；所述外部信号发生器包括：用于产生基波信号的信号发生器、用于放大所述基波信号的功率放大器以及用于将经放大的基波信号通过电感耦合发送至内部发射谐振器的励磁线圈；所述内部发射谐振器通过电感耦合在所述侧壁上产生电流；在相邻侧壁上的电流方向相反，且相邻的侧壁作为彼此的电流返回路径时，所述无线充电屋内形成用于提供电能的三维磁准静态场。该专利所提供的无线充电屋区别于现有的无线充电方式，在一定的空间范围内给巡检机器人提供电能，避免了现有技术中接触充电对接复杂以及对接中容易产生安全隐患的技术问题，使得巡检机器人在无人干预的情况下，能够以一种安全可靠、快速高效的方式实现自动充电。

4. 索尼

索尼是一家具有全球影响力的综合性企业，在电子产品、娱乐产业等领域都有着重要的地位和影响力。

索尼曾推出犬形机器人"Aibo"，它具备"Aibo Patrol"功能，能像平常的宠物狗那样真正地为主人"看家护院"。"Aibo"可以按照规定时间点和指定路线对家里进行巡逻，用户可在手机端查看"Aibo"的巡逻报告以及日常发现到的异常。

索尼对布设在地板或地毯下方的安防机器人无线充电装置进行了研发，下面针对该技术的典型专利进行简要介绍。

专利——US11114894B2，发明名称为"无线机器人充电的装置、系统和方法"。该专利提出了一种用于对一个或多个机器人设备进行无线充电的可以布设在地板或地毯下方的充电装置，包括：功率传输单元，包括多个导线，每个导线被配置为承载相应的交流信号并生成时变磁通量；处理器，被配置为检测在导线的预定距离内机器人设备的感应线圈的存在或不存在，并且基于检测的结果生成控制数据；控制单元，被配置为基于所述控制数据来控制供应给所述导线中的每一个导线的每个相应的交流信号的幅度和频率中的至少一个，其中：所述多个导线包括一个或多个平面拼块，所述一个或多个平面拼块被配置为当布置在基本上相同的平面上时连接到一个或多个其他平面拼块，每个平面拼块包括在第一方向上延伸的至少第一导线的至少一部分和在第二方向上延伸的至少第二导线的至少一部分，并且每个平面拼块包括具有第一配置或第二配置的电路，所述第一配置或第二配置取决于连接到所述平面拼块的多个其他平面拼块。该专利用于解决机器人电池中的剩余能量不足以维持机器人返回到对接站进行再充电的技术问题。该专利的被引证次数为 2 次，分别在美国和英国进行了布局，未在我国进行布局。

5. 重庆大学

如图 6 – 3 – 11，重庆大学的专利申请主要集中在动态无线充电技术和抗偏移技术两个方面，两个方面各占 46%，显示出重庆大学的研发方向主要侧重于动态无线充电技术和抗偏移技术。

利用动态无线充电技术，安防巡检机器人可以在运行过程中实时补充能量，能实现不间断运行，无须专门

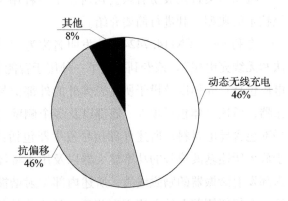

图 6 – 3 – 11　重庆大学安防机器人
无线充电技术专利申请概况

停下来长时间充电，有效增加续航里程和使用便利性；避免了电池电量耗尽后再集中充电的低效率情况，能让能量补给更均匀，对电池寿命也可能有一定积极影响；由于可以边行驶边充电，一定程度上还降低了对车辆自身携带大容量电池的依赖，有助于减轻整体重量和成本。下面针对重庆大学动态无线供电补能技术的典型专利进行简要介绍：

专利申请——CN111355310A，发明名称为"电力巡检机器人级联式无线充电系统及控制方法"。该专利提出了一种电力巡检机器人级联式无线充电系统，原边设置有 N 级发射线圈，每一级发射线圈与各自的补偿电容连接形成一级谐振回路，相邻两级发射线圈由一个 U 形磁芯耦合，相对于每一级谐振回路都设置有用于检测负载是否进入的传感器和用于控制谐振回路是否通断的电源开关，第 1 级发射线圈从原边的高频逆变器中取电，其余每一级发射线圈通过 U 形磁芯从上一级发射线圈取电，当负载进入第 n 级无线充电发射导轨时，系统控制 1—n 级发射线圈所对应的电源开关处于闭合状态，其中 n 的取值为 1—N，N 为大于或等于 2 的正整数；多级导轨耦合构成的级联式发射线圈与接收线圈在动态无线电能传输过程中其互感近似不变，确保了动态无线充电效率。该专利申请的被引证次数为 12 次，未在国外进行布局。

无线充电中的抗偏移技术具有以下重要作用：

①保持充电稳定性：确保即使在充电过程中发射端和接收端发生一定程度的位置偏移，依然能较为稳定地进行能量传输，避免充电中断或不稳定情况。

②提高适应性：使无线充电系统能更好地适应各种实际使用场景中可能出现的位置偏差，如行驶中的晃动、设备放置位置不精准等。

③提升用户体验：减少因偏移导致的充电故障，无须过度精准对位就能顺利充电，增加使用的便利性和舒适性。

④保障充电效率：防止因偏移过大导致能量传输效率大幅下降，从而维持相对较好的充电效率。

⑤增强系统可靠性：有助于降低因位置变化对充电过程的不良影响，提高整个无线充电系统的可靠性和耐用性。

下面针对重庆大学抗偏移技术的典型专利进行简要介绍。

专利申请——CN116022009A，发明名称为"基于球冠双 D 型线圈的多角度抗偏移的水下 MC－WPT 系统"。该专利提出了一种基于球冠双 D 型线圈的多角度抗偏移的水下 MC－WPT 系统，通过设计球冠双 D 型线圈式耦合机构并设计合适的耦合机构参数，以及通过设计原副边谐振网络并设计合适的谐振网络参数，使得接收端在三维空间中存在较大角度的旋转偏移情况下，耦合机构互感变化较小，系统的输出功率和效率都能满足设计要求。该专利以输出功率不小于 3kW、系统效率不低于 85% 的无线充电系统为例，利用 COMSOL 建模分析了发射端和接收端之间在三维空间中存在偏移时的互感变化情况，互感变化率较小。该专利还通过 MATLAB/Simulink 仿真验证了系统在互感变化时依然能够保持 3kW 的输出功率且波动较小，输出效率不低于 85%，从而验证了该专利申请所提出的系统及参数设计方法的正确性和有效性。该专利申请的被引证次数为 2 次，未在国外进行布局。

6. ExRobotics

荷兰的 ExRobotics 是一家为石油和天然气行业提供远程控制系统的制造商，成立于 2017 年。该公司的机器人产品广泛应用于危险区域的检查和监控。

ExRobotics 关于安防机器人无线充电技术的专利申请全部集中在危险爆炸环境中对移动检查机器人进行无线充电的系统，显示出 ExRobotics 的研发方向主要侧重于危险爆炸环境中的无线充电技术。由于无线充电系统没有直接的物理插拔接口，降低了因插拔产生电火花的风险，因而在危险爆炸环境中具有显著优势。

下面针对该技术的典型专利进行简要介绍。

专利——US11518256B2，发明名称为"用于在潜在爆炸性气氛中对移动检查机器人进行无线充电的系统和方法"。该专利提出了一种用于在潜在爆炸性气氛中对移动检查机器人进行无线充电的系统，包括：至少一个感应充电站，其包含：基本上电绝缘的第一壳体、容纳在所述第一壳体中的至少一个可激活的初级线圈以及至少一种导热且基本上电绝缘的第一模制材料，第一模制材料可以是合成树脂和/或浇注橡胶，初级线圈被第一模制材料以基本上无空气的方式包围；以及至少一个移动检查机器人，其包含：基本上电绝缘的第二壳体、容纳在所述第二壳体中的至少一个次级线圈以及至少一种导热且基本上电绝缘的第二模制材料，第二模制材料可以是合成树脂和/或浇注橡胶，次级线圈被第二模制材料以基本上无空气的方式包围；其中第二壳体包括至少一个外围壁和底壁，底壁一体地连接到至少一个外围壁，其中，第二壳体的底壁形成优选为角度和/或弯曲的第二分隔壁，以将次级线圈与围绕检查机器人的环境分离，并且其中所述第二壳体本身被配置为将所述次级线圈和所述第二模制材料与所述检查机器人分离。该专利用于提供一种可在潜在爆炸性气氛中使用的对检查机器人进行充电的相对安全并且用户友好的系统。该专利在英国、加拿大、澳大利亚、荷兰、挪威均有申请，也包括 PCT 申请。

6.4 小 结

安防机器人作为"智能＋安防"的创新成果，随着人工智能技术的不断发展和应用，具有巨大的发展潜力。其应用场景不仅在工业、电力、石油、化工等领域广泛拓展，还在城市管理、公共安全、交通管理等领域发挥重要作用。

SLAM 技术是安防机器人实现自主导航和定位的关键技术之一。尽管该技术已取得较大进展，但在复杂环境下的定位精度和可靠性仍需提高，应当加大研究和开发力度，且应用时需要考虑成本和实用性等因素。同时，促进 SLAM 技术与其他技术的融合，提升其智能化水平。

无线充电技术是安防机器人实现长时间续航的重要技术之一。目前无线充电技术虽在一些领域有所应用，但在安防机器人领域的应用还需进一步研究和开发，同时需考虑充电效率、安全性和可靠性等因素。应当加强无线充电技术的研究和开发，提高无线充电效率和安全性，并推动无线充电技术与其他技术的融合，增强安防机器人的信息化水平。

安防机器人的发展需要政府、企业和社会各方的共同努力。政府层面应加大支持力度，制定相关政策和标准；需加强安防机器人的人才培养，培养具有创新能力和实践能力的专业人才。企业层面需加强技术创新，提高产品质量和性能；需加快安防机器人的应用推广，拓展其应用场景和市场需求；需创新安防机器人的商业模式，提高其商业价值和市场竞争力。社会各方应加强认知和接受程度，加强对安防机器人的科普宣传，提高认知和接受程度，为其应用创造良好环境。

第 7 章　智能门锁

7.1　概　述

近年来，随着科技的不断迭代与发展，在人工智能、移动通信技术与物联网的助力下，我们迎来了智能家居时代，人们的生活变得越来越便捷和智能，智能产品无处不在。并且随着居民安防意识的提升、智能家居应用的普及，电子门锁也趋于向智能化发展，智能门锁作为智能安防的主要应用领域也走入人们的视线。智能门锁凭借其帮助保障家庭安全、提升居民生活便捷性的核心优势，正获得越来越多的家庭青睐。

7.1.1　智能门锁的定义与分类

7.1.1.1　智能门锁的定义

智能门锁的特殊性在于诞生在计算机时代和信息时代。智能门锁加入了传感设施和微电脑处理器，可以感应、处理和统计用户开门信息，并且有些可以通过联网发送到授权智能设备。显然，智能门锁并不是一项开创性的、全新领域的发明，它是在传统门锁的基础上一步一步发展而来的。

传统机械门锁一般采用机械钥匙开门，需要人们随身携带钥匙，为了防止忘记携带钥匙，出门时总要念叨几句"伸手要钱"并对照检查以提醒自己记得带身份证、手机、钥匙和钱包。随着智能终端、移动支付的飞速发展，钱包已经被取代；不出远门的话身份证也不需要随身携带，影响人们出门便利性的就只剩下一个钥匙，可以说对机械钥匙的依赖已经成为影响大家出门幸福感的最大痛点。因此，如何使得人们摆脱对机械钥匙的依赖成为业界迫切要解决的技术问题，在这种情形下电子锁应运而生。

不使用机械钥匙的电子锁早在20世纪60年代已经出现了。根据中国国家知识产权局智能化检索系统的查询结果，专利公开号为US3353383A（授权日为1967年11月21日）的发明专利公开了一种电子锁装置，它包括按钮，通过按钮可输入密码以实现电子开锁。该专利公开的电子密码锁，使人们一定程度上摆脱了对于机械钥匙的依赖，方便了人们的生活。但是，单纯采用密码、指纹等开锁方式进行解锁的电子门锁并不等同于智能门锁，智能门锁与电子锁的本质区别在于多了通信模块，智能门锁一定是可以和外界通信的，这样才能够从远程获取门锁状态或者实现门锁与其他设备的智能联动。

　　因此，可以将智能门锁定义为在传统门锁的基础上具备电子控制功能，通过生物识别、密码键盘、蓝牙适配器、网络功能等解锁模块发出信号，联动电子设备进行锁体解锁的门控设备。智能门锁是综合使用计算机、通信网络、人工智能等技术的物联网系统，用以实现门锁的智能用户识别、远程用户管控以及系统管理，主要包括智能门锁锁体、智能门锁接入网关、智能门锁移动应用（APP）和智能门锁管理平台（云端服务）等组件，其整体框架如图 7 - 1 - 1 所示。❶

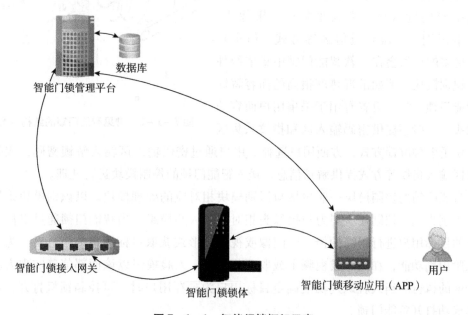

图 7 - 1 - 1　智能门锁框架示意

　　它以门为载体，具备传感侦查、生物识别、电子控制、状态反馈、主动防御安全等功能特征，同时具备以平台服务的联网通信、交互管理的物联网特性。智能门锁将集成电路设计、电子技术与若干种创新的识别技术相结合，通过生物识别等方式取代传统的机械钥匙，使人们摆脱了对钥匙的依赖，并通过机械或电子的方式实现门锁解锁，从而实现房间的无钥匙进入，提高了安全性、便利性。

7.1.1.2　智能门锁的分类

　　智能门锁根据其种类的不同具有不同的基本结构，例如根据门锁把手结构不同，可以分为执手型智能门锁和推拉型智能门锁；根据解锁方式不同，可以分为指纹解锁型智能锁、密码解锁型智能锁、面容识别解锁型智能锁、设备解锁型智能锁和静脉解锁型智能锁等。但是如果从技术构成的角度来划分的话，智能门锁的结构则基本相同。

---

❶　参见《信息安全技术　智能门锁安全技术要求和测试评价方法（征求意见稿）》。

常见智能门锁的结构示意图如图 7 - 1 - 2 所示。❶

常见的智能门锁的主要技术构成包括机械结构模块、识别模块、控制模块和通信模块。其中，识别模块、控制模块和通信模块是智能门锁区别于传统机械门锁的典型特征。

智能门锁的识别模块根据解锁方式的不同可包括密码输入区、指纹采集区、摄像头、NFC 卡识别区、蓝牙通信区等方式，但实际上，更多的厂家会在一款智能门锁中集成两种以上识别模块，例如最近热度很高的面容解锁型智能门锁，除了设置有用于采集用户面容的摄像头，一般还提供密码输入区和指纹采集区

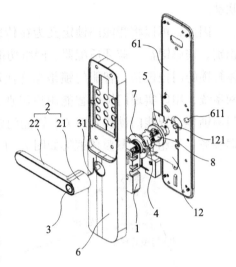

图 7 - 1 - 2　常见智能门锁的结构示意

以提供更多种解锁方式，方便用户选择。用户通过密码输入区输入解锁密码，或指纹采集区输入指纹等方式提供解锁信息，送入智能门锁的控制模块进行处理。

智能门锁的控制模块一般包括与识别模块相对应的处理模块。以识别模块采用摄像头识别为例，控制模块则为与摄像头相对应的人脸模组。当智能门锁通过摄像头对门外的目标用户进行跟踪拍摄，以图像或视频的形式获取目标用户的信息后，为了实现人脸识别功能，在图像或视频中截取面部信息，人脸模组以该面部信息实现人脸识别功能的执行。当人脸识别功能确定目标用户为预存用户时，可控制锁机打开，用户能够成功打开智能门锁。

通信模块一般是设置于智能门锁内的通信手段，用于与远程云平台进行数据交互，以实现远程报警、远程监控等功能，以及与其他智能家居设备如智能照明设备、智能安防设备等进行联动，从而使得人们的家居生活更加智能化、便利化。

7.1.2　智能门锁的发展概况

最早的电子门锁专利出现在美国，与此相对应的电子门锁产业也早在 20 世纪六七十年代从欧美国家兴起，并迅速在日本、韩国等发达国家得到普及。有数据表明目前欧洲、美国、日本、韩国等国家或地区的智能锁普及率已经超过 70%。

我国的智能门锁行业虽然起步相对较晚，但经过短短 20 年发展，基本上已经步入技术的百花齐放时期，各种互联网、智能家居、生物识别等技术都被应用到智能锁上来，基本上引领了全球智能锁技术的发展走向。从发展层面看，日韩虽然发展较快，但目前已经处于瓶颈期；欧美虽然发展时间久，但发展速度非常缓慢；我国虽然发

---

❶ 青岛海信智慧家居系统股份有限公司等. 智能门锁：CN111101756B［P］. 2023 - 08 - 15.

展较晚，但发展速度非常快，无论是在技术应用还是在市场普及方面，已经完全超过了欧美和日韩的发展脚步，至少 5 年内仍处于高速发展期。因此从产值、技术和发展角度上来看，中国已经成为名副其实的智能锁制造大国、强国，智能门锁产业是五金行业里为数不多的能够在全球有话语权的产业。特别是自 2008 年起，我国智能锁技术就已经开始输出，涌现出了一批以技术为导向的出口企业，如爱迪尔、南京东屋等企业。甚至在美国市场上，针对某个细分品类，我国智能锁产品已经居于美国市场的前列。

纵览整个发展过程，我国智能锁的发展历程大致分为以下四个阶段。

1. 萌芽期

我国的智能门锁行业起步相对较晚，从 20 世纪 90 年代开始，中国第一批智能门锁公司才开始出现。自 1990 年起，第吉尔（1990 年）、爱迪尔（1991 年）、必达（1992年）、科裕（1993 年）、金指码（1994 年）、创佳（1998 年）等一批先行者开始涉及电子锁的生产和研发。

这时期门锁产品形态是电子锁，采用按键式密码键或者刷卡的解锁形式，液晶显示屏还未出现，仅支持语音提示、单机报警等功能，并且主要用于商业用途，如高端酒店等场所。特别是在 1996 年以后，相关部门出台了相关政策，规定没有使用电子锁的酒店将不能参与评选星级，这一硬性要求让我国电子锁行业迎来了发展的契机。然而这一时期的电子锁生产企业缺乏核心技术，还处于对国外产品的模仿和借鉴阶段。

2. 发展期

从 2000 年开始，随着指纹识别技术的普及以及国内指纹锁的量产，我国的电子门锁产业步入指纹门锁时代。

这时期指纹锁的应用场景开始从酒店向家居发展，但大多用于一些高端住宅。指纹锁外观和技术等仍以模仿借鉴为主，但电子锁企业的指纹识别技术的自主研发进度很快。2000—2010 年，亚太天能、凯迪仕、耐特、罗普巴克、海贝斯、德施曼、豪力士、思歌等专业电子锁企业相继诞生；同时，耶鲁、盖特曼等国外品牌也开始进军中国工程市场；此外，雅洁、巨力、佳卫、忠恒、汇泰龙、名门、樱花、通用等传统五金锁具企业也于 2010 年前后开始布局电子锁领域。这一时期的指纹识别模块主要以光学为主，比较受指纹表面汗水或指纹清晰度影响，而且因为是采集光线在指纹谷和脊到触板的距离来形成指纹图像的，比较容易被复制，安全度不高。

3. 扩张期

2011—2018 年，随着移动互联网和云储存技术的不断发展，通过联网进行远程交互已经成为电子门锁的标配。电子门锁开始向智能门锁转型，逐步由不具备联网功能的电子门锁如密码锁、刷卡锁、指纹锁等升级为具备联网功能的智能门锁，且入场企业数量猛增。

据易观发布的《中国智能门锁白皮书 2017》，❶ 中国 2015 年智能锁销量为 197 万套，而 2016 年实现了 105.4% 的快速增长，市场销量猛增到了 404.6 万套。从产品上来看，在开启方式方面，除了 IC 卡、密码、机械钥匙、指纹，不少企业为了差异化发展，把人脸识别、虹膜识别、指静脉识别等安全性较高的生物特征识别技术引入。但目前来说，指纹识别依旧是智能锁市场的主流，不过半导体指纹识别开始成为主导。相对光学识别技术，半导体指纹识别采用深层识别手指真皮层的方式，可使指纹识别免受干、浅、脏指纹以及蒙尘状态的影响。2013 年之后，以与云平台远程联网为主要特点的智能锁开始流行起来。特别是自 2016 年开始，随着智能锁触网的深入及安装基数达到临界点后形成网络效应，远程开锁和联网已成趋势。"智能锁 + APP"已成为这一时期智能门锁的显著标志，做到了一机在手，随时随地查看家中的状态。

4. 新兴期

如今，经过了短短十年的发展，经历了智控技术的革新与沉淀，当前的智能门锁产品在解锁方式、功能拓展、AIoT 技术上实现了突破，逐步向融入智能家居场景联动发展。从 2019 年下半年开始，人脸识别智能锁在德施曼、凯迪仕等品牌的推动下，市场份额持续增长，随着更多互联网企业、家电与安防跨领域巨头的入局，智能门锁行业的竞争已经逐渐进入白热化、同质化阶段。而在这样的背景之下，没有研发实力的智能门锁企业，除了模仿和打低价牌，已经没有别的路可以选。因此，许多不甘落后的智能门锁企业，为了摆脱同质化的桎梏，也在寻求新的出路，以成为行业的引领者。而在人工智能大火的背景之下，不少智能锁企业开始把目光转向了人工智能，以期望开创人工智能赋能智能锁新时代。在"人工智能 + 智能锁"时代，智能门锁的产品和功能将不断拓展，其识别速度、稳定性和准确度等方面将多维度提升。

7.1.3 智能门锁的相关政策和标准规范

7.1.3.1 行业相关政策

智能化、数字化发展是加快推动经济社会高质量发展的迫切需要，也是更好满足人民高品质生活需要的必然要求。随着物联网、人工智能等新兴技术的发展，国家将智能化上升为发展战略，并积极推动在各个领域和不同场景的落地。关乎人民生活的家居场景智能化更是得到不断重视。

2019 年 10 月，国家发展改革委发布的《产业结构调整指导目录（2019 年本）》中提出鼓励人工智能向智能家居、智能安防、视频图像身份识别系统、智能制造关键技术装备等方向发展。

---

❶ 易观. 中国智能门锁产业白皮书 2017 ［EB/OL］. （2017 - 07 - 10）［2024 - 04 - 30］. https：//www. analysys. cn/article/detail/1000820.

2021 年 4 月，住房和城乡建设部等 16 部门专门针对家居场景出台的《关于加快发展数字家庭　提高居住品质的指导意见》中指出，"强化智能产品在住宅中的设置"，"到 2025 年底，……新建全装修住宅和社区配套设施，全面具备通信连接能力，拥有必要的智能产品；既有住宅和社区配套设施，拥有一定的智能产品，数字化改造初见成效"。

2021 年 9 月，由工业和信息化部等多部委联合发布的《物联网新型基础设施建设三年行动计划（2021—2023 年）》中提出，"以消费升级需求为导向，推动智能产品的研发与应用，丰富数字生活体验"和"面向'人工智能＋物联网'，建立'感知终端＋平台＋场景'的智能化服务"。

2021 年 12 月，《"十四五"数字经济发展规划》中指出"引导智能家居产品互联互通，促进家居产品与家居环境智能互动，丰富'一键控制'、'一声响应'的数字家庭生活应用"。

2022 年 3 月，国务院印发《中共中央　国务院关于加快建设全国统一大市场的意见》，其中明确指出"推动统一智能家居、安防等领域标准，探索建立智能设备标识制度"和"加快制定面部识别、指静脉、虹膜等智能化识别系统的全国统一标准和安全规范"。

2022 年 6 月，工业和信息化部、人力资源社会保障部、生态环境部、商务部、市场监管总局联合发布《关于推动轻工业高质量发展的指导意见》，其中在"升级创新产品制造工程"部分包括"五金制品：智能锁、智能高档工具等智能五金制品，节水型卫浴五金产品等"。

2022 年 8 月，《科技部关于支持建设新一代人工智能示范应用场景的通知》中提出，"针对未来家庭生活中家电、饮食、陪护、健康管理等个性化、智能化需求，运用云侧智能决策和主动服务、场景引擎和自适应感知等关键技术，加强主动提醒、智能推荐、健康管理、智慧零操作等综合示范应用，推动实现从单品智能到全屋智能、从被动控制到主动学习、各类智慧产品兼容发展的全屋一体化智控覆盖"。

国家从政策层面推动家居场景智能化发展的用意可见一斑。智能门锁作为智能家居大场景的关键入口之一，同时也是家庭安防的核心单品，受到家居相关政策推动以及市场的认可，行业发展如火如荼，市场规模逐年攀升。

7.1.3.2　行业现有标准

1. 国外标准现状

国际上，门锁行业较为广泛认可和采纳的智能门锁测试认证标准，有美国电子防盗锁标准 UL1034、美标 ANSI/BHMA A156.25 和欧洲电子锁标准 EN14846。

在智能门锁的国际标准化方面，目前 IEC、IEEE 等国际标准组织讨论制定智能门锁的技术框架性标准。比较有代表性的是 2019 年 6 月 IEEE 消费电子协会所成立的

P2811 智能门锁工作组。该工作组旨在规范智能门锁系统的术语、定义与关键技术要求（包括参考架构、功能与接口、安全要求与隐私保护等）。工作组的成员包括小米、腾讯、中国电器科学研究院、中国移动、海尔、锁联、中国信息通信研究院、公安部三所等。

2. 国内标准现状

目前，国内智能门锁标准化体系的建设及相关标准的完善工作，得到了各标准化技术委员会及协会、联盟的高度重视。经过十几年的不断发展和完善，已经形成了一个由国家标准、行业标准、团体和地方标准、企业标准相互支撑的，并在市场中试行的初步标准化体系。现行国家标准 3 个，行业标准 4 个，团体标准 13 个。具体参见表 7 – 1 – 1。❶

表 7 – 1 – 1　我国智能门锁行业现行标准

标准名称	标准编号	类别
锁具安全通用技术条件	GB 21556—2008	国家标准
锁具　术语	CB/T 36920—2018	国家标准
锁具　测试方法	GB/T 37634—2019	国家标准
指纹防盗锁通用技术条件	GA 701—2007	行业标准
机械防盗锁	GA/T 73—2015	行业标准
电子防盗锁	GA 374—2019	行业标准
建筑智能门锁通用技术要求	JG/T 394—2012	行业标准
机械防盗锁	T/ZZB 0943 – 2019	团体标准
电子智能防盗锁	T/ZZB 0262 – 2017	团体标准
物联智慧云锁	T/ZZB 1144 – 2019	团体标准
通信领域的远程锁	T/ZZB 0816 – 2018	团体标准
电子智能门锁	T/CNHA 1009 – 2018	团体标准
智能云锁的功能要求	T/CNHA 1013 – 2018	团体标准
锁用电子控制组件	T/CNHA 1019 – 2019	团体标准
智能门锁通用技术条件	T/SZS 4005 – 2019	团体标准
智能门锁密码技术应用规范	T/SCCIA 002 – 2019	团体标准
智能家居产品安全智能门锁安全技术要求	T/SETEA000001 – 2019	团体标准

❶　全国智能建筑及居住区数字化标准化技术委员会. 智能门锁发展与标准研究报告 [EB/OL]. (2021 – 08 – 26) [2024 – 04 – 30]. https：//www. ambchina. com/data/upload/image/20211124/% E6%99% BA% E8%83% BD% E9%97% A8% E9%94%81% E5%8F%91% E5% B1%95% E4% B8%8E% E6% A0%87% E5%87%86% E7% A0%94% E7% A9% B6% E6%8A% A5% E5%91%8A% EF% BC%882021% EF% BC%89. pdf.

标准名称	标准编号	类别
智能门锁信息安全技术要求和测试方法	T/TAF 030 – 2019	团体标准
建筑及居住区数字化技术应用　智能门锁安全	T/ZSPH 01 – 2019	团体标准
智能门锁自动控制模块技术要求	T/ZSPH 01 – 2021	团体标准

GB 21556—2008《锁具安全通用技术条件》是锁具行业的国家强制性标准，这是我国锁具行业最顶层的国家标准，也是目前国内锁具行业唯一的国家强制性标准，被称为锁具行业的"大国标"。该标准于 2009 年 3 月 1 日开始实施，规定了共计 11 类锁具产品，基本涵盖了目前市场上生产销售的全部的民用锁具产品。其中，第 4.10 节（电子防盗锁）部分，共计规定了 23 项强制性技术要求，分别在电子、识读、机械、使用环境等方面作了相应的指标要求。该标准是智能门锁产品的"及格线"，也是国家监督抽查的主要依据标准。

然而，这一现行标准为 2008 版，很多条目已经不再适应飞速发展的门锁行业，尤其不能兼容近年来日新月异的智能门锁，因此迫切需要修订。目前修订版本有两个：第一个是公安部三所牵头立项的信息安全国家推荐性标准《信息安全技术 智能门锁安全技术要求和测试评价方法》。第二个则是中国五金制品协会的《电子智能门锁》，该标准已推出团体标准，目前正在申请将团体标准提升为国家推荐性标准。

GB/T 37634—2019《锁具　测试方法》是国家推荐标准，该标准于 2020 年 1 月 1 日开始实施。其第 8 章（电子智能门锁其他功能和性能）对电子智能门锁的功能、性能、电控锁性能等方面作了相应的测试要求。

智能锁相关的行业标准主要有：GA 374—2019《电子防盗锁》，该标准定义了防盗锁的范围，涵盖了防盗锁领域的机械、电子、防护、环境和安装等方面内容。该标准是目前智能锁行业涉及范围最广的行业标准。若产品标称中包含"防盗"，或标示与《电子防盗锁》中一致的安全级别，或标示执行标准《电子防盗锁》，则在监管中可依据该标准开展抽检执法。GA 701—2007《指纹防盗锁通用技术条件》，该标准是于 2007 年下半年开始实施的专门针对指纹防盗锁的行业标准。该标准针对指纹防盗锁的电子、防护、机械、环境等方面作出了技术性的要求，针对指纹部分的匹配时间、认假率、据真率作出针对性要求，但未明示详细试验方法。

7.2　智能门锁技术专利状况

为了进一步了解智能门锁技术领域专利申请的整体状况，以下针对该领域的全球专利申请状况和中国专利申请状况进行分析。通过申请趋势分析，可以从宏观层面把握该领域在各时期的专利申请热度变化。

7.2.1 全球专利申请态势

7.2.1.1 专利申请趋势

截止到检索日期，全球范围内智能门锁技术领域已经公开的专利申请（例如包括：智能门锁、指纹锁、密码锁等）总量为 28930 项，其中中国申请量为 20691 项。

从图 7 - 2 - 1 可以看出，从 2011 年以来，智能门锁技术领域的全球专利申请数量增长明显，尤其是 2014—2019 年，增长曲线几乎是直线向上，这也与我国智能门锁市场产值的爆炸式增长相印证。

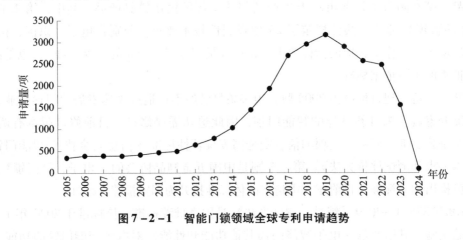

图 7 - 2 - 1　智能门锁领域全球专利申请趋势

另外，虽然 2023—2024 年的数据受到专利申请公布时间和数据库更新频率的影响，但从图中也可以看出，2019 年达到了智能门锁技术领域专利申请量的顶峰，即 3170 项。从 2019 年之后，智能门锁的相关专利申请量有所下滑，可见，智能门锁技术领域中各企业的相关专利布局已经初步完成，在下一个技术热点出现之前，专利申请量增速可能会放缓甚至出现下滑趋势。

7.2.1.2 专利申请类型分析

从图 7 - 2 - 2 可以看出，全球智能门锁技术领域的 28930 项专利申请中，发明专利的申请量最大，申请项数为 11156 项，占比达到了 43%；其次是实用新型专利，其申请项数为 9537 项，占比为 37%；而外观设计专利占比最小，为 20%，其申请项数为 5312 项。

通过分析以上数据和图 7 - 2 - 2 我们可以得出一个结论，在智能门锁技术领域中发明专利的申请量并未占到总申请量的一半，并且外观设计专利的申请量达到了惊人的 20%（与其他技术领域横向相比）。通常在专利领域中笼统地认为，发明专利申请代表了更高的技术，实用新型专利申请和外观设计专利申请价值略低。然而在智能门锁这一领域却与传统的观念不符，那么是什么原因造成了这一结果？难道真的是因为智能门锁技术领域的专利申请质量不高吗？真实情况并非如此。智能门锁作为智能家居的重要一环，同时也是步入家居环境的"门面"，影响消费者选择的不光有高科技的技术，炫酷的外观设计同样是十分重要的因素。因此，对于智能门锁厂家来说，除了要为消费者提供创新的功能，还要在外观审美上下足功夫。而从图 7 - 2 - 2 的专利申请类型我们可以看出，智能门锁领域的厂家们显然意识到了这一点，在为自己的核

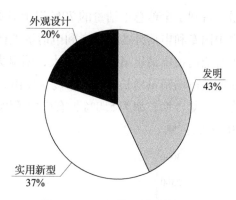

图 7 - 2 - 2　智能门锁领域全球
专利申请中各专利类型占比

心技术申请专利的同时，并未忘记为自己产品独特的工业设计和优秀的审美申请专利保护。同时，也可以看出，实用新型专利的申请量接近四成，这与智能门锁应用型的技术领域有关，在偏向应用的技术领域中，"小、快、灵"的实用新型专利有时候会发挥出发明专利不具有的特点。

7.2.2　中国专利申请态势

7.2.2.1　专利申请趋势

截止到检索日期，中国范围内智能门锁技术领域相关申请的申请量为 20691 项。从图 7 - 2 - 3 可以看出，从 2010 年以来，智能门锁技术领域的专利申请数量增长明显，尤其是 2014—2019 年，增长曲线几乎是直线向上，这也与我国智能门锁市场产值的爆炸式增长相印证。2019 年达到了智能门锁技术领域专利申请量的顶峰，即 2825 件。

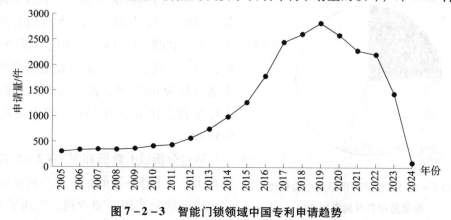

图 7 - 2 - 3　智能门锁领域中国专利申请趋势

将智能门锁技术领域的中国专利申请量曲线与全球申请量曲线对比可知，二者曲线吻合度极高，这也与 2010 年后中国智能门锁市场急剧爆发，中国专利申请总量剧

增，占到了全球总申请量的 70% 以上有关。将智能门锁技术领域中国专利申请量和除去中国专利申请外的全球专利申请量进行对比，由图 7-2-4 可知，从 2010 年后，中国智能门锁申请量增速持续放大，明显大于国外市场。与之相对应的，近年来中国智能门锁市场销量增长迅猛，市场规模由 2018 年的 1450 万台提高到了 2022 年的 1760 万台，年复合增长率为 5.0%，有机构预测 2027 年将增长至 3102.5 万台，年复合增长率为 12.0%。❶

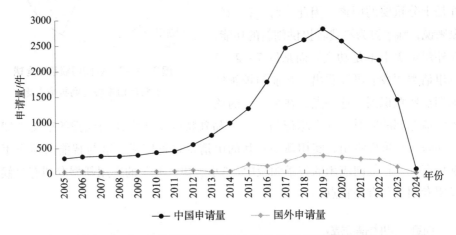

图 7-2-4　智能门锁领域中国与国外专利申请量趋势对比

这与中国移动互联网和物联网技术的成熟、中国消费者家庭安防意识的提升，以及智能家居应用的普及有直接关系。未来，智能门锁凭借其安全性、便利性以及智能性的优势，市场规模有望进一步提升。

7.2.2.2　专利申请类型分析

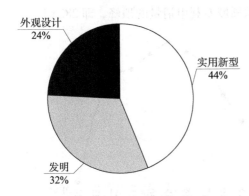

图 7-2-5　智能门锁领域中国专利
申请量中各专利类型占比

在智能门锁技术领域中，中国专利申请量为 20691 项，从图 7-2-5 可以看出，实用新型专利的申请量最大，申请项数为 9014 项，占比达到了 44%；其次是发明专利，其申请项数为 6626 项，占比为 32%；而外观设计专利占比最小为 24%，其申请项数为 5051 项。

通过分析以上数据和图 7-2-5 我们可以看出，与全球不同的，中国专利申请量中占比最高的是实用新型专利，达到了 44%，

❶　李姝. 2023 中国智能门锁行业概览 ［EB/OL］.（2023-03-31）［2024-04-30］. https：//pdf. dfcfw. com/pdf/H3_AP202309181599066388_1. pdf.

外观设计专利的占比也有 24%，而以往的专利申请大户发明专利仅占了三成多一点。可见，在中国智能门锁市场，体现核心专利技术的发明专利并没有想象中高，而代表了"小、快、灵"能更快体现市场效益的实用新型专利，和直接面向消费者挑剔眼光、代表了让人眼前一亮的精美设计的外观设计专利更受企业青睐。综上，我们可以看出，智能门锁领域中，决定哪几家企业能够从惨烈的竞争环境中脱颖而出的因素，可能更多的是外形、宣传等直接的市场竞争行为，而非决定智能门锁具有哪些功能的核心专利之争。显然中国的智能门锁企业们也已经为此做足了准备。

7.2.3　竞争国家或地区分析

下面针对智能门锁技术领域全球专利申请的技术原创国家或地区、技术目标国家或地区、区域申请量变化、区域主要申请人及地区的技术分布进行分析。

7.2.3.1　技术原创国家或地区分析

对智能门锁技术领域全球专利申请的技术原创国家或地区进行统计，结果如图 7 - 2 - 6 所示。中国、韩国、美国、欧洲和日本排在申请量的前五位，占据了申请总量的 87%，其中，中国申请量占据了绝大多数，其占比达到了申请总量的 72%。而韩国和美国属于第二集团，占比之和为 10%。且欧洲、美国、日本、韩国等国家和地区智能门锁的普及率较高，有数据表明目前已经超过 70%。也就是说，欧洲、美国、日本、韩国等国家和地区的智能门锁已经趋于饱和，其专利申请量从 2015 年以来

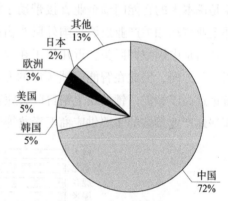

图 7 - 2 - 6　智能门锁领域全球
专利申请技术原创国家或地区占比

一直趋于平缓状态。与之不同的是，智能门锁在我国属于新兴领域，各种互联网、智能家居、生物识别等技术都被应用到智能锁上来，基本上引领了全球智能锁技术的发展走向。特别是自 2008 年起，我国智能锁技术就已经开始输出，涌现出了一批以技术为导向的出口企业，如爱迪尔、南京东屋等。甚至在美国市场上，针对某些细分品类，我国智能锁产品已经居于美国市场的前列。

7.2.3.2　申请的目标国家或地区分析

技术目标国家或地区代表了全球的技术研发者最终选择在哪些国家或地区申请专利，在一定程度上反映出该技术的最终应用的市场区域。图 7 - 2 - 7 是智能门锁技术领域全球技术目标国家或地区申请量分布，与图 7 - 2 - 6 相比，可以看到二者具有一定的相似性，申请量仍是以中国占据主体，而韩国占据第二集团，不同的是欧洲专利

局和世界知识产权组织的申请量有所提升，它们的申请总量之和超过了排名第三位的美国。从产业角度来说，中国是智能门锁新兴市场，也是世界第一大市场，这种专利申请态势也就不足为奇了。但是中国企业的布局仍是以中国市场为主，并没有多少布局国外的计划，当然这也与国外发达国家市场饱和，没有太多市场空间有关系。

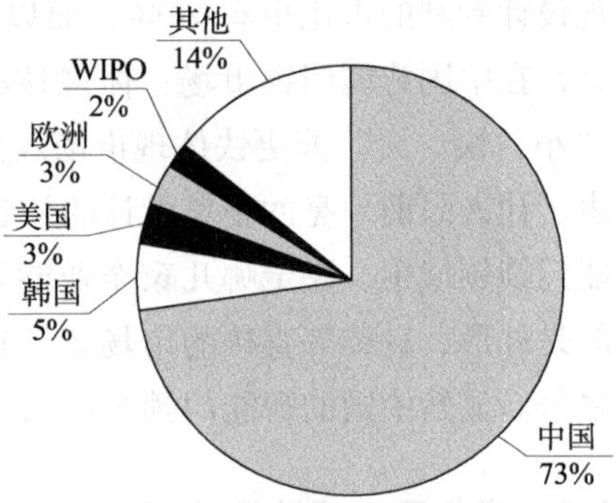

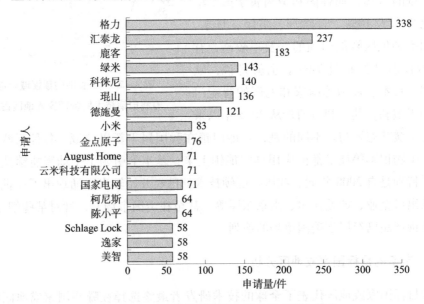

图7-2-7　智能门锁领域全球
专利申请技术目标国家或地区占比

7.2.3.3　申请人排名

对全球智能门锁领域主要专利申请人排名进行统计，可以得到图7-2-8。从图中可以看到，在排名靠前的申请人中，中国本土企业远远多于国外企业，并且上述本土企业大都属于智能门锁领域的直接供应商，也就是说本土的智能门锁企业直接带动了该领域的相关专利申请，这与其他领域中由国外企业带动相关产业发展且国外巨头占据绝对地位的情况完全不同。申请量排名第一的格力是中国空调巨头，近几年正在寻求转型，手机、小家电、智能门锁等都是其投资的新方向，因此在智能门锁领域的专利申请中见到其身影也不难想象。然而其申请量远远高于智能门锁的线上销售巨头鹿客、绿米、小米，专业门锁企业德施曼，以及B端房地产业预装的主要供应商汇泰龙等，让人大跌眼镜。

图7-2-8　智能门锁领域全球专利申请人排名

再对智能门锁技术领域中国专利申请的国内申请人分布进行分析，可以得到图7-2-9。

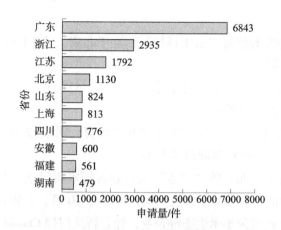

图 7 - 2 - 9 智能门锁领域中国专利申请人地域分布

结合图 7 - 2 - 8 进行解读，在国内排名前 16 的申请人中，格力、汇泰龙、绿米、科徕尼、金点原子、云米、柯尼斯、逸家等都是广东企业，占据了将近一半，对应到省份数据上，广东以 6843 件申请遥遥领先，凸显了广东企业在相关产业上的优势，这也反映了专利申请与产业分布之间的密切联系。浙江、江苏的申请量虽然位居第二和第三，但申请企业较为分散；与之相反，北京的申请量则集中在几家互联网企业，比如小米、鹿客。

7.2.4 智能门锁重点申请人分析

本节选取智能门锁领域中的重点申请人进行分析，通过对其背景、发展概况、产品线、专利布局等方面进行介绍，来展现行业内重要龙头企业的风采。

7.2.4.1 鹿客科技（北京）股份有限公司

1. 背景介绍

鹿客科技（北京）股份有限公司 2014 年 5 月创立于中国北京，是一家互联网新兴厂商，其前身为云丁网络技术（北京）有限公司（以下简称"云丁科技"）。鹿客是一家专注于智能家居领域的高科技公司，致力于为用户提供智能、便捷和安全的生活体验。鹿客在智能家居领域取得了长足的发展，通过不断创新和研发，推出了一系列高品质的智能家居产品。公司不断扩大业务范围，与合作伙伴合作推广智能家居解决方案，助力智能家居产业的发展。

鹿客的产品线以智能门锁为核心，涵盖了智能猫眼、智能摄像头、智能门禁、智能电表、智能水表、智能网关、商用公寓智能设备解决方案等多个领域。这些产品通过智能化技术和互联网技术，实现远程控制、智能联动、节能环保等功能，为用户带来智能便捷的生活体验。

2. 发展历史

2014 年 5 月，鹿客的前身"云丁科技"创立于北京，并于同年 6 月获得联想之星、险峰长青的天使轮投资；

2015 年 6 月，获得美的、联想之星等 A 轮投资，同年 10 月与自如达成协议，获得智能长租公寓行业的首个大单；

2016 年 3 月，获得复星、红星美凯龙的 B 轮投资，同年 12 月云丁科技的公寓智能门锁订单额超过 1.8 亿，市场份额超过 50%；

2017 年 3 月，正式发布品牌"鹿客"及首款智能家用门锁"Touch"，创新把手隐形指纹设计，在当时的一众竞品中独树一帜；2017 年 10 月，获得百度风投、小米、顺为等 C 轮投资，并正式成为小米生态链企业，鹿客智能门锁 Classic 上线米家有品众筹，成为智能门锁行业首款爆品；

2018 年 10 月，智能猫眼 CatY 上线小米有品众筹，4 小时荣登小米有品众筹爆款榜；12 月，获得百度、海纳亚洲（SIG）、蓝图创投、顺为等 D 轮投资；

2019 年 1 月，加入 Zigbee 联盟并成为参与者成员；5 月，与重庆市政府签约，鹿客智能安防设备产业园落户重庆，规划年产能 1500 万台；12 月，鹿客发布海外品牌 Lockin，首批 5000 台北美智能门锁 9 小时即售罄；

2020 年 4 月，发布在线化公寓运营管理平台，构建软硬一体的一站式智慧租住管理解决方案；12 月，被纳入北京市海淀区重点企业，获得国家第二批专精特新"小巨人"企业认定；

2021 年 5 月，鹿客首款指静脉智能锁 SV40 上市，同年成为京东 & 天猫指静脉智能锁销量/销额双第一（市场份额超 88%）；12 月，鹿客智能安防设备产业园一期建成，正式开业，年产能达到 500 万台；

2022 年 4 月，鹿客首款指静脉智能锁猫眼款 S50M 上市；同时，获得天堂硅谷、海国睿鑫、绅龙基金 E 轮投资；7 月，云丁科技变更为股份公司，更名为"鹿客科技（北京）股份有限公司"。

3. 主要产品

鹿客的主营业务为智能门锁，包括面向家用市场的鹿客品牌、面向商用市场的云丁品牌和面向海外的 Lockin 品牌。在家用系列方面，以智能门锁为核心的安防产品，打造了多款行业爆品：Touch 系列首创"同心圆隐形指纹"引领行业设计，Classic 年销量 30 万台成为行业现象级爆款，SV40 是业内首款指静脉智能门锁爆品。在商用系列方面，面向保障性租赁住房行业推出"1 + N + 1"智慧化解决方案，引领社区智慧化创新；同时，还打造了国内长租公寓行业首个软硬件一体化解决方案，为公寓管理方提供全场景、在线化的全流程解决方案。在海外品牌方面，Lockin 围绕家庭安防场景，打造了智能门锁、智能保管箱等一系列产品。

4. 专利情况

对一家公司来说，最重要的专利无疑是销售的爆款产品相对应的专利。而对于鹿客来说，其最重要的产品是早期推出的 Touch 系列和 Classic 系列，这两个系列首创"同心圆隐形指纹"设计，引领了整个行业的潮流。这两个系列最核心的专利是一件有关把手式指纹锁的发明专利和一件智能门锁的外观设计专利，分别参见表 7 − 2 − 1 和表 7 − 2 − 2。

表 7 − 2 − 1　鹿客把手式指纹锁相关专利

公告号	CN211776498U	附图
名称	一种把手装置	
方案摘要	通过在把手的转动部开设贯通转动部的内腔，然后将信息采集模块、支撑件以及转接件依次设置于内腔中且相互抵接，最后将转接件与该内腔远离信息采集模块的一侧内壁连接。实现了从把手转动部内部来将信息采集模块固定安装在把手上，避免因把手外露紧固螺丝而容易被拆动的情况	
产品	把手式指纹识别智能门锁（Touch 系列和 Classic 系列） 在把手的连接端同心设置有圆形或椭圆形的指纹采集仪，在用户使用把手的过程中同步完成解锁达到开门的目的	

表 7 − 2 − 2　鹿客把手式指纹锁外观设计专利

公告号	CN304183015S	附图
名称	智能门锁	
方案摘要	家用或商用门锁，实现门锁开门、智能联网、管理密码，把手带有指纹模块、发光环、usb 孔、喇叭孔以及钥匙孔	 主视图　　　　立视图

公告号	CN304183015S	附图
产品	Touch 和 Classic 指纹锁 双曲面屏、同心圆指纹等元素，对智能门锁的外观形态产生了革命性的影响	 鹿客Touch的门把手

鹿客重要的产品还包括开创了静脉识别智能门锁细分市场的指静脉智能锁。该产品的核心专利如表 7 - 2 - 3 所示。

表 7 - 2 - 3　鹿客指静脉门锁相关专利

公告号	CN207993101U	附图
名称	一种智能门锁及其把手	
方案摘要	一种智能门锁把手，其把手本体的上端和/或下端为装配固定位，所述把手本体上嵌装有指静脉模块，且所述指静脉模块的采集窗口沿用户把持手指延伸方向设置。与现有技术相比，在手握把手的姿态下，用户手指可放置在采集窗口处，验证通过后在原姿态下直接完成开门操作，一个动作即可完成指静脉身份识别和开门操作，简单可靠，可大大提升用户体验	
产品	S 系列指静脉智能门锁 S 系列智能门锁以指静脉识别作为开锁方式，其检测的是隐藏在皮肤下的指静脉血管图像，该图像属于更深层次的生物信息，难以被窃取难以被复制，具有唯一性，安全性更高；且指静脉信息稳定性高，哪怕是指纹不太清晰的老人、小孩、特殊人群也可以用指静脉准确快速识别	

7.2.4.2　深圳市凯迪仕智能科技股份有限公司

1. 背景介绍

深圳市凯迪仕智能科技股份有限公司，专注于智能门锁领域，是一家集产品研发、制造、销售、安装、售后于一体的全产业链公司，是国家高新技术企业，总部位于中国深圳。

2. 发展历史

凯迪仕品牌创立于 2013 年。早期生产的智能指纹锁厂商大多主攻房地产等工程市场，而凯迪仕则以零售渠道为主，并于 2016 年顺势崛起，国内市场占有率一度超过 20%，位居行业前三。2022 年，凯迪仕营业收入达 20 亿元，其中在北美市场的销售增长了约 30%。目前凯迪仕有 2600 多名员工，上万家全球终端网点。2023 年，凯迪仕智能锁已销往全球六大洲、36 个国家，销量位居中国第一、全球前三，巩固了在中国智能锁行业"全国销量领先"的市场地位。

3. 主要产品

（1）KX 屏幕指纹智能锁

屏幕指纹智能锁，其指纹隐匿于屏幕之下，无缝 3D 曲面触摸屏，防刮花；KF 特殊镀膜层，抗指纹；触屏面板 6.6° 黄金比例倾斜角度。这是一款独具创新的产品，首创采用 3D 全面玻璃屏作智能锁的面板，采用屏幕指纹解锁。

（2）K9 全自动推拉门锁

凯迪仕全自动推拉门锁，智能升级全自动锁体。

（3）R9 智能分体锁

隐藏式机械钥匙孔，手动 & 自动模式一键切换，点触唤醒，具备安全模式、布防功能等多种功能。共有五种开锁方式，包括蓝牙开锁、指纹开锁、刷卡开锁、密码开锁以及应急钥匙开锁。

凯迪仕的产品线非常丰富，覆盖了高中低端各个市场，满足了不同消费者的需求。除了凯迪仕主品牌，该公司还有两个子品牌：因特和菲度。因特和菲度主要面向中端市场，为消费者提供性价比更高的智能门锁产品。此外，凯迪仕还与飞利浦进行了品牌授权合作，推出了"飞利浦智能门锁"系列产品，主要面向高端市场。

凯迪仕发布的传奇大师 K70 系列高端旗舰智能锁产品，全球首创神盾智能安全系统和磐石锁体，32 项专利打造智能锁安全新标杆。该系统集成了锁体、解锁、信息、监控、操作和布防六大安全模块，同时搭载了 24GHz 航空级雷达和 13400mAh 锂电池，在安全可靠性和综合续航等方面也处于全球领先地位。

4. 专利情况

凯迪仕凭借洛杉矶、深圳、长沙三大研发中心，以及硅谷、洛杉矶、深圳等共 400 多人的全球研发团队，已经早早拥有了研发投入和人才建设的必要优势。目前，凯迪仕获得过 711 项专利技术，智能锁全球专利数量第一，在全球智能锁领域构建起稳固壁垒，为在激烈的全球竞争中保持领先地位提供保障，从而获得更多的全球市场份额并赢得全球消费者青睐。凯迪仕的典型专利如表 7-2-4、表 7-2-5 所示，这两件专利分别代表了凯迪仕在门锁上锁检测和提高开锁正确性方面的重要研究成果。

表 7-2-4 凯迪仕相关专利

公告号	CN109356460B	附图
名称	一种智能锁的控制电路及控制方法	
方案摘要	一种智能锁的控制电路,包括状态检测单元、主控芯片 U3 及电机驱动单元;状态检测单元包括光耦传感器 U21、U31 以及霍尔传感器 VR1,光耦传感器 U21 检测锁体的状态是否上锁到位以及电机回脱到位,形成第一到位信号;光耦传感器 U31 检测锁体的状态是否开锁到位以及电机回脱到位,形成第二到位信号;霍尔传感器 VR1 检测锁体的状态是否开锁到位,形成辅助信号;主控芯片 U3 根据第一到位信号、第二到位信号及辅助信号,输出控制信号;电机驱动单元与电机连接,根据控制信号驱动电机正转或反转或停止转动。本发明既适用于普通的智能锁的状态检测和控制,又适用于呆舌锁状态检测和控制,适用性强	

表 7-2-5 凯迪仕相关专利

公告号	CN114694283B	附图
名称	一种智能锁开锁的方法及相关装置	
方案摘要	一种智能锁开锁的方法,包括:服务器接收第一终端发送的第一请求消息;该服务器根据该第一请求消息确认该第一终端的身份;该服务器基于该第一终端的身份确定与该第一终端绑定的第一智能锁,其中,该服务器存储了多个终端与多个智能锁之间的对应关系;该服务器向该第一终端和该第一智能锁发送第一校验参数,其中,该第一校验参数用于该第一终端和该第一智能锁在开锁过程中校验身份。该方法能够减少用户主观化输入信息,提高智能锁开锁的效率以及正确率	

7.2.4.3 小米科技有限公司

1. 背景介绍

小米科技有限公司是一家知名的科技公司，在智能家居领域有着广泛的产品线。米家是小米旗下智能家庭品牌。米家是小米智能家庭的缩写，是由小米提供智能设备的控制、管理的平台。智能门锁作为智能家居的重要组成部分，符合小米拓展智能家居生态系统的战略。

值得一提的是，小米智能门锁作为小米米家 APP 的一员，具有丰富的智能玩法，比如与其他智能设备联动解锁开灯，关门关灯等都是可以设置的。小米米家智能门锁由其生态链企业鹿客、绿米等进行代工生产。

2. 发展历史

早在 2017 年初就有传闻称，小米正在布局智能锁领域。当年 10 月，中国经济网、中金在线、金象网、太平洋家居网等媒体也相继报道称，小米或将入局智能安防市场，重点布局智能门锁领域，进一步掌握"入口级"的产品。

2018 年 12 月 12 日，在千呼万唤之中小米米家智能锁终于正式上市。

2022 年，凭借着高性价比、品牌认知度和智能家居系统等优势，小米智能锁占据了 19.2% 的市场份额。

2022 年，小米智能门锁新品 M20，设计有诸多创新，比如防夹手设计，根据把手方向自定义换向安装，十分方便实用；11 月小米发布智能门锁产品 E10，是目前小米旗下最便宜的智能门锁，创新之处在于将指纹识别模组与门把手融为一体，下压把手时就能顺势识别解锁。

小米人脸识别智能门锁，搭载 3D 结构光人脸识别模组，独立 NP 处理器带来全新性能提升，可以实现 1 秒解锁，刷脸开门不用等待。

2023 年 7 月 27 日，小米智能门锁 M20 Pro 正式发布，为小米的智能门锁产品线进一步拓展了在旗舰市场的选择。

3. 主要产品

小米智能门锁 E10：基础款，价格较为实惠，功能齐全，包括指纹、密码、NFC 等多种开锁方式。

小米智能门锁 X：高级款，具有 3D 人脸识别功能，适合追求更高安全性和便捷性的用户。

小米智能门锁 M20：采用全面板设计，直插式 C 级锁芯，搭载创新线性动力系统，支持多种开锁方式。

产品线：小米旗下还有小米智能门锁 E、小米智能门锁 1S、小米智能门锁 Pro、小米智能门锁青春版、小米全自动智能门锁、小米智能门锁 M20 Pro 等多款产品。

4. 专利情况

小米在智能门锁领域进行了积极的专利布局，具体参见表 7-2-6 至表 7-2-8。

表 7-2-6　小米智能锁相关专利

公告号	CN110400405B	附图
名称	一种控制门禁的方法、装置及介质	
方案摘要	确定与智能门锁一致的动态口令生成算法；初始运行所述动态口令生成算法并且触发所述智能门锁运行所述动态口令生成算法；接收到口令生成请求信息后，确定当前有效的动态口令	

表 7-2-7　小米智能锁相关专利

公告号	CN111505947B	附图
名称	家电设备控制方法、智能门锁及计算机可读存储介质	
方案摘要	本申请可以确定当前开门的用户，获取所述用户的用户数据；获取室内环境参数以及当前时刻；根据所述用户数据、所述室内环境参数和当前时刻，确定所述家电设备的运行参数；根据所述运行参数控制所述家电设备运行	
产品	米家门锁智能联动 　　基于当前开门的用户的用户数据、室内环境参数以及当前时刻，来控制对应的设备按照运行参数运行，而不需要用户手动开启及设置参数，提高了对家电设备控制的便捷性	

表 7 - 2 - 8　小米智能锁相关专利

公告号	CN112425116B	附图
名称	一种智能门锁无线通信方法、智能门锁、网关及通信设备	── 110 接收网关发送的控制指令数据，所述控制指令数据是所述网关对客户端根据用户触发操作生成的控制指令进行加密得到的
方案摘要	智能门锁无线通信方法包括：接收网关转发的控制指令数据，所述控制指令数据是网关对客户端根据用户触发操作生成的控制指令进行加密得到的；根据对称加密算法对所述控制指令数据进行解密，得到解密数据；按照指定通信协议中配置的加密算法进行所述解密数据的二次解密，得到控制指令；根据控制指令控制智能门锁执行相应操作	── 130 根据对称加密算法对所述控制指令数据进行解密，得到解密数据 ── 150 按照指定通信协议中配置的加密算法进行所述解密数据的二次解密，得到控制指令，所述指定通信协议用于与所述网关建立通信连接 ── 170 根据所述控制指令控制所述智能门锁执行相应操作

7.2.5　智能门锁领域重要技术

智能门锁要在"安全"的基础上达到"智能"的程度，需要多方面技术的支持，而要说其中的核心技术要点，不外乎身份识别和云平台，智能门锁市场的发展离不开这两种关键技术的进步。生物特征识别技术决定着开锁性能的灵敏度和可靠性，是许多用户选购智能门锁时的首要因素；云平台技术影响着智能门锁与远程云平台联网交互的安全、效率和稳定性，关乎着用户的使用体验和使用安全。因此，本节选取生物识别和云平台中的关键技术进行简介，并将在第 7.3 节和第 7.4 节分别对智能门锁中的多模态融合技术和智能门锁云服务平台技术进行详细阐述。

7.2.5.1　智能门锁生物识别技术

在智能门锁领域，生物特征识别是指通过计算机利用人体生物特征识别技术经由各种生物识别传感器来获取用户的指纹、静脉、面容、虹膜、声音等用户独有的生物信息，先对这些信息进行处理，获取生物信息的特征点信息，然后与设备内已存储的生物特征点信息进行比较，从而能够识别出用户的身份信息，以此来验证智能门锁用户的合法性，确定是否执行解锁操作。

其中，指纹识别技术和人脸识别技术的应用成熟度较高。国内专利申请中，指纹识别和人脸识别的相关技术从 2013 年起进入了快速增长期，目前市场上采用指纹识别技术开锁的智能门锁已经占据了主流。然而，指纹识别技术存在容易被复制的缺点，存在安全隐患，并且指纹受磨损、脏污等影响较大。例如老人、小孩由于长期磨损、皮肤嫩等原因造成指纹较浅，使用指纹锁时可能会出现识别不灵敏、误识率较高等问题。

在人脸识别智能门锁的初期，使用的大部分产品都是 2D 人脸识别技术。二维人脸识别技术同样存在容易被复制的缺点，同时它受光照、人脸角度等影响较大，同样存在识别不灵敏、误识率较高等问题。近年来，智能门锁制造商转向了另一种热成像人脸识别技术，即 3D 人脸识别技术。三维人脸识别技术通过向面部投射大量光点，获取实时三维信息，再根据三角测量原理计算深度信息，以判断人脸匹配程度，比较难以被复制，能够防御高仿真攻击。三维人脸识别技术凭借其技术优势，在用户体验、鲁棒性、识别精度等方面表现均较为突出，目前已经成为智能门锁领域中更多用户的新选择。

指静脉/掌静脉识别技术是通过摄像头获取人手掌静脉图像，并与已存储的特定人手掌静脉特征进行比对，从而判定两者的一致性。因为每个人的血管不一样，因此该识别技术具有唯一性，安全性高，且掌静脉隐藏于身体内部，属于内生理特征，不可复制、不会磨损；并且它对用户的使用要求较低，仅需要用户配合接触采集设备即可；同时它受光照、皮肤油污等影响较低，且识别灵敏，误识别率低，因此属于较理想的智能门锁识别手段。目前已经有不少厂商推出了指静脉/掌静脉识别智能门锁来替代指纹识别智能门锁，其大规模商用阶段指日可待。

然而，无论是指纹识别技术、指静脉/掌静脉识别技术、人脸识别技术、声音识别技术还是虹膜识别等技术均是采用单一的识别手段对用户的身份进行生物识别。随着生物特征识别应用要求的不断提升，用户在开锁时间、开锁便利性、开锁安全、开锁智能性等方面提出了更高的要求，采用单一的生物特征识别技术可能无法满足用户对智能门锁日益增长的高便利性、高安全性、高智能性的要求。而结合了视觉、声觉、生物信息等多维度识别方式信息的多模态融合识别技术可以综合各种生物特征识别技术并对其进行融合计算，从而能够完美契合用户这一需求，预计在不久的未来将成为智能门锁领域中的核心识别技术。因此，在生物特征识别技术领域的众多技术中，我们选择了生物识别多模态融合技术作为智能门锁生物识别技术的关键技术之一，并在第 7.3 节进行重点介绍。

7.2.5.2　智能门锁的云服务平台技术

智能门锁云服务平台作为智能门锁系统的重要支撑，融合了多种先进技术，包括云计算技术、物联网通信技术、安全加密技术、大数据技术等。

云计算技术为智能门锁云服务平台提供了强大的计算和存储能力。通过将大量的门锁数据上传至云端进行处理和分析，平台能够实现对门锁状态的实时监控、远程控制等功能。例如，用户可以通过手机应用随时随地查看门锁的开锁记录、电池电量等信息。

物联网通信技术是智能门锁与云服务平台之间信息传输的桥梁。常见的物联网通信技术包括蓝牙、ZigBee、Wi-Fi 等。这些技术确保了门锁与平台之间的稳定连接和数据交互。例如，蓝牙技术可以实现近距离的快速配对和开锁操作，而 Wi-Fi 则能保证远程通信的可靠性。

安全加密技术是保障智能门锁云服务平台安全性的关键。门锁涉及用户的家庭安全和隐私，必须采取严格的加密措施。采用先进的加密算法对开锁信息、用户数据等进行加密处理，防止数据被窃取或篡改。同时，身份认证机制，确保只有授权用户能够操作门锁。

在数据管理方面，大数据技术发挥着重要作用。平台可以收集和分析海量的门锁使用数据，从而为用户提供个性化的服务。例如，根据用户的开锁习惯自动调整开锁方式，或者为用户提供安全预警。

智能门锁云服务平台还依赖于人工智能技术，例如，通过人工智能对猫眼图像进行异常行为识别进而识别出可疑陌生人，通过机器学习算法对开锁行为进行分析和预测，提前发现异常开锁行为并发出警报等。

此外，为了确保平台的稳定运行，还需要可靠的服务器架构和运维管理。可靠性高的服务器配置可以应对大量用户的并发访问，而专业的运维团队则能及时处理各种故障和问题。

总之，智能门锁云服务平台融合了多种先进技术，这些技术相互协作，共同为用户提供了高效、安全、便捷的智能门锁体验。随着技术的不断发展和创新，智能门锁云服务平台将在未来展现出更广阔的应用前景和发展潜力。第 7.4 节我们将从专利的角度对智能门锁的云服务平台技术进行详细阐述。

7.3　智能门锁中的多模态融合技术

7.3.1　技术概述

要在智能门锁技术领域实现基于人工智能的多模态融合，首先需要具有多模态信息。如上所述，智能门锁技术领域由于其解锁手段多样，不仅有最常见的密码、刷卡、蓝牙解锁，还有基于生物特征识别技术的指纹、掌纹、人脸、虹膜、视网膜、指静脉、掌静脉、声音、声纹、姿态等，可谓五花八门，丰富多彩。因此，在智能门锁技术领域天然具有进行人工智能处理，实现多模态融合的基础。

从现有的产品和技术发展方向进行分析，可以发现智能门锁技术领域中基于多模态的应用主要体现在对多个不同种类生物特征识别技术的处理与融合，并基于融合结果给出解锁与否的结论。它综合了视觉、声觉、生物信息等多维度生物特征识别信息并对其进行融合计算，从而将人工智能技术应用到智能门锁领域，使得智能门锁的功能和产品不断拓展更新，智能门锁的识别速度、稳定性和准确度多维度提高，能够完美契合用户对智能门锁灵敏性、准确性和安全性提升的核心需求。

7.3.2 发展现状

其实，在智能门锁技术领域中早就存在采集多种模态的生物特征识别信息的产品，早期这些产品一般对多种生物特征识别手段只是进行初级的应用，例如同时具备指纹、人脸刷卡、人脸识别、蓝牙等多种解锁方式的智能门锁。生产厂商提供多种解锁方式的目的初始并不是进行多模态的融合，而只是作为一种丰富产品解锁功能的手段，更多的是出于宣传上的商业目的，用以增强其商业竞争力。这些智能门锁产品中提供的多种生物识别手段仍是以择一的方式进行使用，无论是电子密码、指纹、刷卡，还是无线蓝牙、Wi-Fi、激光、红外等技术手段，仅仅只是多了几种开锁方式，门锁的开锁逻辑本质并没有改变，都是通过一种方式进行身份认证，身份认证通过后即可解锁。这些智能门锁并未将其具备的多种生物特征识别技术进行综合使用。

比如公开号为 CN109345662A 的中国专利申请，提供了多种解锁手段，然而这些多种解锁模块是并列关系，无论是指纹、指静脉、人脸识别、RFID 刷卡、还是按键密码，门锁的开锁逻辑本质并没有改变，都是通过一种方式进行身份认证，身份认证通过后即可解锁。任意两者之间并无交互。该类型的产品虽然提供了多种生物特征识别的解锁手段，但暂时还未涉及多种解锁手段之间的多模态融合问题。

而随着智能门锁市场的飞速发展，市场竞争越发激烈，越来越多的新产品、越来越多的新功能被推出。随着智能门锁具备的新功能越来越多，智能门锁上逐渐整合了很多其他设备的功能。例如，在近两年具备人脸识别功能的智能门锁成为市场增长的主要驱动力，而具备人脸识别功能的智能门锁显然需要安装摄像头，在此基础上，越来越多的人脸识别智能门锁开始整合可视门铃功能，相信在不久的将来，视频通话门锁也将会成为标配。同时，可视门铃、智能猫眼、智能门锁等一系列基于摄像头的产品正在走向融合。

公开号为 CN116740844A 的中国发明专利申请，公开了一种猫眼智能门锁，外板上设有摄像头、门外显示屏、门铃按键、指纹头、密码键区、刷卡区，内板上设有门内 IPS 屏幕，用户能通过门内 IPS 屏幕与门外来访者进行音视频通话。用户可以通过猫眼摄像头与来访者进行视频对话，当摄像头所捕捉的图像触发了预先设定的事件标志（如同一张面孔出现的时间过久、次数频繁）等，主控芯片控制摄像头抓拍当前的画面；还可以作为中控来控制其他在同一网络频段中的智慧家居设备，如控制空调、空气净化器等，在用户进门时自动开启，在用户锁门时关闭等。其基于智能门锁上的摄像头将智能门锁、智能猫眼、可视门铃整合在一起，使用一个摄像头对原来三件产品的功能进行融合，初步实现了人工智能为智能门锁赋能。

7.3.3　专利状况

本节将就智能门锁技术领域中，对多种生物特征识别手段进行多模态融合处理的专利进行分析，并由此得出一些结论。

7.3.3.1　中国专利申请类型分析

本节我们来关注智能门锁技术领域中多模态融合技术相关专利在中国的申请类型。由于多模态融合技术并不涉及外观造型，因此数据中滤除了外观设计类型的专利申请。从图 7 - 3 - 1 我们可以看出，在多模态融合技术相关的 837 件中国专利申请中，发明未授权量为 450 件，实用新型授权量为 295 件，发明已授权量为 92 件。其中，发明类专利申请（发明未授权和发明已授权之和）的

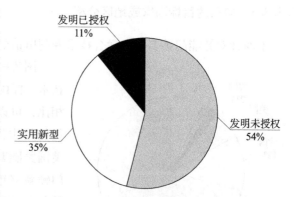

图 7 - 3 - 1　智能门锁多模态融合技术
中国专利申请中各专利类型占比

占比高达 65%，而实用新型的占比仅为 35%，对比图 7 - 2 - 5 可知，智能门锁领域中国专利申请量总体情况中，发明专利的申请量仅占比 32%，发明专利的占比提升巨大。可见，多模态融合技术在智能门锁领域也属于技术门槛较高的类型，申请人更倾向于申请含金量更高的发明专利，以提升其专利竞争力。

7.3.3.2　技术原创国家或地区分析

智能门锁多模态融合技术原创国家或地区分布图展示了专利优先权分布，从图 7 - 3 - 2 中可以看出，中国作为原创国产出的专利申请量占据了全球申请量的七成多份额，为 71%。近年来中国智能门锁产业发展迅猛，原创数量上已经超越了美国、韩国、欧洲、日本等老牌智能门锁研究大国或地区。中国在智能家居领域起步较晚，但是智能门锁产业在中国正发展迅猛，经过近 15 年的努力，我国已经从智能门锁领域的追赶者，一跃成为智能门锁研发、设计、生产、销售的大国、强国。虽然美国、韩国、欧洲、日本等发达国家或地区电子门锁产业起步早、普及率高，但从产品的易用性、先进性、智能性等

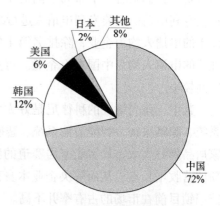

图 7 - 3 - 2　智能门锁多模态融合技术
全球专利申请原创国家或地区占比

发明而言已经被中国完全超越。在美国、韩国、欧洲、日本等国还在大批量地使用电子锁、密码锁等智能门锁的同时，中国的智能门锁产业已经在普及指纹锁、人脸识别锁。有数据表明，2022年中国生物识别细分市场中指纹和人脸识别的占比之和已经高达72%。中国的智能门锁产业在指纹识别、人脸识别以及多种识别手段的多模态融合研究领域已经世界领先。各种互联网、智能家居、生物识别等技术都被应用到智能锁上来，基本上引领了全球智能锁技术的发展走向。

7.3.3.3 申请的目标国家或地区分析

下面针对智能门锁多模态融合技术专利申请的技术目标国家或地区进行分析。

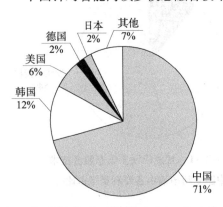

图7-3-3 智能门锁多模态融合技术目标国家或地区分布

图7-3-3是智能门锁多模态融合技术全球技术目标国家或地区申请量分布，与图7-3-2相比，可以看到二者具有一定的相似性，申请量仍是中国占据主体，而韩国占据第二集团，美国紧随其后。从产业角度来说，中国是智能门锁新兴市场，也是世界第一大市场，行业内的各大厂商均想来分一杯羹也就不足为奇了。不过，中国市场目前仍是被国内品牌占据绝对优势地位，像小米、鹿客、凯迪仕、德施曼、亚太天能等仍是中国市场销量排名处于第一集团的品牌，国外品牌在中国智能门锁市场鲜有作为。

7.3.3.4 申请人排名

对于企业，不仅需要重视研发新技术，开发新产品，在专利布局方面的策略也尤为重要。我们来看一下布局中国的主要专利申请人。对智能门锁领域多模态融合技术相关专利申请的主要专利申请人进行统计排名，可以得到图7-3-4。可以看到，排名前十的申请人均为企业，除排名第十的一德金属工业股份有限公司外，排名第一至第九位的申请人均为中国本土企业。可见，目前境外厂商在中国的智能门锁市场的生存空间较小。

其中，排名第一的科徕尼是好太太集团旗下的智能家居系统品牌，主营智能安防系统、晾晒系统、智能清洁系统、智能家居控制平台等众多领域。科徕尼是中国著名家居品牌好太太布局智能家居赛道的独立品牌，寄希望于通过人工智能智能锁开发出新的营收增长点，从而解决企业本身高度依赖晾衣架产品的问题。但科徕尼品牌的智能门锁目前在市场的占有率并不高。

必达是中国的老牌智能门锁生产企业，它属于中国第一批生产电子门锁的企业。除智能门锁外，主要产品还包括智能柜锁、智能箱、智能门禁、智能道闸等，并能够提供智慧园区、智慧酒店、智慧家居、智慧公寓等多个场景的解决方案。

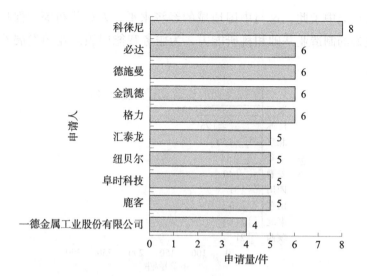

图 7 – 3 – 4　智能门锁多模态融合技术申请人排序

德施曼同样是中国著名智能门锁生产企业，2010 年成为上海世博会智能锁技术供应商。据德施曼官网数据，2021 年德施曼 3D 人脸识别智能锁市占率 72%；可以说德施曼是中国智能门锁领域的第一集团。

金凯德母公司金凯德集团是专业生产钢门、木门的厂商，在智能家居的大浪潮下开始进军智能门锁行业。

格力是中国空调巨头，近几年在寻求新业务突破，智能门锁是其转型智能家居的试水之作。

汇泰龙是专业生产智能门锁的厂商，具有全屋五金与智能门锁的核心技术，研发涵盖云技术、软硬件技术运用、功能、外观、结构、工艺等领域；还是房地产业预装智能门锁的重要供应商。

纽贝尔是一家集智能卡管理系统开发、研制、生产及销售于一体的国家高新技术企业，在智能一卡通领域拥有十余年的稳固根基，产品涵盖门禁管理、停车场管理、智能锁具等领域。

阜时科技是一家科创公司，主营激光雷达芯片和智能门锁 3D 人脸识别芯片。据其官网数据，其目前在智能门锁 3D 人脸识别芯片领域的市占率超过 40%。

7.3.3.5　中国申请人地域分布

由图 7 – 3 – 5 可知，从地域分布来看，智能门锁多模态融合技术中国专利申请量的分布情况与中国各地区经济规模分布状况一致。中国专利申请量在中国的地域分布同样可以划分为两个梯队，第一梯队为东南沿海和北京地区，包括广东、浙江、江苏、北京和上海；第二梯队为包括中部内陆以及西北各省份，包括安徽、四川、山东、湖北、陕西。中国智能门锁多模态融合技术相关专利申请主要集中在第一梯队，产业发展较好的地区也集中于此，这与中国地域的经济水平、人口分布等均保持正相关。这些地区具有良好的制造业基础和科研能力，为服务智能门锁产业的发展奠定了坚实的基础。

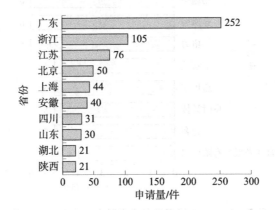

图7-3-5　智能门锁多模态融合技术申请人地域分布

在第一梯队中，智能门锁多模态融合技术的专利申请量集中在广东和浙江，尤其是广东。作为中国最大的电子消费市场，广东是中国智能门锁销售份额最高的省份。凯迪仕、亚太天能、必达等专业锁具厂商也是广东省内企业。强烈的智能家居及电子消费品市场需求驱动广东智能门锁行业蓬勃发展。浙江最活跃的申请人是杭州德施曼，是中国领先的智能门锁研发、生产、销售、服务供应商，也是绿城、中海、龙湖等100多家知名房企智能锁供应商。

另外，北京的科技实力全国领先，智力资源在全国也是最密集的，由此使其在智能门锁研发上具有先发优势，北京积极将智能门锁的研发成果转化到生产上；在智能门锁的普及上，北京也是应用较早、较广泛的地区。北京最重要的智能门锁企业是鹿客。

7.3.3.6　中国专利质量情况

图7-3-6和图7-3-7分别代表了中国专利申请法律状态分布和中国专利申请人类型分布。通过这两幅图，可以大致判断出中国智能门锁多模态融合技术专利申请质量的高低。

如图7-3-6所示，将法律状态分成四类：有效（授权且权利维持）、失效（权利终止或权利人放弃权利）、驳回/撤回/无效（审查驳回/申请人撤回/无效专利）、审中（专利公开状态）。从专利质量的角度，授权后有效和失效的专利质量相对更高，驳回/撤回/无效的专利质量相对更低。中国授权有效专利比例达到43%，如果算上22%的失效专利，中国较高质量专利超过申请量的2/3，远远高于较低质量专利（驳回/撤回/无效）20%的占比。从这个维度来看，中国智能门锁多模态融合技术专利申请的质量表现良好。

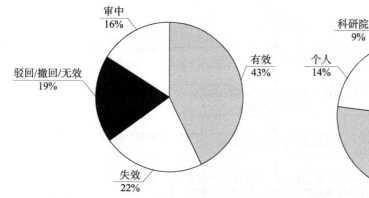

图 7 - 3 - 6　智能门锁多模态融合
技术中国专利申请法律状态

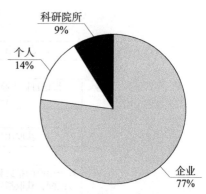

图 7 - 3 - 7　智能门锁多模态融合
技术中国专利申请人类型

如图 7 - 3 - 7 所示，将申请人类型分为三类：企业、科研院所和个人。一般认为，企业出于实际的技术需求和申请支出考虑，其申请的专利一般质量较高，科研院所和个人的专利质量往往参差不齐。从图中可以看出，企业的专利申请量达到 77%，科研院所和个人的专利申请量还不到总申请量的 1/4。从这个维度来看，中国智能门锁多模态融合技术专利申请的质量是相当不错的。

综上，初步看来，中国智能门锁多模态融合技术专利申请的质量是令人满意的。在这些专利申请中，授权有效专利是研发需要重点关注的技术；失效专利和驳回/撤回/无效专利已成为可以自由利用的现有技术，研发机构在实际的研发过程中，可以积极利用这些面向公众免费开放的现有技术提供的技术信息，以提高研发起点，避免重复研发。处于审中状态的专利申请还处于公开状态，研发机构需要积极追踪这些专利法律状态，及时掌控友商的研发动态，避免日后出现专利侵权风险。

7.3.3.7　典型专利

本节针对智能门锁中的多模态融合技术，挑选代表性专利进行解读。

1. 代表性专利 1

公告号：CN110335377B

发明名称：指纹验证方法、装置、电子设备及存储介质

申请人/专利权人：深圳绿米联创科技有限公司

该专利通过获取用户的人脸图像得到对应的指纹匹配度阈值，并根据指纹匹配度阈值对用户输入的指纹进行验证，使得不同用户可以基于各自对应的指纹匹配度阈值进行指纹验证，从而在保证门锁指纹验证的安全性的同时，提高了指纹验证的效率。相应的技术方案参见图 7 - 3 - 8。

该专利及其同族专利在全球被引用 9 次，先进性较好。

图 7 - 3 - 8 智能门锁多模态融合技术代表性专利 1 附图

2. 代表性专利 2

公告号：CN117058787B

发明名称：门锁控制方法、装置、电子设备和计算机可读介质

申请人/专利权人：鹿客科技（北京）股份有限公司

该专利的门锁控制方法，采用粗特征对比和精细特征对比相结合的方式，可以先通过体态信息对用户进行初次分类，以筛选出与用户体态信息较为接近的多个身份信息，再通过人脸和人眼的融合特征对用户进行二次精细分类，可以避免因仅采用一种用户信息参与信息比对而导致的身份信息的误匹配，从而可以控制智能门锁安全解锁，提高智能门锁的安全性。因为采用短时间内连续眨眼作为确认开锁意图的方式，所以在一些场景中（例如用户背向智能门锁回头时），还可以减少误开锁的次数。

该专利通过对人脸特征和眨眼特征进行信息融合，从而能够实现生物特征识别的粗特征和精细特征结合，提高了智能门锁解锁的安全性，并能够减少解锁的误操作。相应技术方案参见图 7 - 3 - 9。

该专利 2023 年 11 月公开，2024 年 4 月获得授权，属于很新的专利，暂未被其他专利引用。但该专利技术方案较先进，预计在后续智能门锁产品中会有重要应用。

3. 代表性专利 3

公告号：CN116884078B

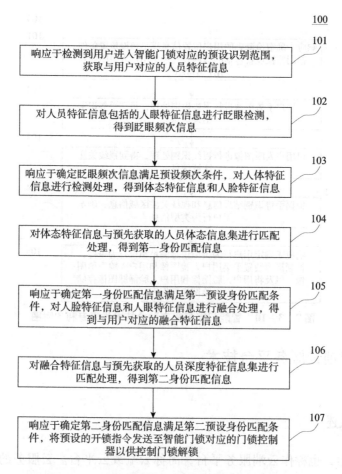

图 7 - 3 - 9 智能门锁多模态融合技术代表专利 2 附图

发明名称：摄像装置控制方法、监控设备和计算机可读介质

申请人/专利权人：鹿客科技（北京）股份有限公司

该专利的技术方案包括：响应于用户位置信息满足预设位置条件，控制摄像装置采集用户人眼图像和用户手势图像；对用户手势图像进行手势识别处理，得到手势识别结果信息；对用户人眼图像进行视线识别处理，得到视线关注区域信息；根据手势识别结果信息和视线关注区域信息，确定用户行为类型信息；响应于确定用户行为类型信息满足预设行为条件，控制摄像装置采集用户人脸图像和用户人脸静脉图像，以及将用户人脸图像和用户人脸静脉图像存储至人脸图像数据库。相应方案参见图 7 - 3 - 10。

该专利 2023 年 10 月公开，2023 年 11 月获得授权，属于较新的专利，暂未被其他专利引用。但该专利技术方案较先进，预计在后续智能门锁产品中会有重要应用。

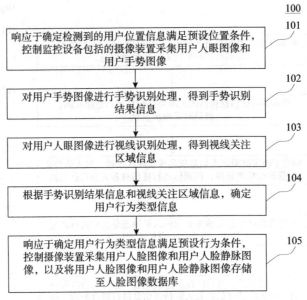

图 7-3-10　智能门锁多模态融合技术代表专利 3 附图

7.4　智能门锁云服务平台技术

7.4.1　技术概述

云服务平台，也称作云端服务平台，简称云端或云平台。云服务的核心思想是通过网络将计算资源、存储资源、网络资源等以服务的形式提供给用户，使用户能够按需使用这些资源，而无须在本地设备上安装或维护这些资源。这种服务可以是 IT 和软件、互联网相关，也可是其他服务。它意味着计算能力也可作为一种商品通过互联网进行流通。

而智能门锁云服务平台更是被赋予了更为强大的功能与更为广阔的应用空间。它不光对人们传统的开锁模式进行了变革，还在安全管理以及便捷生活等方面带来了前所未有的体验。智能门锁云服务平台是基于云计算技术应运而生的，是一个将门禁系统、智能管理、便民服务、家居生活等融为一体的集成化平台。其借助互联网把智能门锁与云端服务器相连接，实现了门锁的远程控制、管理以及监控等多种功能。

7.4.2　发展现状

随着科技的飞速发展，智能门锁云服务平台逐渐成为智能家居领域的重要组成部分。它不仅为用户带来了便捷和安全的生活体验，也推动了门锁行业的变革与创新。深入研究智能门锁云服务平台的发展历程，对于理解智能家居的发展趋势和推动相关产业的进步具有重要意义。

智能门锁云服务平台的发展是科技进步的生动体现，经历了多个阶段的演进与变革。

7.4.2.1　智能化阶段

在这一阶段，智能门锁开始崭露头角。密码、指纹等开锁方式的出现，相较于传统钥匙开锁是重大的进步，为用户带来了更方便和安全的开锁体验。密码可自由设置且便于记忆，指纹识别具有唯一性和便捷性。但这一阶段智能门锁的 APP 端仅用于实现单机的密码设置、指纹录入等功能，还没有实现云联网功能，更不用说云平台化，智能化程度相对较低。此时的智能门锁更多的是在探索智能化的可能性，技术还不够成熟，市场接受度也较为有限。

7.4.2.2　网络化阶段

随着互联网技术的飞速发展，智能门锁进入网络化阶段。智能门锁逐渐增加了临时密码、手机开锁、远程控制等功能。临时密码的加入，方便了访客来访等特定场景，无须提前交接实体钥匙。手机开锁使开锁操作更加灵活，用户无须再直接接触门锁。远程控制功能让用户能在远处控制门锁，增加了便利性和可控性。这一时期，智能门锁开始与互联网连接，实现了远程控制和管理。同时，智能门锁也开始与其他智能设备进行联动，如智能家居系统、智能手机等。与互联网连接极大拓展了智能门锁的功能和应用场景。远程控制和管理使用户能实时掌控门锁状态，如远程开锁、查看开锁记录等。与其他智能设备的联动，构建起了更智能化的家居环境，形成了一个整体的智能生态系统。然而，这一阶段的智能门锁还未真正与云服务紧密结合，更多是本地功能的拓展。

7.4.2.3　云化阶段

从 2010 年代中期起，云服务开始融入智能门锁，用户可以通过手机等设备远程操作门锁。此时，智能门锁与其他智能设备的联动也逐渐兴起，初步形成智能家居的概念。智能门锁云服务平台的出现，使得智能门锁的管理和控制更加便捷和高效。通过云服务平台，用户可以随时随地对智能门锁进行管理和监控，同时也可以实现门锁的智能化控制和场景联动。云服务平台的出现，解决了数据存储、管理和远程访问等一系列问题。用户可通过多种终端随时随地访问平台，进行门锁的各种操作。高效的管理和监控功能，能及时发现问题并采取措施。智能化控制和场景联动更加流畅和自然，提升了用户体验。

7.4.2.4　人工智能化阶段

随着人工智能技术的不断发展，智能门锁云服务平台也开始引入人工智能技术，如语音识别、人脸识别等，进一步提高了门锁的安全性和便捷性。语音识别让用户可以通过语音指令轻松控制门锁，更加自然和便捷。人脸识别技术进一步提高了门锁的安全性和识别精度，无需用户进行额外操作。

在强大的云服务平台支撑下，实现了门锁管理和控制的便捷化、高效化。用户可以随时随地通过云平台对门锁进行监控和操作。同时，门锁的数据被更好地利用和分析，以提供个性化服务。这一阶段，智能门锁云服务平台与人工智能等先进技术的融合也日益紧密。例如，通过人工智能的语音识别技术，用户可以更加自然地与门锁交互；人脸识别等先进的生物识别技术也被广泛应用，进一步提升了门锁的安全性和便捷性。而且，智能门锁云服务平台开始注重数据安全和隐私保护，采用加密技术等手段确保用户数据的安全。此外，在这一阶段，智能门锁云服务平台也在不断拓展应用场景，如与社区管理系统结合，为用户提供更全面的服务。

7.4.3 专利状况

智能门锁技术的发展概况，可以从专利概况中窥见一斑。本节将就智能门锁技术领域中，对智能门锁云服务平台技术相关的专利进行分析，并由此得出一些结论。

7.4.3.1 全球专利申请态势

截止到检索日期，全球范围内有关智能门锁云服务平台技术的相关专利申请中已经公开的专利申请总量为 1297 件，其中中国申请量为 1091 件。

首先，我们来关注智能门锁云服务平台技术的专利申请按年申请量。从图 7-4-1可以看出，在 2012 年之前，有关智能门锁云服务平台的全球专利申请基本为个位数，从 2013 年起，申请量增速突然变大，增长曲线几乎是笔直向上。这说明智能门锁领域已经进入云化阶段，各大厂家意识到了云服务平台对智能门锁的巨大增幅作用，也可以说从此以后，没有接入云服务平台的智能门锁已经退出了主流市场。因此，各大智能门锁主流厂商开始布局云服务平台技术，并由此延伸、拓展智能门锁在智能家居领域的入口和监视作用。

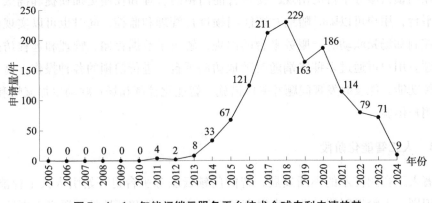

图 7-4-1 智能门锁云服务平台技术全球专利申请趋势

虽然 2023—2024 年的数据受到专利申请公布时间和数据库更新频率的影响，但从图中也可以看出，2018 年达到了智能门锁云服务平台技术专利申请量的顶峰，即 229件。从 2019 年开始，智能门锁的相关专利申请量有所下滑，分析可能的原因，有以下几种。①前期专利布局完成：一些主要企业在前期已经完成了较为全面的专利布局，后续的重点转向专利维护和运营。②经济环境影响：全球经济形势的变化，如经济不景气或资金紧张等，使得企业在研发和专利申请方面的资源投入受限。③核心技术难题：智能门锁领域未来的发展必然与人工智能的发展正相关，目前正处于人工智能的突破期，因此在人工智能技术未实现真正突破之前，相关技术瓶颈阻碍了智能门锁领域进一步的研发和专利申请。④竞争格局稳定：前期的竞争使得市场格局相对稳定，一些企业可能减少在专利申请方面的投入，转而专注于已有技术的优化和产品推广。⑤行业标准逐渐完善：随着行业标准的建立和完善，企业可能更注重符合标准而非大量申请新专利，以免与标准产生冲突或增加成本。

7.4.3.2　中国专利申请类型分析

如图 7 – 4 – 2 所示，在与智能门锁云服务平台技术相关的 1091 件中国专利申请里，发明申请的数量是 693件，实用新型的授权量为 272 件，发明授权量是 126 件。在这里面，发明类专利申请（发明未授权与发明已授权的总和）所占比例高达 75%，而实用新型所占比例仅仅不到 25%，对比图 7 – 2 – 5 可以发现，在智能门锁领域中国专利申请量的总体状况中，发明专利的申请量仅占 32%，发明专利

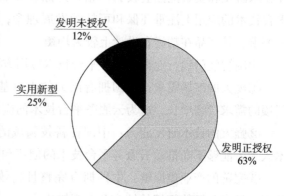

图 7 – 4 – 2　智能门锁云服务平台技术
中国专利申请中各专利类型占比

的占比有了极大的提升。由此可见，云服务平台技术在智能门锁领域属于技术门槛比较高的类型，申请人更加倾向于申请含金量更高的发明专利，以此来增强其专利竞争力。

7.4.3.3　技术原创国家或地区分析

图 7 – 4 – 3 呈现的是智能门锁云服务平台技术原创国家或地区的分布图，该图清晰地展示了主要国家或地区专利首次申请的分布状况。从图中能够看出，中国作为原创国所产出的专利申请量占据了全球申请量的超八成份额，达到了 84%。近年来，中国智能门锁产业发展极为迅猛，在原创数量方面已然超越了美国、韩国、欧洲、日本等传统的智能门锁研究大国/地区。

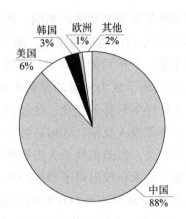

**图7-4-3 智能门锁云服务
平台技术全球专利申请技术
原创国家或地区占比**

在智能门锁领域中，云服务平台技术的应用情况在中国与美国、韩国、日本以及欧洲等地区存在一定差异。就中国而言，云服务平台技术在智能门锁的应用正处于快速发展阶段，众多企业积极投入研发，市场上涌现出大量具备云服务功能的智能门锁产品，且在智能家居生态系统的构建方面取得了显著进展。美国在该技术的应用上起步较早，具有较为成熟的技术体系和广泛的市场应用，其注重用户体验和数据安全，在与其他智能设备的联动性方面表现出色。韩国则凭借自身在电子科技领域的优势，将云服务平台技术与智能门锁紧密结合，且产品设计较为时尚，并且在智能门锁的便捷性和个性化服务方面有独特之处。日本的智能门锁云服务平台技术应用强调安全性和稳定性，在技术研发和质量把控上较为严格，产品以高品质著称。欧洲地区在智能门锁云服务平台技术的应用上注重环保和可持续发展理念，同时也有着较高的安全标准和隐私保护要求，其产品在功能和设计上较为均衡。

中国智能门锁行业在云服务平台技术应用方面具有以下优势：

①庞大的市场需求：中国拥有巨大的人口基数和快速发展的城市化进程，对智能门锁的需求持续增长，这为云服务平台技术的应用提供了广阔的空间和机遇。

②强大的技术研发能力：中国在科技领域的投入不断加大，培养了众多优秀的技术人才，能够不断推动云服务平台技术的创新和升级。

③完善的产业供应链：中国拥有完整且高效的制造业供应链，能够快速实现云服务平台技术与智能门锁的结合及大规模生产。

④政策支持：政府对智能家居等领域的支持，为智能门锁行业应用云服务平台技术创造了良好的政策环境。

然而，中国智能门锁行业在云服务平台技术应用方面也存在以下一些不足：

①技术标准有待完善：智能门锁目前尚无国家标准，各厂家只能按照部门标准和行业标准执行，存在标准不够统一和明确的情况，导致不同产品在云服务平台技术应用上存在兼容性等问题。

②数据安全与隐私保护挑战：云服务的广泛应用，固然带来了个性化设置、丰富的应用场景等优势，然而，在数据安全和用户隐私保护方面可能存在漏洞和隐患，随着用户的重视以及监管的日趋严格，各大厂商面临较大压力。

③售后服务有待提升：云服务平台技术较为复杂，一旦出现问题，售后服务可能跟不上，影响用户体验和信任。

7.4.3.4　申请人排名

对于企业，不仅需要重视研发新技术、开发新产品，在专利布局方面的策略也尤为重要。我们来看一下布局中国的主要专利申请人。对全球智能门锁领域云服务平台技术相关专利申请的主要专利申请人进行统计排名，可以得到图 7-4-4。从图 7-4-4 可以看到，排名前十的申请人中，中国申请人有 8 位，国外申请人有 2 位；其中 9 位为企业申请人，1 位为个人申请人。

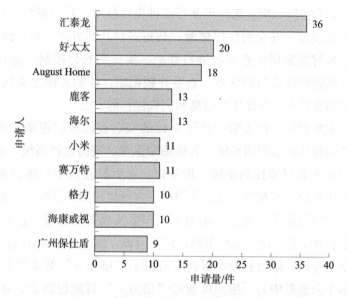

图 7-4-4　智能门锁云服务平台技术申请人排序

关于排名第一的汇泰龙，在前面章节中已经介绍过其基本情况，这里仅介绍其在智能门锁云服务平台方面的情况。汇泰龙智能门锁支持云技术，它的操作 APP 基于涂鸦平台开发。可通过 APP 管理汇泰龙生产的各种智能门锁。

好太太智能门锁使用的 APP 是"好太太智能家居"APP，用户可以通过该 APP 实现对智能门锁的远程控制和管理。其云平台是阿里云。好太太智慧安防云锁支持远程控制，用户可随时随地通过手机 APP 控制智能门锁，同时利用云服务平台实现智能门锁与其他设备的数据交互。

排名第三的智能锁公司 August Home 原是美国智能门锁初创公司，于 2017 年被制锁巨头亚萨合莱收购，成为其旗下的子品牌。和国内需要整体换装的智能门锁不同，包括 August Home 在内的很多国外智能门锁初创公司的智能门锁正面没有数字键盘和指纹识别的区域，整体外观非常小巧、简洁，它们的切入点是门内改装，通常适配的是单面的圆筒锁。除了基础的远程控制、自动开锁/上锁等功能，August Home 还接入了 Siri、Google Assistant 和 Alexa 三大语音助手，可以和一些智能硬件进行联动（例如睡觉前询问智能音箱锁好门了没有）。

2017 年鹿客成为小米生态链企业，其产品依托小米云平台，可通过小米米家 APP 或鹿客智能 APP 进行控制。此外，鹿客智能门锁可能接入了多个云平台，如阿里云、腾讯云等。

海尔智能门锁配备海尔智家 APP，用户可以通过 APP 实现对门锁的远程控制、管理和监控。例如，用户可以通过 APP 查看门锁的开关记录，设置临时密码，接收报警通知等。其他一些产品也接入了第三方云平台。

小米智能门锁自推出以来，不断进行技术升级和迭代。从最初简单的密码开锁功能，逐步发展到融合指纹识别、远程控制等多种先进技术，其云服务平台也日益完善，为用户提供了更加便捷、安全的使用体验；具备多种开锁方式，如指纹、密码、蓝牙等，同时能与小米智能家居生态系统进行联动，实现场景化控制。通过云服务平台，用户可以随时随地远程监控门锁状态，查看开锁记录，还能方便地为他人设置临时密码。采用先进的加密技术，保障用户信息和门锁操作的安全。

赛万特是一家集设计、研发和生产于一体的知名智能家居控制解决方案供应商。赛万特的主要产品包括智能照明系统、智能窗帘系统、安防监控系统、智能音频/视频系统、能源管理系统和智能控制系统。近年来，赛万特注重用户体验和个性化定制，通过智能手机应用和语音控制等方式，让用户更方便地控制和管理智能家居设备。

格力生产的智能门锁可以通过"格力＋"APP 实现智能管理，包括添加、删除数字/指纹密码以及 NFC 卡，设置临时密码，调整门锁音量，实现实时电量提醒等门锁管理。在云服务平台方面，格力智能家居自主研发了"格力＋"智能控制系统，并在全球范围部署了多个云服务中心。用户可通过"格力＋"智能控制系统对所有产品实现智能化控制，用明晰的数据来管控家居生活，让居室生活的舒适度可视化、便捷化，形成一个"万物互联"的智能家居形态。

海康威视生产的智能门锁可以与萤石云平台进行连接，用户可以通过手机 APP 实现对门锁的远程控制和管理，例如开锁、闭锁、查看开锁记录等。萤石云平台支持接入海量设备，包括智能门锁等。用户可以通过云平台对设备进行集中管理和控制，实现远程开锁、密码管理、权限分配等功能。部分智能门锁产品具备视频监控功能，通过与云平台的连接，用户可以实时查看门前的视频画面，并将视频存储在云端，方便随时回放和查看。当智能门锁发生异常情况时，如门锁被撬、密码错误等，云服务平台可以及时向用户发送消息推送和告警通知，让用户能够及时采取措施。云平台可以对智能门锁的使用数据进行分析和统计，例如开锁记录、用户行为等，为用户提供数据分析报告，帮助用户了解门锁的使用情况和安全状况。萤石云平台构建了"1＋4＋N"智能家居生态，智能门锁可以与其他智能家居设备进行联动，实现场景化的智能控制，例如与智能摄像头联动，实现门前的自动监控和录像。

保仕盾是一家专注于智能锁研发、制造、销售与服务的科技创新型企业。保仕盾智能门锁采用了自主研发的云服务平台，实现了门锁与用户手机、其他智能设备的互联互通。主要产品包括 Z1 系列，具有指纹、密码、刷卡、钥匙等多种开锁方式，支持远程控制和管理；Q1 系列，采用了先进的人脸识别技术，实现了无接触开锁，同时，该系列还具备远程监控、报警等功能。

7.4.3.5　中国专利质量情况

以下展示的图 7-4-5 和图 7-4-6，分别代表了中国专利申请法律状态分布和中国专利申请人类型分布。通过这两幅图，可以大致判断出中国智能门锁云服务平台技术专利申请质量的高低。

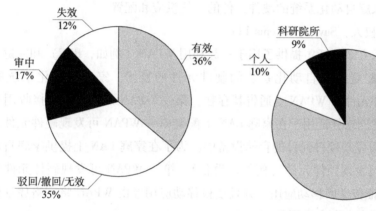

图 7-4-5　智能门锁云平台技术　　　　　　图 7-4-6　智能门锁云平台技术
中国专利申请法律状态占比　　　　　　　　中国专利申请人类型占比

如图 7-4-5 所示，将法律状态分成四类：有效（授权且权利维持）、失效（权利终止或权利人放弃权利）、驳回/撤回/无效（审查驳回/申请人撤回/无效专利）、审中（专利公开状态）。从专利质量的角度，授权后有效和失效的专利质量相对更高，驳回/撤回/无效的专利质量相对更低。中国授权有效专利比例达到 36%，如果算上 12% 的失效专利，中国较高质量专利占申请量的 48%，高于较低质量专利（驳回/撤回/无效）35% 的占比。从这个维度来看，中国智能门锁多模态融合技术专利申请的质量表现良好。

如图 7-4-6 所示，将申请人类型分为三类：企业、科研院所和个人，一般认为，企业出于实际的技术需求和申请支出考虑，其申请的专利一般质量较高，科研院所和个人的专利质量往往参差不齐。从图中可以看出，企业的专利申请量达到 81%，科研院所和个人的专利申请量还不到总申请量的 20%。从这个维度来看，中国智能门锁云服务平台技术专利申请的质量是相当不错的。

综上所述，总体来看，中国智能门锁云服务平台技术专利申请的质量较为可观。在这些专利申请里，授权有效专利属于研发应重点关注的关键技术，失效专利和驳回/撤回/无效专利已变成可自由运用的现有技术，研发机构在实际研发过程中，可以积极借助这些面向公众免费开放的现有技术所提供的技术信息，来提升研发起点，规避重复研发。处于审中状态的专利申请尚处于公开状态，需要积极跟进这些专利的法律状态，实时掌握友商的研发动态，防止日后出现专利侵权风险。

7.4.3.6 典型专利

本节针对智能门锁中的云服务平台技术，挑选代表性专利进行解读。

1. 代表性专利1

公告号：US9806900B2

发明名称：家庭自动化系统的硬件元件的无线供应和配置

申请人/专利权人：Savant Systems LLC

该专利的技术方案包括：提供了用于一起利用 WPAN（例如，BLE）和家庭 Wi-Fi 网络来提供和/或配置家庭自动化系统的硬件元件的技术。家庭自动化系统的第一 WPAN 可发现硬件元件在 WPAN 上通告其存在。第一 WPAN 从移动应用接收用户提供的网络凭证，所述网络凭证用于在家庭 LAN 上配置第一 WPAN 可发现硬件元件，并存储在第一 WPAN 可发现硬件元件的存储设备中。为了在家庭 LAN 上提供家庭自动化系统的第二 WPAN 可发现硬件元件（例如，设备），第一 WPAN 可发现硬件元件经由家庭 LAN 将网络凭证传送回移动应用，并且使得移动应用经由 WPAN 将网络凭证转发到第二硬件元件。相应方案参见图7-4-7。

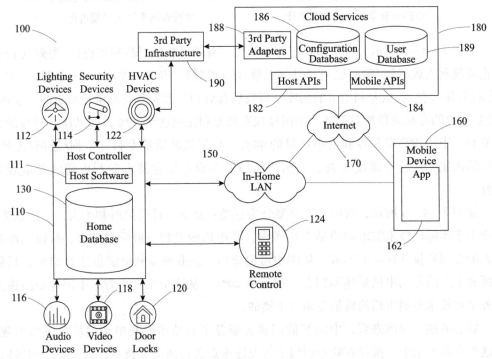

图7-4-7 智能门锁云服务平台技术代表专利1附图

　　该发明解决了智能家居网络内智能设备网络授权问题，从而在家庭自动化系统发生改变时，无需手动变更即可自动更新各智能设备。该专利及其同族专利在全球被引用 23 次，先进性好。

　　2. 代表性专利 2

　　公告号：CN104574598B

　　发明名称：一种智能门锁的集中控制方法和系统

　　申请人/专利权人：托斯卡尼（上海）酒店管理有限公司

　　该专利的技术方案包括：智能门锁接收服务器返回的开锁密码，并存储开锁密码；智能门锁比对当前请求开锁时接收到的密码与存储的开锁密码与是否一致；当当前请求开锁时接收到的密码与存储的开锁密码一致时，智能门锁执行开锁动作；智能门锁生成或接收清除开锁密码的指令，并清除存储的开锁密码。该发明解决了现有技术中智能锁的解锁过程烦琐且安全性差的问题。相应方案参见图 7-4-8。

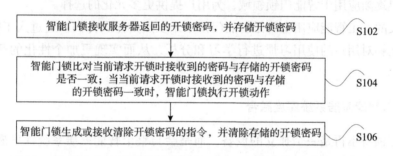

图 7-4-8　智能门锁云服务平台技术代表专利 2 附图

　　智能门锁接收服务器返回的开锁密码，并存储开锁密码；且智能门锁生成或接收清除开锁密码的指令，并清除存储的开锁密码，解决了现有技术中智能门锁的解锁过程烦琐且安全性差的问题，达到使智能门锁解锁过程便捷且安全性高的效果，适用于酒店入住等场景。该专利及其同族专利在全球被引用 64 次，先进性好。

　　3. 代表性专利 3

　　公告号：CN107038777B

　　发明名称：一种基于智能门锁系统的安全通信方法及其智能门锁系统

　　申请人/专利权人：云丁网络技术（北京）有限公司

　　该专利的技术方案包括：智能门锁与移动终端通过预设的安全通信通道连接并交换加密密钥；发送端生成待传输数据并通过加密密钥采用预设的加密算法进行加密得到加密数据；发送端将带有唯一标识的加密数据通过云服务器发送至接收端；接收端对带有唯一标识的加密数据进行身份验证，根据身份验证结果处理加密数据。

　　由于服务器不保存任何密钥，所以服务器无法理解由其转发的数据，即使服务器被攻破，智能门锁与移动终端通信中的数据加密、身份验证、防重放防篡改依然有效，保证了数据的安全性。该专利及其同族专利在全球被引用 117 次，先进性好。

7.5　小　结

以下我们将对智能门锁的未来发展作出展望，并给出建议。

7.5.1　智能门锁未来发展趋势

7.5.1.1　技术持续创新

生物识别技术的进一步发展是必然趋势。目前常见的指纹识别技术将变得更加精准和快速，同时，人脸识别技术也将不断优化，能够更好地适应各种环境和光照条件，提高识别的准确性和安全性。此外，诸如虹膜识别、静脉识别等更为先进的生物识别技术也有望逐渐应用于智能门锁领域，为用户提供更多元化的选择。

更强大的人工智能应用也将是智能门锁未来发展的重要方向。通过人工智能技术，智能门锁能够对用户的使用习惯进行学习和分析，从而实现更加个性化的开锁方式和功能设置。

7.5.1.2　与智能家居系统深度融合

智能门锁将不再是一个孤立的设备，而是会与整个智能家居系统深度融合，形成更为完善的智能家居生态。与智能家电、智能照明等设备实现联动，当用户打开门锁进入家门时，灯光自动亮起，空调自动调节到适宜温度，为用户打造一个舒适便捷的生活环境。

这种深度融合还将体现在智能家居系统的统一管理上。用户可以通过一个智能终端对智能门锁以及其他智能家居设备进行集中控制和管理，实现真正的智能化生活体验。同时，不同品牌和类型的智能家居设备之间的兼容性也将不断提高，促进智能家居市场的进一步发展。

7.5.1.3　数据安全和隐私保护将成为重点

随着智能门锁的普及和应用范围的扩大，用户信息的安全和隐私保护将成为至关重要的问题。智能门锁涉及用户的身份信息、开锁记录等敏感数据。一旦这些数据遭到泄露或被恶意利用，将给用户带来极大的安全隐患。

为此，智能门锁企业将不断加强数据安全保护措施，采用更加先进的加密技术和安全协议，确保用户信息在传输和存储过程中不被窃取或篡改。同时，相关法律法规也将不断完善，对智能门锁企业的数据安全管理提出更严格的要求。

7.5.1.4 　服务模式创新

智能门锁的服务模式也将不断创新。提供个性化定制服务将成为一种趋势，用户可以根据自己的需求和喜好，定制智能门锁的外观、功能等，使其更好地融入家居装修风格并满足个人使用习惯。

售后服务也将得到进一步优化。智能门锁企业将提供更加及时、专业的安装、维护和技术支持服务，确保用户在使用过程中无后顾之忧。此外，还可能出现基于智能门锁的增值服务，如提供家庭安全保障方案、与保险公司合作推出相关保险产品等。

总之，智能门锁未来的发展趋势充满了无限可能。技术创新将不断提升其性能和功能，与智能家居系统的融合将带来更便捷的生活体验，数据安全和隐私保护将成为重中之重，服务模式的创新将满足用户多样化的需求。在这些趋势的推动下，智能门锁市场必将迎来更加广阔的发展空间。

7.5.2 　智能门锁相关领域的不足和建议

在未来的发展中，中国智能门锁行业需要进一步加强技术标准的制定和完善，提高各厂家产品之间的兼容性，以促进整个行业的健康发展。同时，企业应加大对数据安全和隐私保护的投入，提升技术防护能力，以应对日益严峻的安全挑战。对于网络基础设施薄弱的地区，政府和相关企业可以加大投入，改善网络环境，为云服务平台技术的更好应用创造条件。此外，企业必须始终将产品质量放在首位，不能只追求云服务功能的表面花哨，而要确保智能门锁的基本性能和可靠性。在售后服务方面，企业应加强培训，提高售后人员的技术水平和服务能力，及时解决用户遇到的问题，增强用户的满意度和信任度。只有这样，中国智能门锁行业才能在云服务平台技术应用方面不断取得突破，在全球市场中保持竞争力并持续发展。

第 8 章　高空抛物监控

8.1　概　述

8.1.1　高空抛物的定义和危害

高空抛物是指从建筑物，或其他高处向地面或其他低处投掷物品的行为。高空抛物可以是故意的，如故意从高处投掷物品以伤害他人或破坏财物；也可以是无意的，如未妥善放置的物品从高处坠落，这种情况也被称作"高空坠物"。发泄不良情绪、未成年人管教不到位、不良习惯等为高空抛物事件的主因。高空抛物的危害包括：

①威胁人身安全：高空抛物可能导致行人或其他人受伤，甚至死亡，给受害者及其家属造成巨大的心理阴影。即使是小物体，从足够高的地方落下也可能造成严重伤害。

②造成财产损失：抛下的物品可能会损坏车辆、建筑物、公共设施和其他财产，导致经济损失。

③扰乱社会秩序：高空抛物会破坏社会秩序和邻里关系，造成公众恐慌和不安，降低公众对社区安全的信任和社区的生活质量。高空抛物违反了社会公德，反映了个人道德水平的缺失。肇事者可能面临法律责任，包括赔偿损失和刑事指控。

8.1.2　举证责任

《中华人民共和国民法典》第一千二百五十四条规定，在经调查难以确定具体侵权人的情况下，除能证明自己非侵权人的外，由可能加害的建筑物使用人给予补偿。可能加害的建筑物使用人在补偿后，有权向侵权人追偿。

同时，《中华人民共和国民法典》第一千二百五十四条还规定了物业和公安机关在防范和取证方面的责任：物业服务企业等建筑物管理人应当采取必要的安全保障措施防止高空抛物情形的发生。未采取必要措施的，应当依法承担未履行安全保障义务的侵权责任。发生高空抛物情形的，公安等机关应当依法及时调查，查清责任人。

新加坡对于高空抛物的管理机关是环境局，一旦确定有人从组屋中抛物，如被目击者发现或者被视频监控取证，房屋主人将被默认为违法者。[1] 新加坡环境局安装了多个监控设备，它们可以随时移动。哪个小区存在高空抛物情况，监控设备就会安装在那个小区，直到掌握抛物人员的证据为止，这种灵活的取证设备做到了成本和效率的有机平衡。[2]

但是在实践中，高空抛物往往是突发且没有预兆的，而且发生时间极短，甚至有蓄意抛物者会故意隐藏自己的身影；物品在空中飞行的时候已经来不及做出干预反应，只能在事前预防、事后总结和追责上下功夫。在无法确认加害人时，可能导致整栋楼成了"被告"，共同承担责任，导致"一人作恶，集体受罚"的情况出现，且容易出现调解难、结案慢、执行难的窘境。[3]

因此，用技术手段对高空抛物和高空坠物行为进行即时监控，做到及时识别抛物行为并记录报警，自动溯源找到实施住户，已经成为事中取证、及时处理、事后追责的重要基础。

8.1.3　技术难点

传统的高空抛物事后处置方式包括逐户走访排查、DNA 化验等，成本高、时效慢。用普通摄像头拍摄的精度不足，且无法自动识别，人工识别的效率和准确率也不高。因此，以高清摄像头配合人工智能识别算法的专业高空抛物监控系统也就应运而生，如重庆市九龙坡区的"瞭望者"高空抛物智能预警监控系统、广东省中山市的"万里眼"高空抛物综合治理系统等。

对高空抛物监控系统的主要需求包括：24 小时全天候实时监控，实时检测告警，生成抛物轨迹，快速定位楼层，对物体落下的整个过程视频取证；对夜间、复杂天气等不利环境具备一定鲁棒性；在一定程度上兼顾居民隐私保护。[4] 摄像头安装于户外环境，需要考虑稳定性和便于维护。[5]

高空抛物监控的主要技术痛点包括：

①识别难：高空抛物的物体相对于整个楼栋目标太小，且抛出的物体速度较快，及时识别抛物，准确确定抛物的具体位置和源头并取证具有一定难度。

---

[1] 王卫. 新加坡新设法律条款遏制高楼抛物 [EB/OL]. (2023 – 07 – 12) [2024 – 04 – 30]. http：//legalinfo. moj. gov. cn/pub/sfbzhfx/zhfxfzwh/fzwhhqfz/.

[2] 佚名. 新加坡这样预防高空抛物 [EB/OL]. (2019 – 11 – 17) [2024 – 04 – 30]. https：//www. shicheng. news/v/GAEj5.

[3] 周闻韬，陈国峰，岳文婷. 高空抛物入刑后仍面临多重难点，"祸从天降"不止于一判了之 [EB/OL]. (2021 – 04 – 18) [2024 – 04 – 30]. https：//www. thepaper. cn/newsDetail_forward_12264046.

[4] 马涤明. 触发式探头监测高空坠物：向技术要解决方案 [EB/OL]. (2019 – 10 – 11) [2024 – 04 – 30]. http：//house. people. com. cn/n1/2019/1012/c164220 – 31395789. html.

[5] 谭涵文. 高空抛物，要"治"也要"防"（新视角）[EB/OL]. (2022 – 04 – 18) [2024 – 04 – 30]. paper. people. com. cn/hwbwap/html/2022 – 04/18/content_25913281. htm.

　　根据搜索得到的结果，高空抛物案件中最常见的抛掷物主要是生活垃圾和装修物品。具体来说，小到抽过的烟头、用过的餐巾纸、食品包装袋，大到石块、木板等都可能成为被抛掷的物品。其中未完全熄灭烟头还有额外引燃可燃物的火灾风险。

　　②干扰多：如飞鸟、飘落的树叶、夜晚的背景楼栋灯光等都会干扰视频检测的准确性。

　　③夜间监控难：根据统计，傍晚和夜间为高空抛物高发时段。❶ 在光线不足的情况下，监控画面质量可能受到影响，进而增大识别难度。

　　④天气限制：如雨天、雾天、逆光可能导致监控设备无法正常工作。

　　⑤隐私问题：对居民楼的长期全天候监控可能引发居民对个人隐私的担忧。

　　⑥数据存储和管理困难：大量的监控视频数据需要有效的存储和管理。

　　鉴于此，我们希望在本章节通过对全球高空抛物监控识别相关专利申请进行检索和分析，分析专利申请和布局的趋势、主要技术发展方向、主要申请人和发明人、重点专利内容和法律状态，尝试掌握高空抛物防范技术的发展水平和趋势，推动高空抛物防范技术在实际中的广泛应用，找出现有技术存在的不足和缺陷，以便进一步改进，促进相关技术的研发和应用，提高防范高空抛物的能力，或为相关政策和法规的制定提供参考，更好地应对高空抛物问题。

8.2　高空抛物监控专利状况

8.2.1　专利申请趋势

　　图 8-2-1 是高空抛物监控的专利申请量趋势。

图 8-2-1　高空抛物监控专利申请量趋势

　　由图 8-2-1 可知，虽然 2006 年就有相关专利申请，但是一直到 2018 年，高空抛物监控的相关技术都只是零星发展阶段。直到 2019—2021 年开始持续飞速增长，在

---

　　❶ 周文冲，谷训，王宇轩，等. 警示作用明显，取证难问题仍待破解：高空抛物入刑一周年观察［EB/OL］.（2022-03-01）［2024-04-30］. http：//www.xinhuanet.com/politics/2022-03/01/c_1128426353.htm.

2021 年总量达到顶峰，随后开始回落。

从社会角度需求来看，从 2016—2018 年的高空抛物伤人案件频发成为社会热点，到 2019 年最高人民法院颁布《关于依法妥善审理高空抛物、坠物案件的意见》，2020 年 5 月通过的《中华人民共和国民法典》明确禁止从建筑物中抛掷物品，再到 2021 年修改的《中华人民共和国刑法》规定从高空抛掷物品的刑事责任，高空抛物问题的热度一直在持续，对高空抛物行为监测的现实需求，也促成了各个相关公司对技术研究开发，并开始布局大量专利。

从技术基础来看，2011 年以后，摄像机开始具备智能分析功能，集成了先进的图像处理技术和人工智能算法的智能摄像头的发展为高空抛物监控技术的普及提供了技术保障。

从现实应用方面来看，2019 年杭州某小区高层安装了多个高空抛物监控设备。为了保护住户隐私，这些监控设备的拍摄角度被限制为仅拍摄各层住户的阳台和窗户，由于玻璃反光，仰视的摄像头难以拍摄住户屋内的细节。2020 年 5 月，重庆九龙坡区公安分局在国内率先采用"瞭望者号"系统监控高空抛物行为。2021 年 1 月，深圳市安全防范行业协会编制的《高空抛物智能监控（报警）系统工程技术规范》开始实施。2021 年，上海等城市开始积极引入高空抛物监控系统，进行"一网统管"，显示出城市管理对高空抛物问题的重视。

8.2.2　目标国家或地区分析

下面通过专利公开文献公开号中的国别信息，分析相关技术在全球的主要目标市场。

由表 8 - 2 - 1 可以看到，高空抛物监控的相关专利绝大多数均是在中国的申请。除此之外，商汤科技有限公司、中科智云科技有限公司、上海点泽智能科技有限公司、深圳云天励飞技术股份有限公司等在世界知识产权组织和美国有零星申请。

表 8 - 2 - 1　专利申请目标市场国家或地区

单位：件

专利申请国家或地区	专利数量
中国	613
WIPO	10
美国	1

高空抛物监控相关专利主要由中国公司申请，经过分析可能有以下几个原因。

1. 社会需求

中国城市化进程迅速，高层建筑数量众多，高空抛物事件频繁发生，对社会安全构成威胁。中国社会对此类问题的关注度高，因此产生了对高空抛物监控产品的强烈需求。

2. 技术发展，产业链完善

中国在人工智能、视频监控和图像识别技术方面取得了显著进步，这为开发高空抛物监控产品提供了技术基础。中国拥有较为完善的电子信息产业链，有利于降低生产成本，提高产品质量和竞争力。

3. 政策支持

中国政府对公共安全领域高度重视，通过法律法规对高空抛物行为进行规范，并可能对相关技术的研发和应用给予政策和资金支持。

另外，新加坡等国也存在类似的住宅环境和社会需求，但目前的检索发现在新加坡的高空抛物监控设备也多来自中国企业如海康威视。

8.2.3 中国申请人地域分布

表8-2-2为高空抛物监控中国专利省份分布情况。

表8-2-2 中国专利申请主要来源省份   单位：件

专利申请来源省份	专利数量
广东	99
浙江	88
江苏	70
北京	34

广东、浙江、江苏位于长江三角洲、珠江三角洲，是中国经济发展较快、较为活跃的地区。这些地区集中了大量的科研机构和高科技企业，拥有较强的技术研发实力和创新能力，特别是在安防监控、人工智能等领域。同时，这些地区拥有较为完善的产业链和供应链，为高科技产品的研发和生产提供了良好的条件。这些地区已经形成了一定规模的安防产业集群，企业之间可以相互合作、共享资源，降低了研发和生产成本，提高了效率。这些地区教育资源较为丰富，能够吸引和培养大量的专业人才，为企业发展提供了人才保障。其中，广东申请的总量虽大，但是相对分散于多个公司上：如英特灵达信息技术（深圳）有限公司、深圳市研超科技有限公司、深圳市商汤科技有限公司、广东博智林机器人有限公司等均有相关申请。广东申请人的地址大多集中在深圳。浙江有大华股份、海康威视两大行业龙头和宇视科技，它们都位于杭州。江苏方面主要申请人和地址均比较分散，有南京甄视智能科技有限公司、常州市东方浩友科技有限公司、无锡职业技术学院、江苏三棱智慧物联发展股份有限公司等。北

京排名在前的申请人有中科晶上、北京睿芯高通量科技有限公司等。

在南京甄视智能科技有限公司 2021 年 6 月 8 日申请的专利 CN113256689B 中，只有同时满足以下三个条件的目标轨迹才将其判定为高空抛物：

①轨迹中方向向下的轨迹分段超过预设比例；由于抛物的方向从上到下，大部分不是抛物的目标物体（例如鸟、飞虫等）很难长时间呈现下落姿态，因此采用方向向下的轨迹分段比例作为其中一项判定条件。

②相邻轨迹点间位移连续增大且这些轨迹点在所有轨迹点中所占比例超过预设比例；具有伤害性的高空抛物与塑料袋、树叶等飘浮型抛物的主要区别就在于落地时的速度，因此该发明通过计算轨迹中两两位移是否增加来判断抛物是否向下加速，当抛物持续向下加速次数超过预设比例则判断为抛物。

③轨迹中首、尾轨迹点间的水平距离大于等于预设距离阈值；一些常见的非抛物目标物体（例如树叶、衣服摆动）会造成往复运动，采用首、尾轨迹点间的水平距离更加有利于消除此类情况。

按照城市为单位进行地域分析，排名靠前的如表 8 - 2 - 3 所示。

表 8 - 2 - 3　中国专利申请来源城市　　　　　　　　　　单位：件

专利申请来源城市	专利数量
杭州	80
深圳	73
北京	34
上海	28
合肥	21
武汉	21

除杭州、深圳和北京外，上海、合肥和武汉也有不少申请。其中上海排名在前的申请人有天诚比集、商汤科技。合肥排名在前的申请人有移顺信息、安徽清新互联信息科技有限公司。武汉排名在前的申请人有中建三局智能技术有限公司、武汉大学、武汉理工大学、武汉联一合立技术有限公司。

如果按照区县划分，申请量最大的是杭州滨江区和深圳南山区，其中大华股份、海康威视均位于杭州滨江区，深圳南山区有商汤科技等。

8.2.4　主要申请人分析

首先，对排名前十的申请人的专利申请数量进行统计排序，具体参见图 8 - 2 - 2。

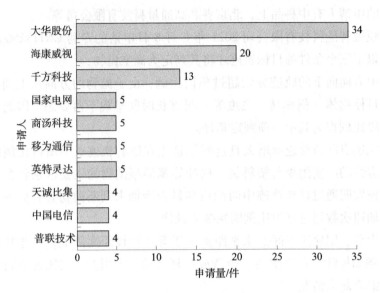

图 8 - 2 - 2　高空抛物监控主要专利申请人排序

从申请人申请量来看，位于第一集团的两家杭州企业——大华股份、海康威视，千方科技及其子公司，都是行业内极具实力的监控企业。

下面重点介绍前三位申请人与高空抛物相关的技术及产品。

1. 大华股份

在高空抛物监控方面，大华股份可提供大华智能抛物检测算法、定焦和变焦相机网络摄像机，以及整套解决方案。该公司的枪式摄像头从下向上仰视拍摄，搭配专门的视频隐私处理技术，最大程度保护用户隐私。大华 DH - IPC - HFW4849K - TGD 800 万高空抛物全彩定焦枪型摄像机采用 800 万像素低照度超星光 1/1.8 英寸 CMOS 图像传感器，固定焦距 3.6mm/6mm（可选），使用高空抛物专用外观，支持前盖玻璃加热，有效减轻雨雪天气影响；支持高空抛物检测，可实时显示抛物轨迹，智能滤除噪声，配合楼层标定功能，能快速定位抛物楼层，嵌入 GPU 专业芯片，利用深度学习算法，减少雨水堆积，全系支持前盖玻璃加热，支持 DC12V/POE 供电方式。❶

2. 海康威视

海康威视高空抛物智能检测解决方案专为高空抛物事件设计，通过海康威视高空抛物智能检测摄像机和抛物专用网络视频录像机（NVR），配合后台，对检测到的抛物事件进行详细记录，提供快速检索接口，定位抛物位置。其产品包括高空抛物自清洁智能摄像机、高空抛物双目臻全彩摄像机，其中自清洁摄像机自带雨刷、镜头加热和集水、喷水系统，可对镜头出现的脏污、雨雪进行自动清扫，保持镜头洁净，减少人工运维成本。400W 双目高空抛物摄像机 DS - 2CD8A447E/PW 通过背照式传感器改善

❶ 佚名. DH - IPC - HFW4849K - TGD 大华 800 万高空抛物全彩定焦枪型摄像机［EB/OL］.（2023 - 08 - 20）［2024 - 04 - 30］. https：//www.hhikvision.com/news/243.html.

低照度环境下的拍摄效果，专用于高空抛物监控场景，采用双目摄像头，覆盖整个楼宇，配合蓝玻璃镜头，主动遮挡杂光与反射光，在逆光环境下也可以减小噪声。❶

3. 千方科技

千方科技的高空抛物监控系统采用了对低照度环境友好的超星光技术，专门用于应对户外雷暴与夜间等场景。千方科技的 IPSAN 存储服务器负责存储前端采集的图像数据，支持 IMOS 操作系统，提供视频的检索、显示、自动分析接口，为抛物溯源提供便捷。❷

按照申请量排名分析相关领域的主要发明人，其中周宇华、刘畅、曹晋昌均来自 2011 年注册于北京中关村海淀科技园区的中科晶上，其中周宇华、刘畅为公司的有限合伙人。第二名廖荣华是移顺信息的董事长。刘本军是湖北三峡职业技术学院的一名副教授，同时也是电子信息学院教研室的主任。周晓目前担任英特灵达的董事和监事。徐梦在上海天诚比集科技有限公司的角色是执行董事兼总经理。

8.3　高空抛物监控传感器技术

8.3.1　高空抛物监控的传感器种类

在高空抛物监控领域中，如果按照使用的传感器种类进行统计，除了采用图像传感器的视频监控技术，还有其他技术如雷达和红外检测。毫米波雷达或激光通过发送和接收返回的回波信号来检测物体的运动，可以作为一种在视频监控覆盖不到的区域或者在极端天气条件下的补充技术。

上海天诚比集科技有限公司开发出一种基于红外感应的高空抛物预警方法及装置，这种装置能够通过设置红外感应警戒面来感应从中穿过的物体，并将整栋楼的每个红外感应装置的感应信息进行数字化和系统化，从而进行高空抛物的轨迹分析和预警。此外，还有通过对摄像头拍摄的视频帧内楼栋的画面进行灰度图梯度处理，以获取楼栋的框架结构图进而定位抛物位置的高空抛物墙体检测区域定位方法。

上海天诚比集科技有限公司 2020 年 4 月 14 日申请的专利 CN111476973B 公开了一种基于红外感应的高空抛物预警方法：通过在楼栋每层的外侧设置红外感应警戒面，来感应从中穿过的物体，并将整栋楼的每个红外感应装置的感应信息进行数字化和系统化，从而进行高空抛物的轨迹分析和预警；并结合视频监控设备，对高空抛物的行为发生的时间段内的视频进行精准和实时录制，从而有效获取高空抛物的有利证据并

---

❶ 佚名. DS－2CD8A447E/PW 海康威视 400 万高空抛物双目筒型摄像机［EB/OL］.（2023－10－31）［2024－04－30］. https://www.hhikvision.com/news/7398.html.

❷ 余快. AI 掘金志：高空抛物罪正式入刑，宇视可靠取证［EB/OL］.（2021－03－03）［2024－04－30］. https://cn.uniview.com/About_Us/News/Media_Board_Cast/202103/806973_140493_0.htm.

做到一定程度的预警机制，减少高空抛物现象的发生和对社区人员的危害。可以通过语音播报设备进行提醒，例如播报"疑似高空抛物行为，请注意安全！"的提示信息进行预警，也可提醒"＊＊层楼悬挂有疑似高空抛物危险品，请尽快移除！"。疑似高空抛物提示信息提示十次后，语音播报设备停止播报，信号处理系统将疑似高空抛物提示信息传递至小区管理人员，提醒小区管理人员进行人为干预处理。

为了更加有效地检测和识别高空抛物行为，可以采用速度或加速度传感器结合智能算法的方法。该方法通过测量物体在垂直方向上的加速度或速度变化，可以推断物体是否处于自由落体状态，从而判断其是否为高空抛物。

例如，移顺信息专利申请 CN109188011A 提供的高空抛物落地速度校正系统能够根据环境参数校正高空抛物的落地速度，以减少高空抛物伤人事故的发生。该系统包括电子眼、测速仪、数据处理器、显示模块和报警模块。电子眼用于检测高空抛物，当检测到有高空抛物时，进行多时刻抓拍。电子眼将拍摄到的图片发送给测速仪和数据处理器。测速仪根据电子眼不同时刻拍摄的图片，计算高空抛物在拍摄时刻的下落速度。数据处理器根据所述测速仪计算得到的不同时刻下的下落速度，以及对应的时间间隔计算高空抛物的落地速度，判断落地时是否会伤人，如果达到伤人速度，则发出警报进行提醒，从而可以减少事故的发生。

通过专利检索，参见图 8-3-1，我们发现采用摄像头等图像传感器仍是绝对主流，海康威视、大华股份、宇视科技等企业都是以图像传感器识别为主；其次是速度/加速度传感器，主要企业包括移顺信息；采用雷达传感器测量的申请较多的是武汉联一合立技术有限公司；而采用红外传感器的申请较多的是四川磐瑚科技发展有限公司。

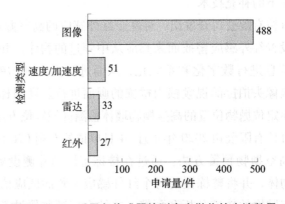

图 8-3-1　采用各传感器检测高空抛物的申请数量

在目前全部有效的中国发明专利中，申请日最早的专利 CN109327676B，发明名称为"一种高空坠物监控系统、方法及装置"，专利权人是海康威视，申请日为 2017 年 7 月 31 日，公告日为 2021 年 2 月 12 日。

该专利提供了一种高空坠物监控系统，所述系统包括：雷达、摄像机及处理设备，其中：雷达用于在监测到高空坠物时发送坠物开始信息至摄像机；在监测到高空坠物结束时发送坠物结束信息至摄像机；摄像机用于接收雷达发送的坠物开始信息，记录当前时刻为坠物开始时刻；当接收到雷达发送的坠物结束信息时，记录当前时刻为坠物结束时刻，发送目标时间段内的目标监控图像至处理设备；处理设备用于接收并保存摄像机发送的目标监控图像。由于该方案通过雷达对高空坠物进行监测，而不是通过图像处理技术识别坠物，因此不受环境光线和图像质量影响，对高空坠物检测的准确率非常高，方便进行报警取证。

由该申请可见，早期的图像识别技术还没有足够能力识别高空抛物并捕捉抛物轨迹，必须结合雷达测量的结果才能完成抛物行为的及时捕获，早期的高空抛物摄像头只负责取证工作。该申请迄今依然有效，说明专利权人仍认为用雷达辅助检测的相关产品依然在市场中有一席之地。

8.3.2　高空抛物监控的图像传感器

图像传感器即摄像头是高空抛物主要的检测设备，摄像头自带的图像分析算法是实现高空抛物监控的关键技术之一，在监控和预防高空抛物行为中发挥着重要作用。高空抛物监控摄像头在夜间或光线较暗的环境中进行监控时，需要具备良好的夜视能力和对强光（如车灯、探照灯等）的抗曝光能力。由于高空抛物摄像头长期在户外仰视工作，摄像头防水防尘和自清洁技术对于高空抛物监控摄像头具有重要意义。不可忽视的是，高空抛物监控系统在保护公共安全的同时，也需要考虑到住户的隐私保护，这也是监控系统普及推广的必要条件。因此我们从视频分析、防水防尘、保护隐私、夜视能力四个方面对高空抛物监控摄像头技术进行分析，分别进行专利检索，结果如图 8 - 3 - 2 所示。

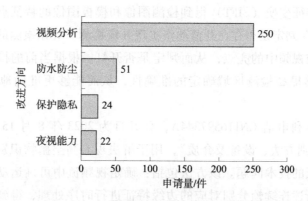

图 8 - 3 - 2　图像传感器改进方向申请数量

可见，在对高空抛物监控的摄像头改进的申请中，涉及视频分析的专利申请数量最多，涉及防水防尘技术的专利申请数量其次，涉及隐私保护第三，夜视方面的专利申请数量位于第四。

8.3.2.1 视频分析

通过视频分析算法，高空抛物监控系统能够更有效地监控指定区域，及时发现并记录高空抛物事件，为后续的法律追责和证据收集提供技术支持。摄像头内置的视频分析算法能够识别和追踪抛掷物。利用深度学习技术，视频分析算法可以训练模型以识别不同的抛掷物，即使在复杂背景中也能准确检测。为了提高模型的泛化能力和准确性，图像数据增强技术被用来扩充训练数据集，包括图像翻转、旋转、亮度调整等。在需要从不同角度或距离监控同一区域时，图像融合技术可以将多个图像合并为一个更全面、更清晰的图像，提高检测的准确性。为了高效存储和传输监控视频，图像压缩技术如小波变换被用于减少数据大小，同时尽量保留有用信息。结合知识图谱，图像语义分析技术可以提供更深层次的图像内容理解，有助于识别抛掷物的性质和来源。在大数据模型下，高空抛物监控系统可以利用先进的数据处理技术和机器学习算法来提高监控效率和准确性。分析物体的运动轨迹，可以使用物理学模型来预测抛物的起始点和落点，这有助于确定抛物者的位置。高空抛物监控时，区分动物和雨雪噪声是一个挑战，因为这些元素在视频中可能产生类似抛物行为的干扰信号。在高空抛物监控系统中，图像融合和多目摄像头技术可以提高监控的准确性和覆盖范围。

与视频分析算法相关的主要公司有大华股份、宇视科技、博观智能等。

大数据模型相关专利申请最多的申请人为大华技术、海康威视、博观智能。

专利申请 CN114119657A 是大华股份申请的、典型的利用大数据模型做视频分析检测高空抛物行为的申请，公开日为 2022 年 3 月 1 日。该申请中若当前的检测时间为白天，就做开窗检测；若当前的检测时间是夜晚，就做灯光检测。其中，开窗检测的方法使用尺度不变特征变换（SIFT）得到检测图像和模板图像的特征点，然后使用深度学习算法 YOLO V3 判定是否存在开窗动作实现开窗检测。灯光检测的方法使用深度学习算法去检测监控视频中的亮点，从而判定是否开灯。根据当前的检测时间确定对应的检测规则，能够提高检测区域确定的准确性，从而能够更准确地确定抛物的起始位置。

博观智能的专利申请 CN116597344A，公开日为 2023 年 8 月 15 日，发明名称为"一种高空抛物识别方法、设备及介质"，用于解决现有高空抛物识别方法对于特殊场景的检出准确率低的技术问题。该方法包括：确定视频流中可疑运动目标在连续帧中的边缘特征；对所述连续帧分别对应的边缘特征进行时序处理，得到所述可疑运动目标对应的边缘时序特征；以及对所述边缘特征作帧差处理，得到所述可疑运动目标对应的边缘帧差特征；将所述边缘时序特征与所述边缘帧差特征输入主干网络，以识别所述可疑运动目标是否为高空抛物。在目前全部有效的相关发明专利中，同族最多的专利为 CN113409362B，发明名称是高空抛物检测方法和装置、设备及计算机存储介质，申请日为 2021 年 6 月 29 日，公告日为 2023 年 2 月 21 日，申请人是商汤科技，该专利申请还有在世界知识产权组织的 PCT 申请 WO2023273011A1；可见商汤科技不但将目标集中于内地市场，同时也存在出海去全球市场的可能性。在该专利中，预设光流模型为基于深度学习技术，通过卷积神经网络和循环神经网络构建并训练成的一个高精度且具有较快推理速度的模型。该光流模型的输入为相邻两帧待测图像，输出为能够反映运动物体运动速度和方向的光流图，以实现对抛落图像中运动物体的检测。可以基于前景运动物体的像素位置坐标为聚类参数，将前景运动物体聚成至少一类，如抛落物聚成一类，树叶聚成一类，并从中确定出真正抛落物体对应的类簇。真正的高空抛物事件是要有一定的高度抛物范围的，例如三层楼以上高度的抛物事件才属于高空抛物事件，因此，确定抛物事件的最低点和最高点的高度差值，也就是抛物高度，作为对抛物事件是否为高空抛物事件的判断因素之一。

高空抛物轨迹识别技术的典型申请人包括武汉大学、大华股份等。

武汉大学的专利 CN105163067B，申请日为 2015 年 12 月 16 日，发明名称为"一种基于数字图像处理技术的高空抛物取证系统"，公开了一种基于数字图像处理技术的高空抛物取证系统。其中的数字图像处理中心，用于对视频监控装置采集到的图像数据进行分析，获得抛出物的运动轨迹和抛出地点，通过对得到的位置-时间相关的记录进行分析，进行运动物理路径还原，可以得到每条位置时间记录间位置、时间的差分，依据位置和时间信息，得到物体相对于摄像机每帧的加速度和速度，然后对这一信息进行推导，得到完整路径。

大华股份的专利申请 CN115996279A，发明名称是"高空抛物行为录像的存储方法、装置、计算机设备和介质"，申请日为 2022 年 11 月 15 日。该申请是典型的利用高空抛物轨迹进行处理的申请。该申请通过将被抛物体所在区域进行提取作为高空动态帧，将高空背景帧和高空动态帧作为高空抛物行为的录像文件进行保存，减少无效信息的存储，从而有效节省高空抛物行为的录像的存储空间。该申请不但实现了高空抛物监控，还注重于提升检测时的存储效率以及事件发生时的及时预警，是对以往高空抛物监控功能的进一步优化。

专利 CN109309811B，发明名称为"一种基于计算机视觉的高空抛物检测系统与方法"，被引证次数多达 64 次，可见其技术内容的领先性和丰富性。专利权人为中建三局智能技术有限公司，申请日为 2018 年 8 月 31 日，公开日为 2019 年 2 月 5 日。该专利中运动目标检测通过对原始图片进行灰度化和中值滤波预处理后，利用基于 OpenCL 的 ViBe 背景建模的运动目标检测方法，对检测结果进行腐蚀、膨胀、连通性分析去除检测噪声，最终能够获得最小为 7×7 像素的运动目标，并提取运动目标的特征。对运动目标进行追踪，获取运动目标的特征与运动轨迹，并判断其是否属于高空抛物，获取属于高空抛物目标的抛出位置。当判定出现高空抛物时，将系统缓存的一段时间的监控图片通过 H.265 压缩方法实现图片到视频的压缩和高空抛物关键视频的保存，并可以根据抛物出现的时间、位置等信息进行查找回放，以便确定高空抛物的出发点。该专利对高空抛物监控的全过程如数据采集、目标追踪、目标检测、视频保存、回放，以及图像处理的全过程如滤波、灰度转换、模型匹配、去噪、特征提取、视频编码都进行了详尽的描述，且公开日早在 2019 年，因此成为被后续专利文献引证最多的专利。

中科晶上的专利 CN111260693B，发明名称是"一种高空抛物的检测方法"，首先通过帧差法初步检测得到运动目标区域，总结抛物下降特点，判断运动目标区域是否符合抛物规律，然后通过帧内聚类和帧间聚类对运动目标区域进行进一步筛选，得到更为精确的运动目标区域，有利于精准判断是否有抛物发生；在真实测试环境中发现，距离较近的点有可能是密集的噪声点，比如光照等外界环境影响产生的，在一定范围内，这些噪声点符合在水平方向位置相差较小，在竖直方向会有下降的趋势。但是此时检测到的结果并不是抛物，通过研究检测结果发现，抛物与噪声的另一个差别在于，抛物具有一个相对长期的下降过程，因此，在进行后续判断之前，需要消除密集检测而产生的干扰结果，包括帧内和帧间两种情况对应的干扰结果。中科晶上开发的高空抛物监控系统，名为"Aeroward"，主要针对高空抛物事件的快速反应和精确检测。

北京易华录信息技术股份有限公司的专利 CN112733690B 的申请日为 2020 年 12 月 31 日。该专利中，由于训练过程中使用了多种社区、多个楼房、不同楼层、不同天气下的样本图像，训练得到的神经网络无论在何种外界条件下，均可以跟踪目标运动，具有更好的泛化性，因此可排除光照、极端天气的影响，能够排除高空漂浮物体或者鸟类飞行时对高空抛物检测的影响，提高了高空抛物检测的准确率。判断是否是高空抛物的条件包括：一般认为当目标运动物体停止运动时的高度大于最小落地阈值，抛物物体不属于高空抛物物体，该抛物行为也不属于高空抛物。运动物体第一次出现在监控视频时的高度低于三层楼时，该运动物体不算高空抛物物体，该行为也不定义为高空抛物行为。根据自由落体运动学公式计算在该高度差下的自由落体时间，当目标运动物体在空中的运动轨迹持续时间与计算出的自由落体时间差值在预设范围内，则判定目标运动物体为高空抛物物体。

涉及多摄像头高空抛物监控最早的专利申请是广东深圳市的刘军民在 2006 年申请的实用新型专利 CN2927558Y，发明名称是"楼宇高空抛物监控装置"，该专利于 2009 年 8 月 5 日已经因未缴年费专利权终止而失效。该专利中，将多个摄像头安装在楼顶向下拍摄，在需要的时候，可以重新播放出来或刻录成 VCD、DVD，在指定的设备上显示出来。

最早的涉及多摄像头的中国发明专利是深圳市融创天下科技发展有限公司在 2009

年 8 月 25 日申请的 CN101646072B，发明名称是"一种多摄像头自动定位的系统"，该专利在 2015 年 6 月 11 日被转让给融创天下（上海）科技发展有限公司，于 2017 年 8 月 25 日因未缴年费专利权终止而失效，该专利权人已于 2024 年 5 月 27 日被吊销。该专利提出将水平摄像头与垂直摄像头安装于居民住宅楼侧面且不能拍摄到住宅楼，水平摄像头安装于居民住宅的上方，垂直摄像头安装于居民住宅的侧边，且水平摄像头与垂直摄像头扫描的空间与居民住宅楼平行，将水平摄像头与垂直摄像头扫描的空间与外缘相切，完全拍摄不到居民住宅里面，可以绝对地保护个人隐私。水平扫描起点为楼房的最左侧，终点为最右侧，并同时控制垂直摄像头从垂直起始位置移动扫描至垂直终点位置以及控制扫描周期，垂直扫描起点为楼房的最高处，终点为最低处。由分析装置将水平摄像头拍摄的图像以及垂直摄像头拍摄的图像进行融合分析，并结合坐标信息计算出物体下落在坐标信息中的轨迹以及物体下落起始位置在坐标信息中的位置。

宇视科技专利 CN112819850B，发明名称为"高空抛物的检测方法、装置、设备及存储介质"，是典型的利用多个摄像机的多路图像进行融合后识别高空抛物的专利，申请日为 2019 年 11 月 18 日，公告日为 2024 年 2 月 13 日。该专利公开的方法仅需要通过两个图像采集器采集各自采集方向的抛物图像，节省了图像采集成本，通过采集的抛物图像以及图像采集器对采集方向画面的尺寸标定信息，得到抛物体在实际场景中的空中位置和空中速度，能够准确推算出该抛物体将要落到地面的哪个位置。为了能够在抛物体未落地之前，对抛物体的落地位置进行及时确定，方便根据确定的落地位置及时提醒行人来注意高空抛物，预先在楼顶设置一个或多个激光灯，当发生抛物事件时，控制激光灯将激光照射在抛物体的落地位置处或者控制激光灯将激光照射在抛物体的落地位置所在的预设区域范围内，也可达到预警效果。该专利不但实现了高空抛物监控，还可进行及时声光电预警，以将损失降到最小。

8.3.2.2　防水防尘

摄像头防水防尘和自清洁技术的重要意义主要体现在以下几个方面。

1. 提高监控质量

高空抛物监控摄像头需要保持镜头清洁，以确保能够清晰捕捉到高空抛物的行为。防水防尘和自清洁技术可以自动去除摄像头表面的灰尘、水滴等污染物，从而提高监控图像的清晰度。

2. 降低维护成本

传统的摄像头需要定期人工清洁，这不仅增加了维护成本，而且在高空环境中进行清洁工作还可能带来安全风险。防水防尘和自清洁技术可以减少人工清洁的频率，从而降低维护成本和安全风险。

3. 提升监控系统的可靠性

在恶劣天气条件下，如雨、雪、灰尘等，摄像头的防水防尘和自清洁功能可以确保监控系统持续稳定运行，不会因为镜头被污染而失效。

涉及高空抛物监控摄像头防水防尘自清洁功能的主要申请人有浙江省杭州市的顾飞剑和常州市东方浩友科技有限公司。但如果我们去掉高空抛物的限制，将检索范围设定在户外的监控摄像头防水防尘自清洁功能中，则主要申请人有大华股份、河南豪威智能科技有限公司。

在众多相关专利中，文献页数长达 47 页的专利 CN113206940B，发明名称是"一种用于监控高空区域的摄像机"，申请日为 2021 年 4 月 29 日，申请人为杭州海康威视数字技术股份有限公司。

图 8 - 3 - 3 展示了专利 CN113206940B 中的摄像机和海康威视 DS - 2CD8A447E/PW 摄像机的产品外观对比图。从两图中可见二者的外观❶非常接近，该专利和产品是相互对应的。

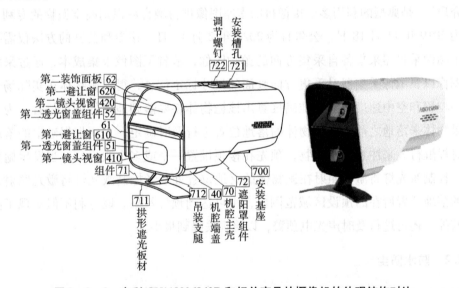

图 8 - 3 - 3 专利 CN113206940B 和相关产品的摄像机的外观结构对比

该专利中，摄像机可以被配置为具有沿高度方向同腔部署的第一镜头模组和第二镜头模组的双目摄像机，以提供对覆盖空间竖直方向上大跨度尺寸的监控目标连贯的视野覆盖。而且，摄像机的饰盖组件中，位于第一装饰面板上方的第二装饰面板在高度方向上可以被配置为具有上疏水平坦表面。

通过图 8 - 3 - 4 可以看到，在第一装饰面板和第二装饰面板的交界处的疏水凸檐

---

❶ 佚名. DS - 2CD8A447E/PW 海康威视 400 万高空抛物双目筒型摄像机［EB/OL］.（2023 - 10 - 31）［2024 - 04 - 30］. https：//www. hhikvision. com/news/7398. html.

可以避免在第一镜头模组和第二镜头模组中的任意一个成像视野所在区域积水。

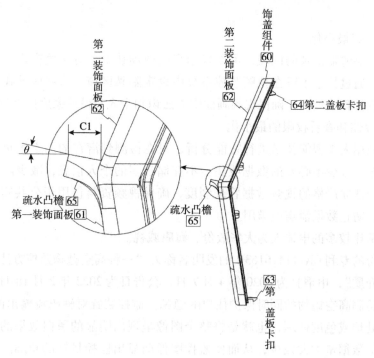

图 8 - 3 - 4 专利 CN113206940B 中的疏水机构的饰盖组件的结构示意

8.3.2.3 保护隐私

在高空抛物监控时保护隐私是非常重要的。监控设备的不当使用可能会侵犯居民的私人生活安宁，以及涉及居民不愿意为他人知晓的私密空间、私密活动、私密信息。非法安装或使用监控设备可能违反《中华人民共和国治安管理处罚法》，导致法律责任。如果监控设备侵犯了公民的隐私权，可能会面临法律诉讼和赔偿责任。强制性的监控可能会引起居民的反感和抵触情绪，影响社区的和谐氛围。保护隐私，可以减少居民对监控措施的抵抗，促进社区的共同安全。因此在设计和安装监控系统时，应采取技术措施，确保监控范围不侵犯私人空间，并通过严格的数据管理政策，防止视频数据泄露。

以下是一些用于高空抛物监控中保护住户隐私的技术。

1. 拍摄范围最小化

摄像头可以被定向安装，仅监控公共区域，避免拍摄到私人空间，可通过调整摄像头的仰视角度，借助窗户的反光，使其主要监控建筑物的外墙和公共区域，而不是向上拍摄住户的私人空间。使用广角镜头覆盖较大范围，减少监控死角，同时避免过度聚焦个别窗户，减少对隐私的侵犯。

2. 拍摄或录制时段最小化

使用触发式探头监控设备。这些设备平时不录制视频，只有在检测到高空抛物事件时才会启动并记录相关视频片段，确保监控摄像头在非活动状态下不对居民隐私区域进行拍摄。

3. 显示内容最小化

对于不必要清晰记录的区域，可以采用视频模糊技术，对居民窗户等私人区域进行模糊处理。通过技术手段在视频监控系统中设定隐私区域，这些区域在监控画面中不被显示。软件算法处理，确保视频画面中无法识别个人身份或家庭内部细节。

4. 数据存储和查看权限的最小化

一方面利用人工智能技术进行智能分析，只在检测到潜在的高空抛物事件时才触发报警和录像，减少不必要的数据收集，不存储过多的个人信息，减少隐私泄露的风险。另一方面建立严格的视频数据管理制度，确保视频资料仅用于公共安全目的，限制访问权限，防止数据泄露或滥用。

相关申请比较多的申请人为大华股份、海康威视。

大华股份的专利 CN111476163B 的发明名称为"一种高空抛物监控方法、装置以及计算机存储介质"，申请日为 2020 年 4 月 7 日，公告日为 2022 年 2 月 18 日。该申请主要致力于在检测高空抛物的同时保护住户的隐私。监控装置对辅码流输出的 YUV 画面采用二值化处理或色度处理，也就是将整个图像呈现出明显的黑白效果的过程，使得监控图像中的数据量大大减少，从而使监控图像凸显出监控目标的轮廓。执法人员或工作人员无法通过显示器看到监控内容，能够很好地保护高层住户的日常隐私。基于研判信息，判断监控视频中可能发生高层抛物的情况，因此，监控装置需要将主码流直接输出，以便执法人员或工作人员能够根据监控视频在事后追溯抛物人，以对抛物人进行处罚。

中国专利 CN111539388B 的发明名称为"一种高空抛物监测方法"，申请人为湖南联智科技股份有限公司，申请日为 2020 年 6 月 22 日，公告日为 2020 年 10 月 9 日，其相关的两次质押合同质权人均为中国光大银行股份有限公司长沙华丰支行，可见银行也对该专利的价值给予了认可。该专利提出，地面安装摄像头的位置要求比较高，距离高楼的水平直线距离要控制好，既要保证摄像头有一定倾角，使拍出来的高楼侧面图片有好的视角，又不能使倾角过大，以至于暴露住户的隐私。另外，摄像头安装高度所处的位置不能有大型绿化树木遮挡视野，同时还要做好外观美化工作，保证楼下公共空间的环境优美。该专利将摄像头装在建筑物的顶端，不影响建筑物的美观，不会占用大片空地，对安装环境要求比较低，可以在建筑物装修之初即可同步建设，不会侵害住户隐私。

大华股份发明专利 CN111931599B 的，发明名称为"高空抛物检测方法、设备及存储介质"该专利是检测识别高空抛物事件时注重隐私保护的典型专利，其申请日为 2020 年 7 月 20 日，内容包括：通过检测图像序列获取高空抛物轨迹以及人体目标。判断高空抛物轨迹与人体目标是否关联，将图像序列中非关联的人体目标遮挡，保护其个人隐私。在检测高空抛物危险事件的同时，也可以保护无关人员的个人隐私。

8.3.2.4　夜视能力

高空抛物事件往往在夜间发生，这时自然环境的光线条件较差，传统的监控设备在夜间可能无法清晰捕捉到抛物行为的细节，导致监控效果大打折扣。而具备强大夜视能力的监控系统能够在光线不足的情况下依然保持较高的图像质量，确保监控画面清晰，从而有效地捕捉到高空抛物行为，及时记录抛物轨迹，为事后的调查和追责提供关键证据。

关键技术点有：

1. 夜视专用摄像头

摄像头通常配备有红外（IR）灯或使用红外滤镜，以便在几乎没有可见光的情况下捕捉图像。激光夜视摄像机利用主动红外激光作为照明源，配合高分辨率低照度长焦摄像机，可以实现昼夜连续监控。

2. 宽动态范围（WDR）

该技术能够平衡图像中的明暗部分，使得在高对比度场景下，如从阴影中观察明亮的窗户，摄像头仍能提供可用的图像。经常需要捕捉同时包含非常明亮和非常暗区域的场景。

3. 背光补偿（BLC）

当摄像头对着强光源时，背光补偿可以减少过度曝光的影响，帮助保持场景的暗部细节。

4. 高灵敏度传感器

在低光照条件下捕捉更多光线，从而提高夜间监控的图像质量。高空抛物领域，常使用 F1.0 这样的大光圈。因为在光线不足的环境中，大光圈允许更多的光线进入摄像头。

5. 自动曝光控制

摄像头的自动曝光系统（又称为自动电子快门功能）可以根据场景的光照条件自动调整，以保持图像的亮度和对比度在最佳水平。

与提升夜视能力相关的高空抛物摄像头申请主要涉及湖北三峡职业技术学院、宜昌博诚科技有限公司。如果去掉对其应用于高空抛物监控的限制，海康威视相关申请较多，主要涉及补光技术和曝光控制。

专利权人海康威视的专利 CN108289164B，申请日为 2017 年 1 月 10 日，发明名称为"一种带有红外补光灯的摄像机的模式切换方法及装置"。该专利提供了一种带有红外补光灯的摄像机的模式切换方法及装置，利用了在红外补光灯开启的情况下，红外反射光引起的红色分量/绿色分量比值较大的原理，在白天状态和夜晚状态时采用不同的场景状态的判定条件，在夜晚状态时，不仅利用当前的光照强度与夜晚光照强度阈值比较，还引入红色分量/绿色分量比值与预设的红色分量/绿色分量比值的阈值比较。相比于现有技术仅使用光照强度与光照强度阈值比较以确定场景状态，该专利判定条件更为精细，能够获得准确度更高的场景状态的判断结果，从而能够获得准确度更高的模式切换结果。

英特灵达是一家智能光学成像技术提供商，其技术优势在于其能够显著提升暗光视频拍摄的效果。

英特灵达的中国专利 CN113158963B 的申请日为 2021 年 5 月 6 日，发明名称为"一种高空抛物的检测方法及装置"。该专利能够有效地检测出高空抛物，当环境光亮度小于第一预设亮度值时，表明当前的环境光亮度较低，可能为夜晚光照不足的场景。为了提高检测的精确度，可以对初始监控视频进行图像增强处理。经过增强处理后，时间序列上的各视频帧间亮度变化更加平滑，不会出现视频帧间图像闪烁的情况。该专利可以采集光照充足（环境光亮度大于第二预设亮度值）与光照不足（环境光亮度小于第一预设亮度值）两种环境下的监控视频帧，并对获取的监控视频帧进行灰度化处理，得到灰度图像，进而，可以计算灰度图像的像素值。通过自动生成大量环境光亮度较低时的监控视频，以此来提高图像增强网络的训练效率。

除此之外，实用新型专利 CN208522880U 的高空抛物监控系统，在楼宇四个侧面还设有四个 L 形支架，竖直段的上部沿竖直段延伸方向依次固设有两台网络摄像机，水平段上设有补光灯。超声波传感器感应到有人抛物后，使网络摄像机在光线充足的条件下进行拍摄。

8.4 小 结

高空抛物监控系统技术的未来发展可能集中在以下几个方向。

1. 智能化提升

利用机器学习和深度学习算法，监控系统能够更准确地识别和分类抛掷物，即使在复杂背景下也能准确检测。相关人员应开发能够适应不同环境条件和监控需求的自适应算法，提高系统的鲁棒性和灵活性。

2. 多传感器融合

集成多种类型的传感器，如摄像头、红外传感器、毫米波雷达、激光雷达等，以提供更全面的数据和更高的检测准确性。

3. 数据安全与隐私保护

更加注重数据安全和个人隐私保护，最小化图像数据采集和图像数据查看的权限，避免滥用监控数据。

4. 技术标准化

目前虽然有深圳等地区标准，但全国性的标准和全球标准仍显不足，不同国家和地区对于高空抛物监控技术的法规和标准不同。推动高空抛物监控技术的标准化，实现不同系统和设备之间的互操作性和数据共享是大势所趋。

5. 市场和专利布局的全球化

　　目前的相关技术和专利主要集中在中国，但是其实居住相对密集的地区都有相关需求，如新加坡、美国、阿联酋、巴西、韩国、俄罗斯等，通过跨国公司的技术交流、国际研究项目的合作等方式，可共同推动技术进步和市场发展。

第9章 结 语

经过数年的不懈钻研与持续努力，众多安防企业不仅在人工智能技术的行业应用中取得了显著的突破与成果，更成功地将人工智能技术渗透到传统领域中那些难以触及的碎片化地带，实现了技术的深度融合与创新。

9.1 智能安防行业发展新特点

在当前产业数字化浪潮的推动下，安防产业呈现出碎片化场景需求激增的新态势，各大安防企业的定制化业务凭借其灵活多变的特点，日益成为主流业务模式。这种业务模式能够精准匹配各种碎片化场景的需求，为产业发展注入了新的活力。

在工业故障诊断领域，我国从"制造"向"智造"转型升级的过程中，工业设备得到了前所未有的全面发展与广泛应用。人工智能技术的引入使得工业设备具备了更高的智能化水平，不仅提升了生产效率，还降低了运维成本。随着工业化的迅猛发展，工业设备的维护问题逐渐浮出水面。传统的工业化设备养护方式缺乏在线"智能"支持，一旦设备发生故障导致生产中断，将会给企业带来不可估量的经济损失。针对这一问题，海康威视推出了工业听诊麦克风这一创新产品。运用先进的人工智能算法能够在海量的细微音频中迅速定位故障声音。工业听诊麦克风的问世，极大地简化了维修人员故障排查的流程，有效提高了维护工作的效率和准确性。

在智慧养老领域，近年来随着我国生活水平的稳步提升和医疗条件的显著改善，老龄人口数量呈现出迅猛增长的态势。如何妥善应对养老问题，已成为社会亟待解决的重大课题。然而，在智慧养老的传统方案中，一些问题逐渐浮现。一方面，可穿戴设备因其穿戴方式及需要长期重复充电的特点。可能给老龄人带来不适体验。另一方面，视频类解决方案在卧室、卫生间等私密场所的应用，不可避免地涉及老人的个人隐私，对其心理造成了一定的负面影响。为了打破这一尴尬局面，宇视科技紧跟时代潮流，推出了智慧康养毫米波雷达系列。这一创新产品通过简单的安装，即可实现全方位、不间断的 7×24 小时看护，有效解决了老龄人看护的难题。更重要的是，毫米波雷达技术在看护过程中完全不会侵犯老人的个人隐私，为老人提供了更为安心、舒适的养老环境。

在身份认证领域，随着大数据、云计算、人工智能等尖端技术的蓬勃兴起，数字化发展已日渐成为引领社会进步的重要引擎。在各行各业加速推进数字化、智能化转型的进程中，身份认证技术作为关键一环，其重要性愈发凸显。传统的身份认证模式存在效率低下、成本高昂以及安全性能难以保障等诸多问题。而可信身份认证技术则应运而生，它借助国家级"互联网＋"可信身份认证平台的数据信息进行精准比对，从而确保身份信息的真实性和安全性，较以往的认证模式而言，具有更高的可靠性和安全性。熵基科技便推出了全新一代的可信数字身份认证终端。该终端不仅功能强大，而且能够灵活高效地满足不同客户的多样化身份认证需求，为行业的数字化转型提供了强有力的支持。

上述类似的案例不胜枚举，和传统相对固定模式的安防业务相比，当下，伴随着产业数字化浪潮，更多的是适用于碎片化场景的定制化业务。这也成为安防企业近年来关注的重点。

9.2　智能安防行业发展趋势

2023 年大模型和生成式人工智能技术正引领着科技界的新浪潮，不仅在学术界引起了广泛的关注，也在工业界激发了无数创新的火花。这些技术通过提升系统对图像、语音和文本等多源数据的深入理解与分析能力，极大地提高了数据处理的效率和准确性。特别是在多模态算法的融合下，它们为个性化和定制化服务的提供铺平了道路，这与当前主动安防和泛安防的趋势不谋而合。随着市场对这些新技术的认知逐渐成熟，人工智能技术的产业化应用正以前所未有的速度推进，而挖掘数据深层价值的能力已成为智能安防领域竞争的核心。智能安防将不再局限于传统的安全防护，而是向更广阔的产业数字化领域拓展，AIoT 的兴起预示着一个充满无限可能的新市场。随着安防生态圈的共建成为业界共识，市场竞争已从单一的硬件和解决方案之争，演变为对整个产业生态链的全面竞争，其中技术赋能、平台开放和合作伙伴网络的构建成为关键。

智能安防行业未来的发展趋势具体体现在以下四个方面。

①市场层面：得益于政府政策的大力支持和数字化转型的加速推进，AIoT 技术正成为实体经济创新的催化剂。这一技术通过深度融合到各个行业，不仅提升了运营效率，还开辟了新的商业模式和市场机会。

②产业层面：随着行业边界的逐渐模糊，越来越多的跨界企业进入智能安防领域，带来了新的视角和创新动力。这一趋势加速了行业内的洗牌过程，促进了市场集中度的提升。企业之间的竞争不再局限于单一的产品或服务，而是转向了基于业务融合和生态链建设的全面竞争。同时，随着高增长企业将压力向下释放，地市和县城市场正成为新的增长点。

③技术层面：移动边缘计算（MEC）等关键技术的成熟，为 IoT 设备与云端的无缝连接提供了可能，实现了设备间的智能互联和场景化应用。此外，从单一智能向多维感知的转变，以及低代码技术的应用，都在加速 IoT 解决方案的开发和部署；同时，

低碳和绿色技术的发展，以及信创技术的崛起，为智能安防行业带来了新的增长点。

④应用层面：AIoT 技术的广泛应用正不断重塑着各行各业的面貌。预计未来交通、能源、农林水利、环保、物流、市政和产业园区，以及保障性住房等基础设施建设领域，将大规模采用 AIoT 技术。同时，在教育、医疗、社区等民生领域，人工智能的能力将进一步提升，增加软件和系统集成的价值，为社会带来更加智能化和人性化的服务。

展望未来，中国安防行业正处于转型升级的关键时期。随着智能社会的加速到来，智能安防系统的发展成为不可逆转的趋势。这需要依托移动物联网、云计算、大数据等先进科技，构建起一体化、全方位的综合实时安防系统。安防行业作为高科技公司争相投入的领域，已经成为前沿技术应用和创新模式的试验场。随着技术的不断进步和应用的深化，我们有理由相信，未来的安防产业将更加充满活力，为构建一个更加安全、智能的世界贡献力量。

附　录　申请人名称约定表

约定名称	对应申请人名称
LG	LG 电子株式会社 乐金显示有限公司 乐金电子（沈阳）有限公司 乐金电子（中国）研究开发中心有限公司 南京 LG 新港显示有限公司 乐金电子 LG 公司 LG 电子 LG ELECTRONICS INC. LG ELECTRONICS APPLIANCES CO.，LTD LG DISPLAY CO.，LTD LG ELECTRONICS（CHINA）RESEARCH DEVELOPMENT CENTER CO.，LTD
索尼	索尼公司 索尼株式会社 索尼电子有限公司 索尼电脑娱乐公司 索尼欧洲有限公司 索尼电脑娱乐美国公司 索尼半导体解决方案公司 SONY CORP. SONY ELECTRONICS INC. SONY COMPUTER ENTERTAINMENT INC. SONY EURO LTD SONY COMPUTER ENTERTAINMENT AMERICA INC. SONY

约定名称	对应申请人名称
华为	华为技术有限公司 华为终端有限公司 华为软件技术有限公司 华为数字技术有限公司 华为公司 HUAWEI TECHNOLOGIES CO., LTD HUAWEI DEVICE CO., LTD HUAWEI SOFTWARE TECHNOLOGIES CO., LTD HUAWEI DIGITAL TECHNOLOGY CO., LTD
三星	三星电子株式会社 三星显示有限公司 三星移动显示器株式会社 北京三星通信技术研究有限公司 天津三星电子有限公司 三星电子（中国）研发中心 三星集团 三星（中国）投资有限公司 SAMSUNG ELECTRONICS CO., LTD SAMSUNG DISPLAY CO., LTD SAMSUNG TECHWIN CO., LTD SAMSUNG MOBILE DISPLAY CO., LTD BEIJING SAMSUNG TELECOM TECHNOLOGY CO., LTD TIANJIN SAMSUNG ELECTRONICS CO., LTD
康佳	康佳集团股份有限公司 昆山康佳电子有限公司 KONKA GROUP CO., LTD KUNSHAN KONKA ELECTRONIC CO., LTD
东芝	株式会社东芝 东芝公司 TOSHIBA CORP. TOSHIBA K. K.

续表

约定名称	对应申请人名称
富士通	富士通株式会社 FUJITSU LTD.
IBM	国际商业机器公司 INTERNATIONAL BUSINESS MACHINES CORPORATION IBM CORP.
美国无线电公司	美国无线电公司 RCA
台积电	台湾积体电路制造股份有限公司 TAIWAN SEMICONDUCTOR MFG TSMC
韦尔股份	豪威科技 豪威集团 全视科技有限公司 上海韦尔半导体股份有限公司 韦尔半导体股份有限公司 思比科 视信源 OMNI VISION TECHNOLOGIES, INC. OV SUPERPIX CTVE
佳能	佳能株式会社 佳能公司
中芯国际	中芯国际 SIMC
英特尔	英特尔 INTEL
海康威视	杭州海康威视数字技术股份有限公司 杭州海康威视软件有限公司 杭州海康威视系统技术有限公司 杭州海康威视数字技术有限公司 HANGZHOU HIKVISION DIGITAL TECHNOLOGY CO. HANGZHOU HIKVISION SYSTEM TECHNOLOGY CO. HANGZHOU HIKVISION SOFTWARE CO., LTD

约定名称	对应申请人名称
大华股份	浙江大华技术股份有限公司 浙江大华系统工程有限公司 ZHEJIANG DAHUA TECHNOLOGY CO., LTD ZHEJIANG DAHUA SYSTEM ENG CO., LTD
苏州科达	苏州科达科技股份有限公司 KEDACOM
宇视科技	浙江宇视科技有限公司 UNIVIEW
国家电网	国家电网有限公司 中国电力科学研究院有限公司 国网电力科学研究院有限公司 国家电网公司 国网杭州供电公司 STATE GRID CORP. CHINA CHINA ELECTRIC POWER RESEARCH INSTITUTE CO., LTD STATE GRID ELECTRIC POWER RESEARCH INSTITUTE CO., LTD
浪潮集团	浪潮集团有限公司 LANGCHAO GROUP CO., LTD 浪潮电子信息产业集团
中国铁建	中国铁建股份有限公司 CRCC
中国电科	中国电子科技集团有限公司 中电科 CETC
海尔	海尔集团 海尔智家股份有限公司 青岛海尔智能家电科技有限公司 广东海尔智能科技有限公司
百度	百度公司 北京百度网讯科技有限公司

续表

约定名称	对应申请人名称
中控智慧（熵基）	中控智慧科技股份有限公司 熵基科技股份有限公司
壹帐通	壹账通智能科技有限公司 金融壹账通 ONE CONNECT
拉夫里科大	拉夫里科技大学 LOVELY PROFESSIONAL UNIVERSITY
商汤科技	商汤集团有限公司 商汤智能科技有限公司 深圳市商汤科技有限公司
亚萨合莱	亚萨合莱有限公司 亚萨合莱自动门系统有限公司 亚萨合莱股份有限公司 亚萨合莱国强（山东）五金科技有限公司 ASSA ABLOY AB ASSA ABLOY LTD ASSA ABLOY IDENTIFICATION TECHNOLOGY GRO ASSA ABLOY ENTRANCE SYSTEMS AB ASSA ABLOY FINANCIAL SERVICES AB ASSA ABLOY IP AB ASSA ABLOY INC.
南方电网	中国南方电网有限责任公司 南方电网科学研究院有限责任公司 CHINA SOUTHERN POWER GRID CO., LTD ELECTRIC POWER RESEARCH INSTITUTE CO., LTD CSG
安讯士	AXIS COMMUNICATIONS AB AXIS AB
韩华泰科	韩华泰科株式会社 HANWHA TECHWIN CO., LTD 三星泰科株式会社 SAMSUNG TECHWIN CO., LTD
摩托罗拉	摩托罗拉系统公司 MOTOROLA SOLUTIONS INC.
Xavisnet Inc.	XAVISNET INC.

约定名称	对应申请人名称
特斯联	特斯联（北京）科技有限公司 特斯联科技集团有限公司 特斯联通用技术公司 重庆特斯联智慧科技股份有限公司 重庆特斯联启智科技有限公司 重庆特斯联科技有限公司 武汉特斯联智能工程有限公司 深圳特斯联智能科技有限公司 宁波特斯联信息科技有限公司 光控特斯联（上海）信息科技有限公司 光控特斯联（重庆）信息技术有限公司 光控特斯联（重庆）建设有限公司 光控特斯联（重庆）智慧城市建设有限公司 特斯联智居科技（成都）有限公司 TERMINUS BEIJING TECHNOLOGY CO., LTD TERMINUS TECHNOLOGIES CO., LTD TERMINUS TECHNOLOGY GROUP CO., LTD TERMINUS TECHNOLOGY LTD TERMINUS TECHNOLOGY INC. CHONGQING TERMINUS TECHNOLOGY CO., LTD CHONGQING TERMINUS SMART TECHNOLOGY CO. CHONGQING TERMINUS QIZHI TECHNOLOGY CO. GUANGKONG TERMINUS SHANGHAI INFORMATION WUHAN TERMINUS INTELLIGENT ENG CO., LTD
千方科技	北京千方科技集团有限公司 北京千方科技股份有限公司 北京北大千方科技有限公司 黑龙江省交投千方科技有限公司 BEIJING CHINA TRANSINFO TECHNOLOGY CORP. CHINA TRANSINFO TECHNOLOGY CO., LTD
天地伟业	天地伟业技术有限公司 天津天地

续表

约定名称	对应申请人名称
菲力尔	美国菲力尔公司 菲力尔系统公司 TELEDYNE FLIR FLIR
Avigilon 公司	AVIGILON 威智伦
萤石软件	杭州萤石网络股份有限公司 萤石软件
英飞拓	英飞拓（杭州）信息系统技术有限公司 深圳英飞拓科技股份有限公司
腾讯	腾讯科技（深圳）有限公司 TENCENT TECHNOLOGY（SHENZHEN）CO.，LTD
博观智能	济南博观智能科技有限公司 BRESEE
ObjectVideo 公司	技术与解决方案公司 OBJECTVIDEO，INC.
Firework 公司	FIREWORK MERGER FIREWORK
行为识别系统公司	BEHAVIORAL RECOGNITION SYSTEM
Zoom 视频通信	ZOOM VIDEO COMMUNICATIONS，INC.
富国银行	美国富国银行 WELLS FARGO
海信	青岛海信网络科技股份有限公司 青岛海信智慧生活科技股份有限公司
普联技术	普联技术有限公司 TP‐LINK
中科晶上	北京中科晶上科技股份有限公司 北京中科晶上科技有限公司
高新兴机器人	高新兴 广州高新兴机器人有限公司

约定名称	对应申请人名称
汇泰龙	广东汇泰龙科技股份有限公司 汇泰龙智能科技有限公司
美的	美的智慧家居科技有限公司 美智光电科技股份有限公司
TCL	TCL 实业控股股份有限公司 深圳 TCL 智能家庭科技有限公司 广州 TCL 智慧家居科技有限公司
鹿客	鹿客科技（北京）股份有限公司 云丁网络技术（北京）有限公司
耐特	耐特智能锁业有限公司 广东耐特锁业有限公司
盖特曼	盖特曼（上海）智能科技有限公司 iRevo（易保）公司
琨山	上海琨山智能科技有限公司 苏州琨山智能科技有限公司 苏州琨山通用锁具有限公司
金点原子	广东金点原子安防科技股份有限公司 广东金点原子智能科技有限公司
美智	广东美智智能科技有限公司 美智光电科技股份有限公司
逸家	广东逸家安防科技有限公司 中山市逸家安防科技有限公司
好太太	广东好太太科技集团股份有限公司 广东好太太智能家居有限公司
赛万特	赛万特系统公司 Savant Systems LLC
小米	小米科技有限责任公司 北京小米移动软件有限公司
银晨智能	上海银晨智能识别科技有限公司
朗捷通	苏州朗捷通智能科技有限公司
泰首智能	深圳泰首智能技术有限公司

续表

约定名称	对应申请人名称
天地融	天地融科技股份有限公司 北京天地融科技有限公司
旷视科技	北京旷视科技有限公司
格力	珠海格力电器股份有限公司
绿米	深圳绿米联创科技有限公司
科徕尼	广东科徕尼智能科技有限公司
德施曼	德施曼机电（中国）有限公司
云米	佛山市云米电器科技有限公司
柯尼斯	深圳市柯尼斯智能科技有限公司
凯迪仕	深圳市凯迪仕智能科技股份有限公司
必达	广东必达保安系统有限公司
金凯德	浙江金凯德智能家居有限公司
纽贝尔	深圳市纽贝尔电子有限公司
阜时科技	深圳阜时科技有限公司
亚太天能	广东亚太天能科技股份有限公司
保仕盾	广州保仕盾智能科技有限公司
中科晶上	北京中科晶上科技股份有限公司
移顺信息	合肥移顺信息技术有限公司